应用型高等学校"十三五"规划教材

ZEMAX 光学系统设计实训教程

主　编　吉紫娟　包佳祺　刘祥彪
副主编　俞　侃　尹娟娟　郑秋莎

华中科技大学出版社
中国·武汉

内 容 简 介

本书以 Zemax OpticStudio 16 SP2 为软件平台,以实训项目的形式阐述了光学设计的理论及 ZEMAX 在光学设计中的使用方法与技巧,培养读者理论与实践相结合的能力。

全书分 4 个部分,共 10 章。第 1 部分为光学系统设计预备知识(第 1 章～第 4 章),主要介绍光学系统设计及像差理论知识;第 2 部分为基于 ZEMAX 的光学系统设计实训(第 5 章～第 9 章),通过 12 个实训项目详细阐述了望远物镜、显微物镜、目镜及照相物镜等经典光学系统的设计理念及过程,以丰富的实训项目使读者理解并掌握 ZEMAX 的使用方法。此外,为使读者了解现代光学系统的发展及应用,本书第 3 部分为光学系统设计知识拓展(第 10 章),简单介绍了红外、紫外、激光扫描、太赫兹成像等光学系统的设计思路,以供读者自学及参考。第 4 部分为附录及参考文献。

本书深入浅出,通俗易懂,实例丰富,既可供光电类专业师生作为教材使用,也可供光学设计人员参考使用。

图书在版编目(CIP)数据

ZEMAX 光学系统设计实训教程/吉紫娟,包佳祺,刘祥彪主编. —武汉:华中科技大学出版社,2018.8 (2024.7 重印)

ISBN 978-7-5680-4414-1

Ⅰ.①Z… Ⅱ.①吉… ②包… ③刘… Ⅲ.①光学设计-教材 Ⅳ.①TN202

中国版本图书馆 CIP 数据核字(2018)第 184521 号

ZEMAX 光学系统设计实训教程
ZEMAX Guangxue Xitong Sheji Shixun Jiaocheng

吉紫娟 包佳祺 刘祥彪 主编

策划编辑:范 莹
责任编辑:李 露
封面设计:原色设计
责任监印:赵 月
出版发行:华中科技大学出版社(中国·武汉)　电话:(027)81321913
　　　　武汉市东湖新技术开发区华工科技园　邮编:430223
录　排:武汉市洪山区佳年华文印部
印　刷:武汉开心印印刷有限公司
开　本:787mm×1092mm　1/16
印　张:17.5
字　数:445 千字
版　次:2024 年 7 月第 1 版第 6 次印刷
定　价:46.00 元

前　言

随着光学设计 CAD 技术的发展,光学设计类软件种类日渐繁多。目前,国内外使用较为广泛的光学设计软件为 ZEMAX 软件。为满足技能型及应用型光学设计人才的培养需求,本书以 Zemax OpticStudio 16 SP2 软件为平台,以项目式设计实例为主线,将理论与实践融合统一,提高学生分析及解决问题的能力。在每章后辅以思考题,便于学生巩固知识点并根据自身兴趣和需要有针对性地自学。在 ZEMAX 设计实例内容安排上,本书既包含了经典光学系统的设计,又加入了现代光学系统设计的相关知识,努力反映光学设计领域的新进展。

在编写过程中,本书参考了多部优秀教材及专业论坛等相关资料,并结合教学实践,以必需、够用为度,在理论基础部分避免了大量烦琐公式的推导,内容深入浅出,通俗易懂,便于读者理解掌握。为与 ZEMAX 软件说明书及工具书相区别,本书简化了对 ZEMAX 操作界面的详细介绍,避免读者对过厚书籍产生畏难情绪。

本书第 1 章由文华学院俞侃老师编写;第 2 章、第 3 章由文华学院包佳祺老师编写;第 4 章由武汉宇熠科技有限公司刘祥彪工程师编写;第 5 章至第 9 章由湖北第二师范学院吉紫娟老师编写;第 10 章由文华学院尹娟娟老师编写;附录及部分图表由湖北第二师范学院郑秋莎老师编写、绘制。最终由吉紫娟老师负责完成全书的文字审阅及相关复习题和实例的搜集、编制和校核。

鉴于编者相关知识水平有限,本书中难免会出现错误之处,恳请广大读者给予批评指正!

编　者
2018 年 5 月

目　　录

第1部分　光学系统设计预备知识

第2部分 基于 ZEMAX 的光学系统设计实训

第 3 部分　光学系统设计知识拓展

第 4 部分　附录及参考文献

第 1 部分

光学系统设计预备知识

第1章 光学系统设计简介

1.1 概述

任何一个光学系统不管用于何处,其作用都是把目标发出的光按仪器工作原理的要求改变它们的传播方向和位置,送入仪器的接收器,从而获得目标的几何形状、能量强弱等各种信息。因此,对光学系统成像性能的要求主要有两个方面:第一方面是光学特性,包括焦距、物距、像距、放大率、入瞳位置、入瞳距离等;第二方面是成像质量,即光学系统所成的像应该足够清晰,并且物像相似,变形要小。其中,第一方面的光学特性要求主要属于应用光学的讨论范畴,第二方面的成像质量要求则属于光学设计的研究内容。

所谓光学系统设计就是根据使用性能要求与条件,来决定光学系统的性能参数、系统原理方案、外形尺寸和各光组的具体结构等。

设计一个光学仪器的光学系统,大体上可分为两个阶段。第一阶段是根据仪器总体的技术要求(性能指标、外形尺寸、重量及相关技术条件),从仪器各部分(光学、机械、电路等)出发,拟定光学系统的原理图,并初步计算系统的外形尺寸,以及确定系统中各部分要求的光学特性等。一般称这一阶段的设计为初步设计,或称外形尺寸计算。第二阶段是根据初步设计的结果,确定每个镜头的具体结构参数(半径、厚度、间隔、玻璃材料),以保证满足系统光学特性和成像质量的要求。这一阶段的设计称为像差设计,一般也称光学设计。这两个阶段既有区别,又有联系。在初步设计时,就要预计到像差设计是否有可能实现,以及系统大致的结构型式。当像差设计无法实现,或者结构过于复杂时,就要回过来修改初步设计。要实现良好的光学仪器性能,初步设计是关键。如果初步设计不合理,可能使仪器根本无法完成工作,还会给第二阶段的像差设计工作带来困难,导致系统结构过于复杂,或者成像质量不佳。当然,在初步设计合理的条件下,如果像差设计不当,同样也会造成上述不良后果。评价一个光学系统设计的好坏,一方面要看它的性能和成像质量,另一方面还要看系统的复杂程度。一个好的设计应该是在满足使用要求(光学性能、成像质量)的情况下,结构最简单的设计。初步设计和像差设计在不同类型的仪器中所占的地位和工作量不同,例如:大部分军用光学仪器中,初步设计比较繁重,而像差设计相对来说比较容易;一般显微镜和照相机中,初步设计比较简单,而像差设计比较复杂。

随着计算机技术的发展,光学自动设计软件的用户界面已日趋完善,软件对用户的要求也越来越低,设计者能快速、高效地设计出优质、经济的光学系统。虽然像差自动校正软件可以极大地减轻设计者的劳动强度和减少设计时间,但它也仅仅是一个工具,只能完成整个设计过程中的一部分工作。不管设计手段如何改变,光学设计过程的一般规律仍然是必须遵循的。

1.2　仪器对光学系统的设计要求

任何一种光学仪器都有其用途和使用条件,也必然会对它的光学系统提出一定的要求。因此,在进行光学设计之前,一定要了解这些要求。这些要求概括起来包括以下几个方面。

1. 光学系统的基本特性

光学系统的基本特性有数值孔径(NA)或相对孔径、线视场或视场角(视场角在光学工程中又称为视场)、系统的放大率或焦距。此外,还有与这些基本特性有关的一些特性参数,如光瞳的大小和位置、后工作距、共轭距等。

2. 系统的外形尺寸

系统的外形尺寸,即系统的轴向尺寸和径向尺寸。在设计多光组的复杂光学系统时,如设计军用光学系统时,外形尺寸计算以及各光组之间光瞳的衔接都是很重要的。

3. 成像质量

成像质量的要求和光学系统的用途有关。不同的光学系统按其用途可提出不同的成像质量要求。对于望远系统和一般的显微镜,只要求中心视场有较好的成像质量;对于照相物镜,则要求整个视场都要有较好的成像质量。

4. 仪器的使用条件

根据仪器的使用条件,要求光学系统具有一定的稳定性、抗振性、耐热性和耐寒性等,以保证仪器在特定的环境下能正常工作。

在对光学系统提出使用要求时,一定要考虑在技术上和物理上实现的可能性。例如,生物显微镜的视觉放大率 Γ,一定要按有效放大率的条件来选取,即满足条件 $500\,\mathrm{NA} < \Gamma < 1000\,\mathrm{NA}$。过高的放大率是没有意义的,只有提高数值孔径才能提高有效放大率。

对于望远镜的视觉放大率,一定要把望远系统的极限分辨率和眼睛的极限分辨率放在一起来考虑。当眼睛的极限分辨率为 $1'$ 时,望远镜的正常放大率应该是 $\Gamma = D/2.3$,式中,D 是入瞳直径。实际上,在多数情况下,按仪器用途所确定的放大率常大于正常放大率,这样可以减轻观察者眼睛的疲劳度。对于一些手持望远镜,它的实际放大率比正常放大率低,以便获得较大的出瞳直径,从而增加观察时的光强度。因此望远镜的工作放大率应按下式选取:

$$0.2D \leqslant \Gamma \leqslant 0.75D \tag{1-1}$$

有时对光学系统提出的要求是互相矛盾的。这时,应进行深入分析,全面考虑,抓住主要矛盾,切忌提出不合理的要求。例如,在设计照相物镜时,为了使相对孔径、视场角和焦距的选择更加合理,应该参照下式来选择这三个参数:

$$\frac{D}{f}\tan\omega\sqrt{\frac{f'}{100}} = C_{\mathrm{m}} \tag{1-2}$$

式中:$C_{\mathrm{m}} = 0.22 \sim 0.26$,称为物镜的质量因数。

实际计算时,取 $C_{\mathrm{m}} = 0.24$。当 $C_{\mathrm{m}} < 0.24$ 时,光学系统的像差校正就不会发生困难;当 $C_{\mathrm{m}} > 0.24$ 时,光学系统的像差很难校正,成像质量很差。但是,随着高折射率玻璃的出现、光学设计方法的完善、光学零件制造水平的提高,以及装调工艺的完善,C_{m} 值也在逐渐提高。

总之,对光学系统提出的要求要合理,保证其在技术上和物理上均能够实现,并且要使其具有良好的工艺性和经济性。

1.3 光学系统设计的过程与步骤

1.3.1 光学系统设计的具体过程

1. 制定合理的技术参数

从光学系统对使用要求的满足程度出发,制定光学系统合理的技术参数,这是设计成功的前提条件。

2. 光学系统总体设计和布局

光学系统总体设计的重点是确定光学原理方案和外形尺寸计算。为了设计出光学系统的原理图,确定基本光学特性,使其满足给定的技术要求,首先要确定放大率(或焦距)、线视场(或视场角)、数值孔径(或相对孔径)、共轭距、后工作距、光阑位置和外形尺寸等。因此,常把这个阶段称为外形尺寸计算阶段。一般都按理想光学系统的理论和计算公式进行外形尺寸计算。

在进行上述计算时,还要结合机械结构和电气系统,以防止这些理论计算在机械结构上无法实现。对每项性能的确定一定要合理:过高的要求会使设计结果复杂,造成浪费;过低的要求会使设计不符合要求。

3. 光组的设计

光组的设计一般分为选型、确定初始结构、像差校正等阶段。

1) 选型

一般以一对物像共轭面之间的所有光学零件为一个光组,也可将其进一步划小。现有的常用镜头可分为物镜和目镜两大类。目镜主要用于望远和显微系统,物镜可分为望远、显微和照相摄影物镜三大类。在选型时,首先应依据孔径、视场及焦距来选择镜头的类型,特别要注意各类镜头各自能承担的最大相对孔径、视场角。在大类型的选型上,应选择既能达到预定要求而又结构简单的一种。选型是光学系统设计的出发点,选型是否合理、适宜是设计成败的关键。

2) 确定初始结构

确定初始结构常用以下两种方法。

(1) 解析法(代数法):这是根据初级像差理论求解初始结构的方法。这种方法是根据外形尺寸计算得到的基本特性,利用初级像差理论来求解满足成像质量要求的初始结构,即确定系统各光学零件的曲率半径、透镜的厚度和间隔、玻璃的折射率和色散等。

(2) 缩放法:根据对光组的要求,找出性能参数比较接近的已有结构,将其各尺寸乘以缩放比 K,即得到所要求的结构,并要估计其像差的大小或变化趋势。

3) 像差校正

初始结构选好后,要在计算机上进行光路计算,或用像差自动校正程序进行自动校正,然后根据计算结果画出像差曲线,分析像差,找出原因,再反复进行像差计算和平衡,直到满足成像质量要求为止。

4．长光路的拼接与统算

以总体设计为依据,以像差评价为标准,来进行长光路的拼接与统算。若结果不合理,则应反复试算并调整各光组的位置与结构,直到达到预期的目的。

5．绘制光学系统图、部件图和零件图

绘制各类图纸,包括确定各光学零件之间的相对位置、光学零件的实际大小和技术条件。这些图纸为光学零件的加工、检验,部件的胶合、装配、校正,乃至整机的装调、测试提供依据。

6．编写设计说明书

设计说明书是对光学设计整个过程的技术总结,是进行技术方案评审的主要依据。

7．进行技术答辩

必要时可以进行技术答辩。

1.3.2 光学系统设计的步骤

光学系统设计就是选择和安排光学系统中各光学零件的材料、曲率和间隔,使得系统的成像性能符合应用要求。一般光学设计旨在将像差减小到可以忽略不计的程度。光学设计可以概括为以下几个步骤。

(1) 选择系统的类型;

(2) 分配元件的光焦度和间隔;

(3) 校正初级像差;

(4) 减小残余像差(高级像差)。

以上每个步骤还包括几个环节,循环执行这几个步骤,最终会得到一个满意的结果,整个设计流程如图 1-1 所示。

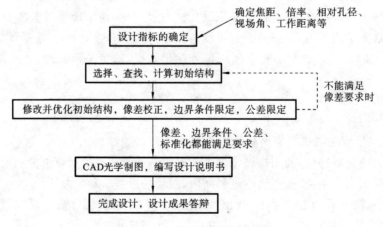

图 1-1　光学系统设计流程图

思 考 题

(1) 什么是光学系统设计？光学系统设计包含哪些工作内容？

(2) 光学系统设计发展的过程是怎样的？其难度在哪里？

(3) 光学系统设计的具体过程是怎样的？

(4) 光学系统设计的性能与质量要求包含哪些？

第 2 章　光学系统的几何像差

2.1　概述

实际的光学系统都有一定大小的相对孔径和视场,相对孔径和视场远远超出近轴区所限定的范围。像差的大小反映了光学系统质量的优劣。常见的几何像差有五种单色像差和两种色差。五种单色像差分别为球差、彗差、像散、场曲和畸变。两种色差为位置色差和倍率色差。在实际光学系统中,各种像差是同时存在的。这些像差影响光学系统成像的清晰度、相似性和色彩逼真度等,降低了成像质量。成像光学系统设计中,了解基本的像差理论,懂得像差在光学系统中形成的原因,可以极大地帮助我们校正产生的这些像差,达到很好的成像质量。

在应用光学课程中,我们学习了光路计算和像差理论,故此章抛开烦琐的推导过程,简明扼要地回顾像差基本知识,主要围绕光学系统中七种几何像差的定义、表示方法、对成像质量的影响、校正(或消除)方法以及在 ZEMAX 中的描述等方面展开阐述。

2.2　球差

2.2.1　球差的定义及表示方法

1. 球差的定义

当光入射到如图 2-1 所示的单个透镜上时,无限靠近光轴的光线将聚焦到近轴像的位置。随着透镜上光线高度的增加,像方空间中光线与光轴相交,即聚焦的位置越来越靠近透镜。这种随孔径变化的焦点位置的变化称为球差(spherical aberration),也称球面像差。

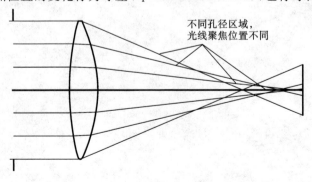

图 2-1　球差示意图

球差的大小取决于光线的孔径角 U（或在入瞳上的高度 h）的大小，可在沿轴方向和垂轴方向度量，如图 2-2 所示。沿轴方向度量的球差称为轴向球差（也称纵向球差），用符号 $\delta L'$ 表示，其公式为

$$\delta L' = L' - l' \tag{2-1}$$

式中：L' 为与光轴成一定孔径角 U（或在入瞳上的高度为 h）的光线聚焦点的像距；l' 为近轴像点的像距。

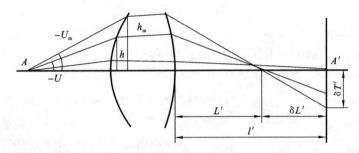

图 2-2　球差的度量

显然，与光轴成不同孔径角 U 的光线具有不同的球差。孔径角 U_m 对应的入射光线高度 h_m 称为全孔径，对应的球差称为边光球差，用 $\delta L'_m$ 表示；若 $h/h_m = 0.707$，则称之为 0.707 孔径或 0.707 带光，对应的球差称为 0.707 带光球差，用 $\delta L'_{0.707}$ 表示；其他带光球差，如 $\delta L'_{0.3}$、$\delta L'_{0.5}$、$\delta L'_{0.8}$ 等，也可类推称之。进一步类推到视场，若视场中 $y/y_m = 0.707$，也可称之为 0.707 带视场。

在垂轴平面内度量的球差称为垂轴球差（也称横向球差），用符号 $\delta T'$ 表示，其表达式为

$$\delta T' = \delta L' \tan U' \tag{2-2}$$

垂轴球差表示由轴向球差引起的弥散圆半径，用来度量球差大小。但平常所说的球差一般指的是轴向球差 $\delta L'$。

2. 球差的表示方法

已知球差 $\delta L'$ 是入射光线高度 h 或孔径角 U 的函数，并且在轴上视场产生时为旋转对称像差，故在级数展开式中只能包含 h 或 U 的偶次项。当 $h = 0$ 或 $U = 0$ 时，$\delta L' = 0$，因此展开式中没有常数项。此外，球差是轴上点像差，与视场无关，所以展开式中就没有视场 y 或 ω 项，因此球差的级数展开式可表示为

$$\delta L' = A_1 h^2 + A_2 h^4 + A_3 h^6 + \cdots$$

或

$$\delta L' = A_1 U^2 + A_2 U^4 + A_3 U^6 + \cdots \tag{2-3}$$

式(2-3)中，第一项称为初级球差，第二项为二级球差，第三项为三级球差，以此类推。除了第一项初级球差，后面的球差统称高级球差。A_1、A_2、A_3 分别为初级球差系数、二级球差系数和三级球差系数。大部分光学系统二级以上的更高级的球差很小，可以忽略。因此，球差可近似用初级球差和二级球差两项来表示。在绘制球差曲线的时候，通常把纵坐标取为 h/h_m，所以球差也可以表示为

$$\delta L' = A_1 \left(\frac{h}{h_m}\right)^2 + A_2 \left(\frac{h}{h_m}\right)^4 \tag{2-4}$$

初级球差的大小与结构参数 r、d、n 密切相关，而高级球差的数值则相对固定，所以校正球

差的过程实际就是改变初级球差,让它和后面的高级球差等大反号,以平衡掉后面的高级球差,这是像差校正的基本思想。

初级像差只包含孔径和视场的低级次项,对大的孔径和视场失去意义。设计光学系统时,要进行大量的初级像差计算,只有当初级像差达到预定值后,才有必要全面计算一次实际像差。通过对实际像差的全面分析、评价,进而定出初级像差的目标值,重新修改结构参数。如此反复进行,逐步优化,直到获得像差的最佳校正和平衡为止。因此,本章主要讨论的是初级像差理论。

德国科学家赛德尔首先提出了具有对称轴的光学系统的初级像差理论。对于已知结构(r、d、n)的光学系统,当物距和入射光瞳位置给定时,空间光线通过光学系统的单色像差近似取决于视场和孔径。像差展开为级数时,在视场和孔径为零的情况下,像差也为零,赛德尔用和数 $\sum S_{\mathrm{I}}$、$\sum S_{\mathrm{II}}$、$\sum S_{\mathrm{III}}$、$\sum S_{\mathrm{IV}}$、$\sum S_{\mathrm{V}}$ 分别表示初级球差、初级彗差、初级像散、初级场曲、初级畸变。所以常把这五个和数分别称为第一、第二、第三、第四、第五赛德尔和数。

由于光学系统是由多个光组构成的,而每一个折射面都将对整个系统的球差有所贡献,整个系统的球差值就是各个折射面产生的球差传递到系统像空间后相加而成的,故称每个折射面对系统总球差的贡献量值为球差分布。所谓的球差分布式是指构成系统的每个面对球差的贡献,其形式为

$$\delta L' = -\frac{1}{2n'_k U'_k \sin U'_k} \sum_1^k S_-\tag{2-5}$$

式中:$\sum_1^k S_-$ 为光学系统的球差系数,S_- 为每个面上的球差分布系数。

因初级球差在近轴区内有意义,而在这个区域内角度很小,所以角度的正弦值可以用弧度值来代替,初级球差可以表示为

$$\delta L'(初) = -\frac{1}{2n'_k U'^2_k} \sum_1^k S_{\mathrm{I}}\tag{2-6}$$

其中:
$$\left.\begin{array}{l} S_{\mathrm{I}} = luni(i-i')(i'-u) \\ lu = h \end{array}\right\}\tag{2-7}$$

式中:$\sum_1^k S_{\mathrm{I}}$ 为初级球差系数(也称第一赛德尔和数),S_{I} 为每个面上的初级球差分布系数。

2.2.2 球差的校正

由垂轴球差公式式(2-2)可知:球差 $\delta L'$ 越大,像方孔径角 U' 越大,高斯像面上的弥散斑也越大,这将使像模糊不清,如图 2-3 所示。所以光学系统为使成像清晰,必须校正球差。对于大孔径系统,即使是较小的球差也会形成较大的弥散斑,因此校正球差的要求更为严格。

球差对成像光学系统设计有着重要影响。由于绝大多数玻璃透镜元件都是球面的,因此球差的存在也是必然的。球差的存在使球面透镜的成像不再具有完美性,球面单透镜的球差是不可消除的。单正透镜会使光线偏向光轴,因此,边缘光线的偏向角比近轴光线的偏向角要大,即单正透镜产生负球差;同理,单负透镜产生正球差。因此,只有将正、负透镜组合起来才有可能使球差得到校正,组合光组称为消球差光组。最简单的消球差光组是图 2-4(a)中的双分离透镜组或图 2-4(b)中的双胶合透镜组。

图 2-3 球差影响成像清晰度

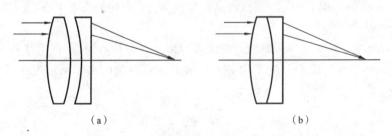

（a）   （b）

图 2-4 消球差光组

在光学系统中,将某一给定孔径的光线达到 $\delta L'=0$ 的系统称为消球差系统。值得注意的是:所谓的消球差一般只是能使某一孔径带的球差为 0,而不能使各个孔径带全部为 0,一般对边缘光孔径校正球差,即 $\delta L'_m=0$,而此时一般在 0.707 孔径有最大的剩余球差,大小约为边缘光高级球差的 $-1/4$,如图 2-5 所示。该图为一般消球差系统的球差曲线,横坐标为 $\delta L'$,纵坐标为 h/h_m,h 是光线在孔径角为 U 时的入射高度,h_m 是光线的最大入射高度。从图中可看到,孔径中央球差为 0。

当边缘光孔径的球差不为 0 时,如果存在负球差 $\delta L'<0$,称为球差校正不足或球差欠校正;如果存在正球差 $\delta L'>0$,称为球差校正过头或球差过校正;若 $\delta L'=0$,称为光学系统对这条光线校正了球差。球差校正曲线如图 2-6 所示。

单透镜的球差与焦距、相对孔径、透镜的形状及折射率有关。对于给定孔径、焦距和折射率的透镜,通过改变其形状可使球差达到最小。简而言之,球差取决于相对的透镜弯曲形式。在物距和像距相等的对称情况下,两表面具有相同半径的双凸透镜是产生最小球差的弯曲形式。此外,经验表明,如果保持光焦度不变,则单透镜的球差将随折射率的增大而减小。控制球差的另一个有效方法是将光焦度分解成多个元件,通过在几个元件间分解光焦度,可以减小每个表面上的入射角,从而使像差减小。另外,在不能增加透镜的情况下,常使用二次曲面来消除球差,即常说的 Conic 非球面。

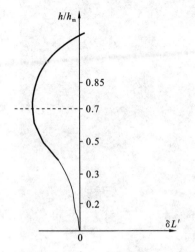

图 2-5　一般消球差系统的球差曲线　　　　图 2-6　球差校正曲线

对单个折射球面而言,由式(2-6)、式(2-7)可知,当物点处于如下三个位置时,$S_{\mathrm{I}}=0$,可以不产生球差。

(1) $\sin I - \sin I' = 0$,即 $I = I'$。此时,物点和像点均位于球面的曲率中心,或者说,$L = L' = r$,垂轴放大率 $\beta = n/n'$。

(2) $L = 0$,此时,$L' = 0$,$\beta = 1$,即物点和像点均位于球面顶点时,不产生球差。

(3) $\sin I' - \sin U = 0$,即 $I = U'$,此时物点位置及像点位置由式(2-8)、式(2-9)描述:

$$\sin I' = \frac{n}{n'}\sin I = \frac{n}{n'}\frac{L-r}{r}\sin U \Rightarrow L = \frac{n+n'}{n}r \tag{2-8}$$

$$\sin I = \frac{n'}{n}\sin I' = \frac{n'}{n}\frac{L'-r}{r}\sin U \Rightarrow L' = \frac{n+n'}{n'}r \tag{2-9}$$

由公式可见,这一对不产生球差的共轭点在球面的同一侧,且都在球心之外,故实物成虚像或虚物成实像。这一对共轭点通常称为不晕点或齐明点。在光学设计中,常利用齐明点的特性来制作齐明透镜,以增大物镜的孔径角,用于显微物镜或照明系统中。

2.2.3　ZEMAX 中球差的描述

1. 球差的图形描述

在 ZEMAX 的分析菜单中,可以看到像差描述的不同方式,具体定义将在第 3 章"光学系统的像质评价及像差公差"中阐述。Ray Fan 图中可定量分析球差在不同孔径时的大小。Ray Fan 图也称光线光扇图(光扇图)、光线差图,它描述的是在不同光瞳位置处,光线在像面上的高度与该视场的主光线在像面上的高度差。图 2-7 所示的为一个单透镜的光线差曲线图,即球差曲线。

从 Ray Fan 图上可看出球差曲线的旋转对称性。同样,也可从 Spot Diagram(点列图,或称光斑图)上看出球差特点,如图 2-8 所示。

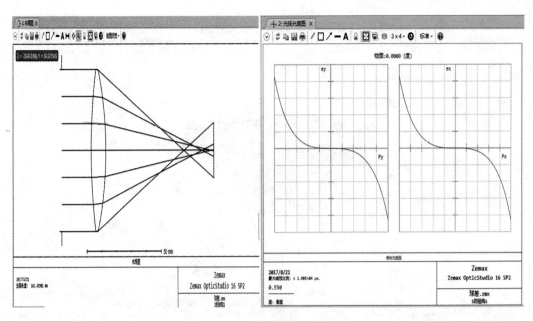

图 2-7　一个单透镜的球差曲线

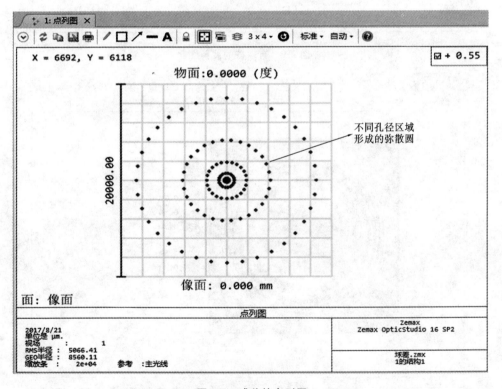

图 2-8　球差的点列图

从光程差上分析,球差的产生其实是波前相位的移动导致的,即出瞳参考球面波前与实际球面波前存在差异,如图 2-9 所示。

其实,当实际波前与参考波前产生分离时,光程差不再相等,这样物面同一束光经实际透镜和理想透镜后,相当于产生了牛顿环。图 2-10 所示的是使用波前干涉图分析功能得到的牛

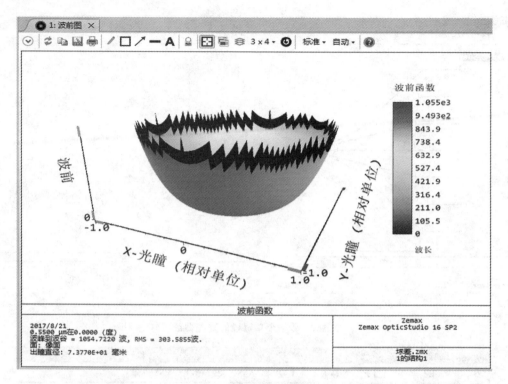

图 2-9　有球差的波前图

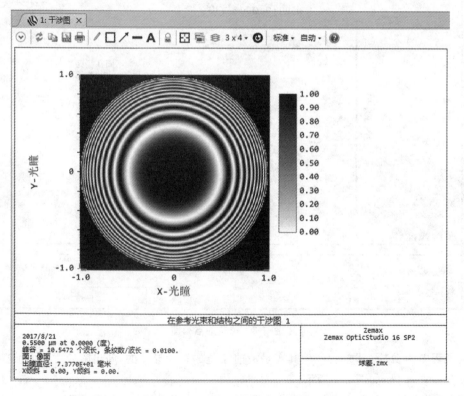

图 2-10　球差的波前干涉图

顿环。

2. 球差的定量分析

这些分析功能都是相互联系的。可以使用 ZEMAX 提供的赛德尔像差统计查看球差数据，如图 2-11 所示。

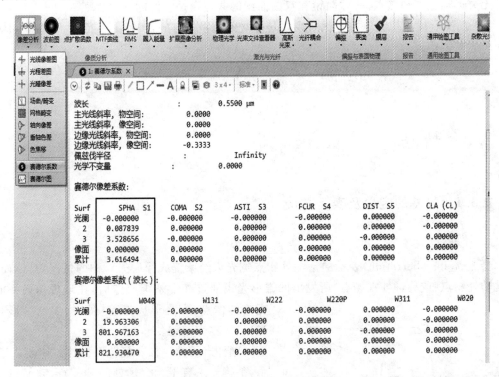

图 2-11　球差的赛德尔像差统计

同时可以使用评价函数操作数 SPHA 来直接查看球差值，如图 2-12 所示。

图 2-12　球差的评价函数表示

2.2.4　小结

本节主要阐述了球差的定义、表示方法、对成像质量的影响、校正（或消除）方法，以及球差在 ZEMAX 中的描述。重点在于球差的校正，需要注意以下几点：

（1）实际上球差是无法完全消除的，也没有必要完全消除，只要球差足够小，在一定公差范围内即可。

（2）有些光学公司在设计镜头时，为了达到特殊的性能要求，有时不一定针对边缘光线消球差,而将镜头故意设计成欠校正或过校正的情况。

（3）光阑只能让近轴光线成理想的像。

（4）球面反射镜仅当物点位于顶点和球心时无球差。

（5）所有回转二次非球面反射镜都有一对不产生球差的共轭点。其中,抛物面镜的共轭点是无穷远轴上点和焦点;椭球面镜和双曲面镜的共轭点是它们的一对焦点。

（6）前文所述的初级球差表达式主要是针对薄透镜而言的,实际上平行平板也产生球差,其初级球差表达式为

$$\delta L'_P(初) = -\frac{1}{2n'_2 U'^2_2} \sum S_I = \frac{n^2-1}{2n^3} du_1^2$$

2.3 彗差

2.3.1 彗差的定义及表示方法

1. 彗差的定义

彗差(coma aberration)表示的是轴外物点宽光束经系统成像后失对称的情况,具体而言,就是轴外物点(或称轴外视场点)所发出的锥形光束通过光学系统成像后,在理想像面不能成完美的像点,而是形成拖着尾巴的如彗星形状的光斑,故称为彗差。

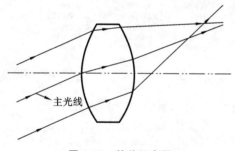

图 2-13 彗差示意图

轴外点的像存在非旋转对称性。如图 2-13 所示,平行光来自于无穷远处的轴外点,它们以一定的角度入射到镜头,并被镜头聚焦于轴外一定高度处,该高度由镜头的视场角和焦距决定。如果镜头自身限制来自视场中不同点的光束,则孔径光阑位于镜头上。通过孔径光阑中心的光线称为主光线。物面上的每一点只有一条主光线。

定义由轴外物点和光轴所确定的平面为子午面,它是系统的对称面,也是光束的对称面。子午面内的光束称为子午光束,经系统成像后仍位于该平面内。因此,可以用平面图形表示出子午光束的结构。包含主光线并垂直于子午面的平面称为弧矢面,弧矢面内的光束称为弧矢光束。子午面和弧矢面有一条公共光线,即主光线。

由图 2-13 可以看出,轴外物点发出的光束中,对称于主光线的一对光线经光学系统后,失去对主光线的对称性,使交点不再位于主光线上。彗差通常用子午面上和弧矢面上对称于主光线的各对光线,经系统后的交点相对于主光线的偏离来度量,分别称为子午彗差 K'_T 和弧矢彗差 K'_S。

如图 2-14 所示,由于子午面内的上下光线对 a、b 的交点并不在理想像面上,为了计算方便,我们把上下光线对的交点高度用它们各自与像面的交点的高度 Y'_a 和 Y'_b 的平均值来代替,相应主光线的高度用主光线在像面上的高度 Y'_z 来表示,即子午彗差的计算公式为

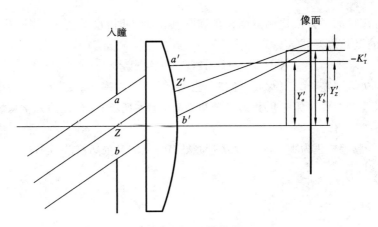

图 2-14　子午彗差

$$K'_T = \frac{1}{2}(Y'_a + Y'_b) - Y'_z \tag{2-10}$$

若 $K'_T > 0$，彗星状像斑的尖端朝向视场中心，称为正彗差；若 $K'_T < 0$，则尖端远离视场中心，图 2-14 所示的即为这种情况，称为负彗差。

再看弧矢面的情况。图 2-15 所示的是物点 B 以弧矢光线成像的立体图，弧矢面内有一对前后光线 c、d，它们对称于主光线，因此也对称于子午面，故成像后的交点也必然在子午面内。这对光线在入射前虽然对称于主光线，但是它们的折射情况与主光线的不同。主光线在子午面内折射，而光线 c、d 在由入射光线和入射点法线所决定的平面内折射，因此它们虽相交在子午面内，但并没有交在主光线上，这样也使得这对光线出射后不再关于主光线对称。

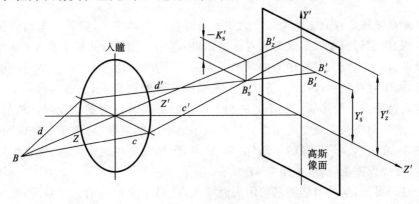

图 2-15　弧矢彗差

由图可知，光线 c' 和 d' 在高斯像面上交点的高度相同，为 Y'_s。所以，弧矢彗差的大小为

$$K'_S = Y'_S - Y'_Z \tag{2-11}$$

弧矢彗差与子午彗差之间的大小关系为

$$K'_T = 3K'_S \tag{2-12}$$

弧矢光线在子午面以外，属于空间光线，计算较为复杂，考虑到弧矢彗差总比子午彗差小，故手工计算光路时一般不予考虑。

2. 彗差的表示方法

根据彗差的定义，彗差是与孔径 $U(h)$ 和视场 $y(\omega)$ 都有关的像差。具体而言，彗差与视场

呈线性关系,与孔径的平方成比例。当视场和孔径均为零时,没有彗差,故展开式中没有常数项。因此彗差的级数展开式为

$$K'_S = A_1 yh^2 + A_2 yh^4 + A_3 y^3 h^2 + \cdots \tag{2-13}$$

式中:第一项为初级彗差,第二项为孔径二级彗差,第三项为视场二级彗差。对于大孔径、小视场的光学系统,彗差主要由第一项和第二项决定;对于大视场、小孔径的光学系统,彗差主要由第一项和第三项决定。

同样,当边缘彗差校正为零时,在 0.707 带光处有最大的剩余彗差,为全孔径二级彗差的 $-1/4$:

$$K'_{S\,0.707} = -\frac{A_2 yh_m^4}{4} \tag{2-14}$$

与此相应,初级子午彗差的分布式为

$$K'_T(初) = -\frac{3}{2n'_k u'_k}\sum_1^k S_{\mathrm{II}} \tag{2-15}$$

初级弧矢彗差的分布式为

$$K'_S(初) = -\frac{1}{2n'_k u'_k}\sum_1^k S_{\mathrm{II}} \tag{2-16}$$

式中:$\sum_1^k S_{\mathrm{II}}$ 为初级彗差系数(也称第二赛德尔和数),S_{II} 为每个面上的初级彗差分布系数,有

$$S_{\mathrm{II}} = \left(\frac{i_z}{i}\right)S_{\mathrm{I}} = luni_z(i-i')(i'-u) \tag{2-17}$$

2.3.2 彗差的校正

已知彗差是轴外物点以宽光束成像的一种失对称的垂轴像差,除了子午面和弧矢面两个截面外,其他截面也都有不同形式的失对称。如果入瞳为一圆环,轴外点进入系统的光线就是以物点为顶点、以主光线为对称中心的圆锥面光束,不同的孔径对应于不同大小的光锥。此光束经系统后,由于存在彗差,因此不再对称于主光线的圆锥面光束,也不再会聚于一点。不同孔径的光线在像平面上会形成半径不同的相互错开的圆斑。距离主光线像点越远,形成的圆斑直径越大,这些圆斑相互叠加的结果就是形成了一个形状复杂、对称于子午面的弥散斑(彗星状),如图 2-16 所示。该光斑的头部(尖端)较亮,至尾部亮度逐渐减弱,损害了轴外物点成像的清晰度,使成像质量降低,如图 2-17 所示。

由式(2-13)可知,彗差值随视场的增大而增大,故对于大视场的光学系统,其彗差必须予以校正。由式(2-17)可知,当在求得各面的分布值 S_{I} 以后,只要乘以该面的因子 i_z/i,即可求得 S_{II}。由于分布式中含有与光阑位置有关的 i_z 项,因此光阑的位置可以使彗差发生变化。这样,可以把光阑位置作为校正彗差的一个参数。利用光阑位置来校正或减小与光阑位置有关的像差是光学设计中经常采用的方法。由式(2-17)知,在以下四种情况下,均不产生彗差:

(1) $i_z = 0$,即光阑在球面的曲率中心时;

(2) $l = 0$,即物点在球面顶点时;

(3) $i = i'$,即物点在球面的曲率中心时;

(4) $i' = u$,即物点在 $L = \frac{n+n'}{n}r$ 处时。

因此,在第 2.2.2 节中所论述的三对无球差的物点和像点的位置,同样也没有彗差。

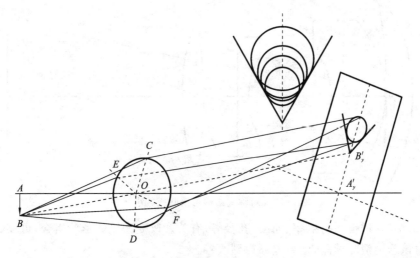

图 2-16　彗差形成示意图

图 2-17　彗差影响成像清晰度

若一个正弯月透镜正向放置,则产生正值彗差;若反向放置,则产生负值彗差。两弯月透镜凹面相对,中间放置光阑,物像倍率为-1,即两透镜对称,产生具有相反符号的彗差值,可以消除彗差。由于一般光学系统的放大率不等于-1,因此,绝对的对称结构并不适合,根据实际系统的物像关系,设计接近对称结构的光学系统,将有利于自动校正彗差。

值得指出的是,包括彗差在内的所有轴外点垂轴像差,对于对称式光学系统成像时,是等于零的。这是对称面上的垂轴像差是大小相同、符号相反,可以完全抵消的缘故。这一设计思想已在光学设计中得到应用,如经典的柯克三片物镜、双高斯照相物镜等,都是将视场光阑置于镜头组中间使光阑两边对称,如图 2-18 所示。这种结构不只对彗差有校正作用,对像散、场曲和畸变的校正也非常有帮助。

彗差对于大孔径系统或望远系统影响较大。彗差的大小与光束宽度、物体的大小、光阑位

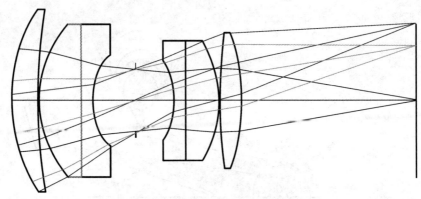

图 2-18　对称式结构可消除或减小彗差

置、光组内部结构（透镜的折射率、曲率、孔径等）有关。改变透镜的形状组合，可较好地消除彗差。如能对该透镜消除球差，则彗差亦得到改善。

对于某些小视场、大孔径的系统（如显微镜），由于物高很小，彗差也很小，如果用高度的绝对差值来表示失对称的情况就不是非常合理，不足以描述系统彗差的特性，因此对于小视场、大孔径系统，一般用相对值来加以表示。常用正弦差来描述小视场、大孔径系统的彗差特性。正弦差等于彗差与像高的比值，用符号 SC′ 表示：

$$SC' = \lim_{y \to \infty} (K'_s / y') \tag{2-18}$$

2.3.3　ZEMAX 中彗差的描述

1. 彗差的图形描述

物点在像面上的成像高度决定了系统的放大率，实际上，彗差是由外视场不同光瞳区域成像放大率不同造成的。使用 ZEMAX 中的几何光线分布来描述彗差，不难想象彗差的光斑形状，打开点列图，放大后我们可以清楚地看到彗差光斑的图案如图 2-19 所示。

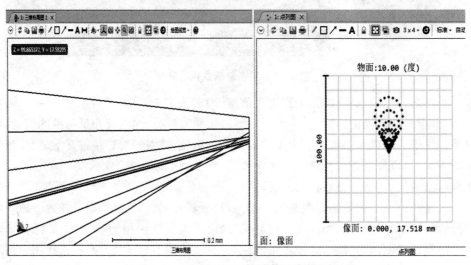

图 2-19　彗差几何光线及彗差光斑图形

在 Ray Fan 图上是如何定量描述彗差曲线的呢？已知彗差是不同孔径区域成像在像面上

的高度不同形成的,也就是孔径边缘光线对主光线的偏离,而这种光线对不再是旋转对称的,如图 2-20 所示。

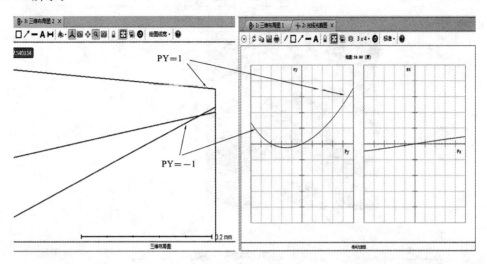

图 2-20 彗差的 Ray Fan 图

主光线同光斑质心的偏移,我们使用波前来描述,即彗差的波前面将是一个倾斜的波面,如图 2-21 所示。

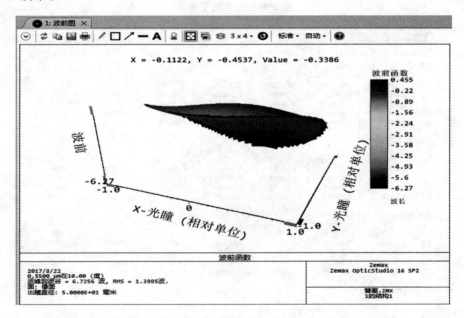

图 2-21 彗差的波前图

同样,我们使用干涉的方法测试彗差波面与理想波面间的光程差,可看到彗差产生时的干涉图,如图 2-22 所示。

2. 彗差的定量分析

我们可以使用 ZEMAX 提供的赛德尔像差统计查看彗差数据,如图 2-23 所示,也可以使用评价函数操作数 COMA 来直接查看彗差值,并专门对彗差进行优化。

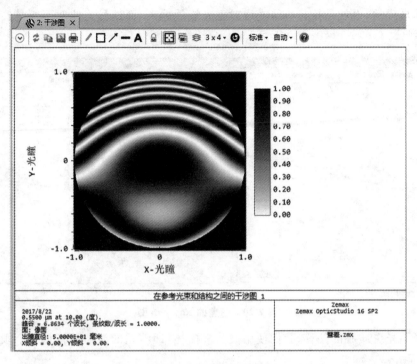

图 2-22 彗差的干涉图

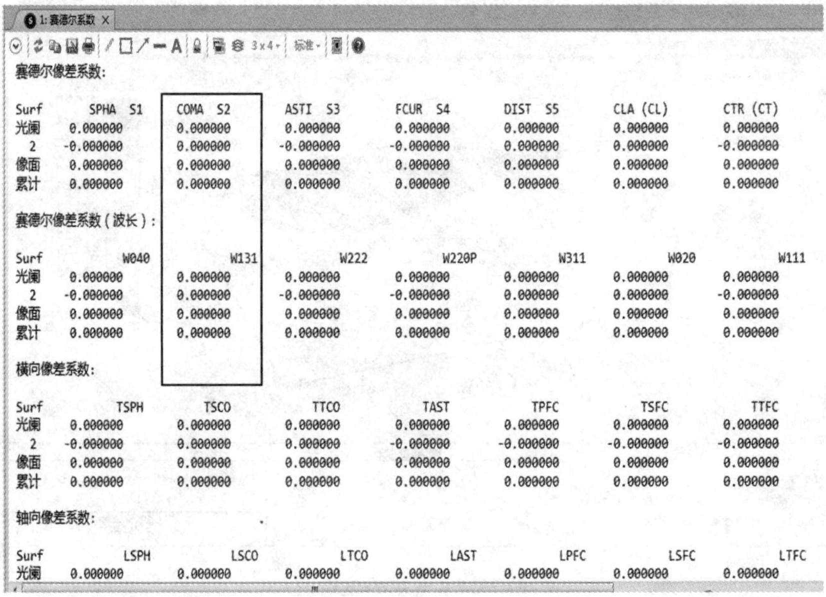

图 2-23 彗差的赛德尔像差统计

2.3.4 小结

本节主要阐述了彗差的定义、表示方法、对成像质量的影响、校正（或消除）方法，以及彗差在 ZEMAX 中的描述。重点在于彗差的校正，并简要介绍了彗差与正弦差之间的关系，需要注意以下几点。

（1）正弦差实质是相对彗差,正弦差曲线的特点是横坐标没有量纲,纵坐标是光线在入瞳处的相对出射高度或孔径角。

（2）正弦差与彗差的共同点是,二者都表示轴外物点宽光束经光学系统成像后失对称性的情况。正弦差与彗差的区别在于:正弦差仅适用小视场光学系统,彗差可用于任何视场角的光学系统。

（3）校正球差的同时也校正彗差及正弦差,这样的共轭点称为不晕点或齐明点。通常认为,正弦差的容限在$\pm 0.00025 \leqslant SC' \leqslant \pm 0.0025$,满足等晕条件。

（4）彗差大小与光阑位置有关,当孔径光阑不在镜头上时,移动光阑位置可控制、修正彗差。

（5）前文所述的初级彗差表达式主要针对薄透镜而言,平行平板的初级彗差表达式为

$$SC'_P(初) = -\frac{1}{2J}\sum S_{IIP} = -\frac{1}{2J}\frac{1-n^2}{n^3}du_1^3 u_{z1}$$

式中:$i_{z1} = -u_z$,$i_1 = -u_1$。

2.4 细光束像散

2.4.1 像散的定义及表示方法

1. 像散的定义

当轴外物点发出一束很细的光束通过入瞳进入系统时,成对的宽光束光线之间的失对称现象将被忽略,球差也不会对细光束有大的影响。但是,光束各截面之间仍然存在着失对称现象,且随着视场的增大而愈加明显。如图 2-24 所示,轴外 B 点发出细光束在球面上所截得的曲面显然已不是一个对称的回转曲面,它在不同截面方向上有不同的曲率,并在子午面和弧矢面这两个相互垂直的截面方向上具有最大或最小的曲率,表现出最大的曲率差。子午面和弧矢面上的细光束,虽然各自能会聚于主光线上的一点,但相互并不重合,即一个轴外物点以细光束成像,被聚焦为子午和弧矢两个像,这种像差我们称其为细光束像散(astigmatism)。

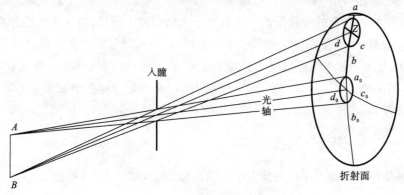

图 2-24　轴外细光束成像

　　简单来说,像散是描述子午光束和弧矢光束会聚点之间的位置差异的,对于宽光束来说,由于球差和彗差的影响,根本会聚不到一点,所以像散都是对细光束而言的,属于细光束像差。

　　就整个像散光束而言,由子午光束所形成的像是一条垂直于子午面的短线 t,称为子午焦线;由弧矢光束所形成的像是一条垂直于弧矢面的短线 s,称为弧矢焦线,两条焦线互相垂直,如图 2-25 所示。两条焦线间沿光轴方向的距离即表示像散的大小,用符号 x'_{ts} 表示:

$$x'_{ts} = x'_t - x'_s \tag{2-19}$$

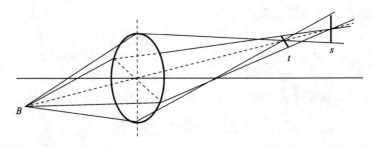

图 2-25　轴外细光束像散

　　图 2-26 所示为像散的形成过程,当轴外物点 B 通过有像散的光学系统成像时,将光屏沿光轴缓慢移动,在不同位置,B 点的成像光束截面形状会发生变化。由于像散的存在,我们在调整成像光斑时会始终寻找不到最佳焦点,看到的弥散光斑呈线条形、圆形或椭圆形。缩小光阑,使很细的光束通过光学系统,仍有此现象。上述两条短线(焦线)的光能量最集中,它们是轴外物点 B 的两个像。

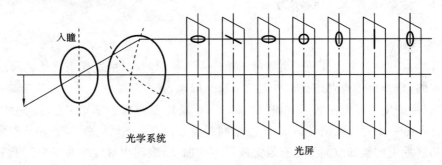

图 2-26　像散的形成过程

　　如果轴外物体是一个"十"字图案,如图 2-27 所示,通过有像散的光学系统时,在 B'_t 处,"十"字图案上的每一个点的像将形成一垂直于子午面的水平短线,故水平线的像清晰,垂直线的像模糊;在 B'_s 处,"十"字图案上的每一个点的像为一垂直短线,则垂直线的像清晰,水平线的像模糊。B'_t 与 B'_s 是 B 点通过光学系统形成的子午像点与弧矢像点,沿光轴之间的距离 $B'_t B'_s$ 是光学系统的像散。光学设计中,一般以 $B'_t B'_s$ 在光轴方向上的投影来度量。通过无限像散光束的计算,可求得沿主光线方向的位置 t' 和 s',然后换算成相对于最后一面顶点的轴向距离 l'_t 和 l'_s,求得像散值 x'_{ts} 为

$$x'_{ts} = l'_t - l'_s \tag{2-20}$$

　　当光学系统的子午像点比弧矢像点更远离高斯像面,即 $l'_t < l'_s$,像散 x'_{ts} 为负值,反之,像散为正值。

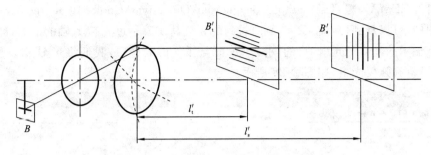

图 2-27　像散计算

2. 像散的表示方法

由于是细光束成像,故像散只与视场有关,与孔径无关,当只取二级像散时,其级数展开式为

$$x'_{ts} = C_1 y^2 + C_2 y^4 \tag{2-21}$$

当对边缘视场校正像散时,在 0.707 带处有最大的剩余像散,值为视场边缘处高级像散的 $-1/4$。其像散分布式为

$$x'_{ts} = -\frac{1}{n'_k u'^2_k} \sum_1^k S_{\rm III} \tag{2-22}$$

式中: $\sum_1^k S_{\rm III}$ 为初级像散系数(也称第三赛德尔和数),$S_{\rm III}$ 为每个面上的初级像散分布系数。

$$S_{\rm III} = \left(\frac{i_z}{i}\right)^2 S_{\rm I} = luni(i-i')(i'-u)(i_z/i)^2 \tag{2-23}$$

2.4.2　像散的校正

像散类似于我们通常提及的散光,比如人眼的散光,指的是人眼看上下方向与左右方向的景物时清晰度不一样,主要原因是人眼角膜在上下方向与左右方向的弯曲度不同,造成屈光度不同。这其实就像是人眼产生的像散。我们提及的像差主要在于使用透镜光学系统成像后,像面上光斑的分布情况。像散也正是镜头系统在上下方向与左右方向的聚焦能力不同形成的。

由于像散的存在,导致轴外一点的像成为互相垂直的二条短线,严重时,在轴外点得不到清晰的像。像散会影响轴外像点的清晰程度。所以对于大视场系统而言,像散必须校正。

由式(2-23)可知,像散的校正也与球差、彗差的校正类似。像散与光阑的位置有关,改变光阑位置,像散将发生改变,当光阑位于球心处时,像散消除。当像散处于齐明点处时,也不存在像散。此外,改变透镜的形状也可以控制像散,即透镜曲率弯曲可对像散进行校正,并且当球面弯向光阑时,比球面背向光阑引起的像散要小。弯月透镜也可校正像散,其产生的像散可以部分或全部抵消光学系统其余部分产生的像散。

2.4.3　ZEMAX 中像散的描述

1. 像散的图形描述

为了详细演示说明子午面及弧矢面与像散的关系,我们以 ZEMAX 自带的柯克三片式物镜为例。打开 ZEMAX 根目录\samples\sequential\Objectives\Cooke 40 degree field. zmx,在三维布局图中,可以看到,当前 YZ 平面内看到的光线其实就是过光瞳 Y 轴的剖面,即子午面;默认视图下显示的是 XY 光扇,指的就是子午面与弧矢面的光扇,我们将 Y 轴和 Z 轴旋转一定角度,便可看到弧矢光扇,如图 2-28 所示。

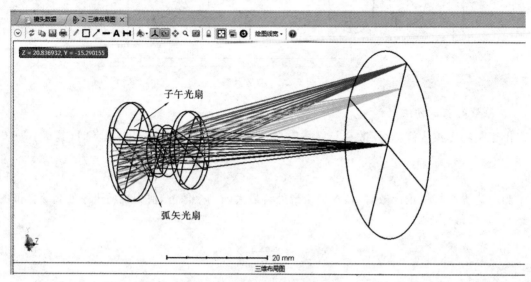

图 2-28　子午光扇和弧矢光扇

在这个系统中,轴外视场可表现出这两个方向的光斑聚焦的不一致性。我们可以通过看此系统的 Spot Diagram 来分析光斑的形状,如图 2-29 所示。

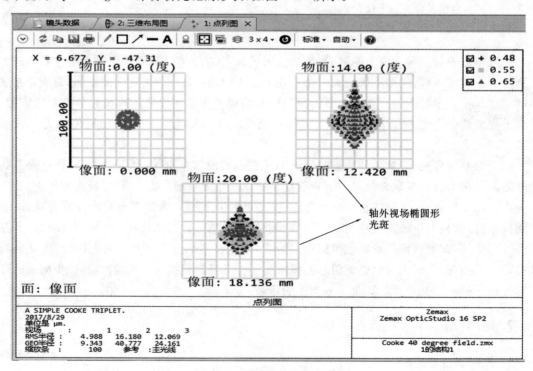

图 2-29　轴外视场的光斑图

从图 2-29 可以看出,轴外视场表现出明显的非旋转对称性,特别是中间视场具有明显的椭圆特征,这是像散的主要表现形式。我们现在重点分析第二个视场,看看像散如何用几何光线表现出来。在三维布局图中只选择第二个视场的子午面(Y 扇形图),放大像面处的焦点,我们看到此时子午面光线处于未完全聚焦的状态,如图 2-30 所示;再让视图绕 Z 轴旋转 $90°$,查看弧矢面(X 扇形图)光线的聚焦情况,如图 2-31 所示。

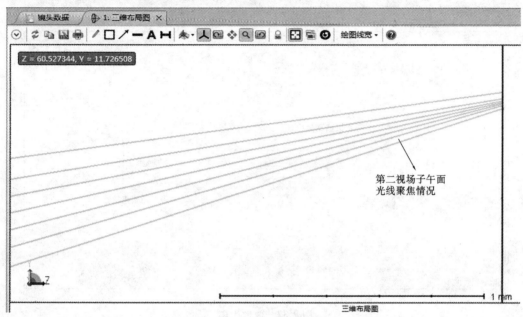

第二视场子午面光线聚焦情况

图 2-30　子午面光线聚焦图

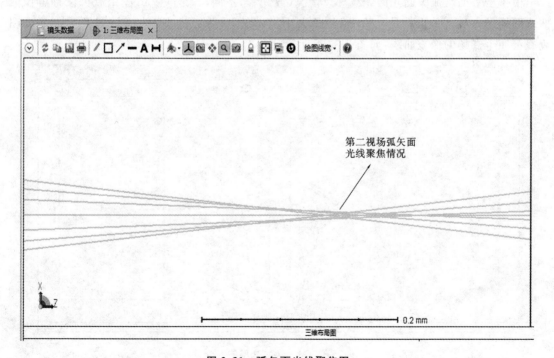

第二视场弧矢面光线聚焦情况

图 2-31　弧矢面光线聚焦图

通过上面对子午面与弧矢面光线聚焦情况的对比,可以更好地理解像散产生的原因。

使用离焦分析功能可以更直观地表示像散的光斑。如果把当前像面取在弧矢面或子午面中的任何一个焦点处,光斑都将是一条线。打开离焦点列图(Througt Focus),设置离焦间隔为 150 μm,如图 2-32 所示。

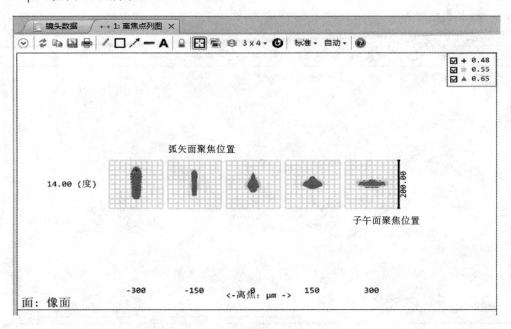

图 2-32 像散光斑

由于子午面与弧矢面几何光线聚焦情况(或光程)不同,在 Ray Fan 图中就可以理解像散曲线的描述方法了。也就是光瞳 Py 像差大小与光瞳 Px 像差大小不相等。打开 Ray Fan 图查看第二个视场的像差曲线,如图 2-33 所示。

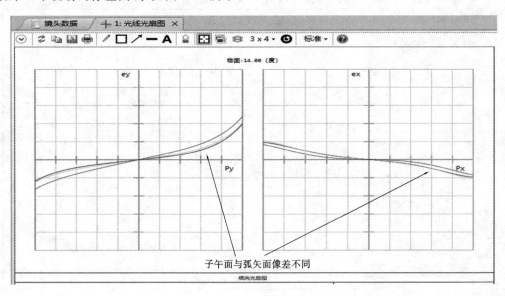

图 2-33 像散光扇图

图 2-33 所显示的 Ray Fan 图便是像散最具特色的曲线表现形式,当我们在其他系统中看到类似于这样的 Py 与 Px 像差曲线不一致的情况时,说明该系统存在较大像散。

同样,我们使用波前传播考虑像散形成,由于子午面与弧矢面光束的光程差不同,这将形成类似于柱面的波前形状,如图 2-34 所示。

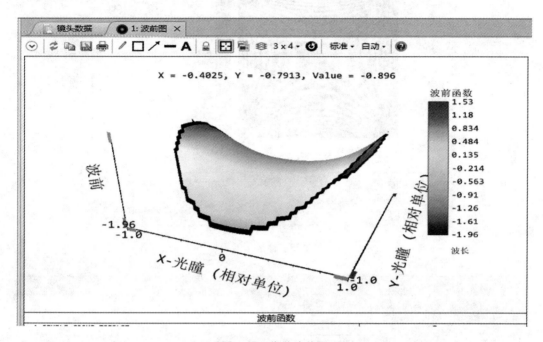

图 2-34　像散波前图

考虑有像散产生时的实际波前与理想球面波间的光程差干涉情况,可得到像散的干涉图,如图 2-35 所示。

2. 像散的定量分析

依然可以使用 ZEMAX 提供的赛德尔像差统计查看像散数据,如图 2-36 所示,也可以使用评价函数操作数 ASTI 来直接查看像散值,并专门对像散进行优化。

2.4.4　小结

本节主要阐述了像散的定义、表示方法、对成像质量的影响、校正(或消除)方法,以及像散在 ZEMAX 中的描述。重点在于像散的校正,并用 ZEMAX 表示出子午光扇与弧矢光扇,进一步加深对这两个方向的理解,同时需要注意以下几点。

(1) 像散是由轴外视场物点成像的不完美性造成的,我们可以通过调节光阑的位置来减小像散的影响。也可使用远离光阑的非球面透镜校正轴外视场像差,效果比较显著。

(2) 当系统存在像散时,轴外物点发出细光束成像将分别形成子午与弧矢像点,而轴上点则不产生像散,这就势必导致一个物平面经过一个具有像散的系统之后,将形成两个像平面,一个为子午像面,一个为弧矢像面,并且两个像平面并不完全分离,在轴上点处相切于理想像点,即高斯像面的中心点,这就是场曲形成的原因,因此像散与场曲有着密切的联系。

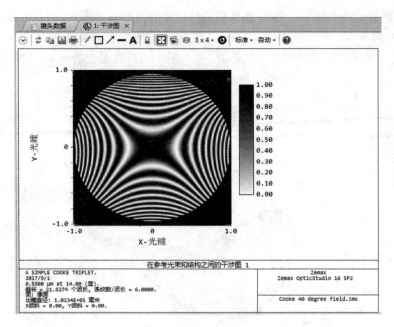

图 2-35　像散干涉图

赛德尔像差系数:

Surf	SPHA S1	COMA S2	ASTI S3	FCUR S4	DIST S5	CLA (CL)	CTR (CT)
1	0.013855	0.010591	0.008096	0.057727	0.050318	-0.007432	-0.005681
2	0.011256	-0.035011	0.108897	0.002916	-0.347781	-0.004906	0.015260
3	-0.052115	0.081389	-0.127106	-0.057268	0.287938	0.013345	-0.020841
光阑	-0.024135	-0.043874	-0.079756	-0.062690	-0.258946	0.010899	0.019813
5	0.004080	0.016132	0.063784	0.015948	0.315255	-0.003495	-0.013819
6	0.054020	-0.030462	0.017178	0.069082	-0.048643	-0.009175	0.005174
像面	0.000000	0.000000	0.000000	0.000000	0.000000	0.000000	0.000000
累计	0.006960	-0.001235	-0.008907	0.025716	-0.001859	-0.000764	-0.000094

赛德尔像差系数(波长):

Surf	W040	W131	W222	W220P	W311	W020	W111
1	3.148778	9.628231	7.360224	26.239714	45.743942	-6.756029	-10.329184
2	2.558213	-31.828022	98.997135	1.325569	-316.164406	-4.460077	27.745035
3	-11.844385	73.990008	-115.550978	-26.030777	261.762265	12.131976	-37.893272
光阑	-5.485224	-39.885294	-72.505553	-28.495517	-235.405598	9.908161	36.023134
5	0.927271	14.665402	57.985762	7.249049	286.595072	-3.177224	-25.124949
6	12.277165	-27.692941	15.616370	31.400920	-44.220936	-8.341286	9.407496
像面	0.000000	0.000000	0.000000	0.000000	0.000000	0.000000	0.000000
累计	1.581817	-1.122617	-8.097039	11.688957	-1.689661	-0.694478	-0.171740

横向像差系数:

Surf	TSPH	TSCO	TTCO	TAST	TPFC	TSFC	TTFC
1	0.069273	0.052955	0.158866	0.080962	0.288637	0.329118	0.410081

图 2-36　像散的赛德尔像差统计

2.5 细光束场曲

2.5.1 场曲的定义及表示方法

1. 场曲的定义

场曲(field curvature)也叫"像场弯曲",当平面物体通过透镜系统后,所有平面物点聚焦后的像面不与理想像平面重合,而是呈现为一个弯曲的像面,这种成像缺陷称为场曲。如前所述,一个平面的垂轴物体,将在子午和弧矢两个方向上形成两个弯曲的像面,用它们与高斯像面的轴向距离来度量,如图 2-37 所示。实际上,场曲可用宽光束场曲和细光束场曲表示。对应的宽光束子午场曲和细光束子午场曲分别用符号 X'_t 和 x'_t 表示,两者之差称为子午球差,用 $\delta L'_T$ 表示;宽光束弧矢场曲和细光束弧矢场曲分别用符号 X'_s 和 x'_s 表示,两者之差称为弧矢球差,用 $\delta L'_s$ 表示。本节只介绍细光束子午场曲 x'_t 和细光束弧矢场曲 x'_s,可表示为

$$\left.\begin{array}{l} x'_t = l'_t - l' \\ x'_s = l'_s - l' \end{array}\right\} \qquad (2\text{-}24)$$

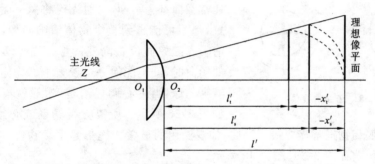

图 2-37 细光束子午场曲和细光束弧矢场曲

由式(2-20)及式(2-24)可知,像散与场曲的关系式为

$$x'_{ts} = x'_t - x'_s \qquad (2\text{-}25)$$

2. 场曲的表示方法

细光束的场曲与孔径无关,其只是视场的函数。当视场角为零时,不存在场曲,故场曲的级数展开式与球差类似,只是把孔径坐标用视场坐标代替,即

$$x'_{t(s)} = A_1 y^2 + A_2 y^4 + A_3 y^6 \cdots \qquad (2\text{-}26)$$

展开式中第一项为初级场曲,第二项为二级场曲,以此类推,一般取前两项就够了。由式(2-26)可知,视场越大,场曲越大,越难校正。一般的系统,只用校正初级场曲即可。

与球差分析相同,对边缘视场校正场曲到零时,在 0.707 带处存在最大的场曲残余量,其值是高级场曲的 −1/4。

初级子午场曲和初级弧矢场曲的分布式分别为

$$x'_t(初) = -\frac{1}{2n'_k u'^2_k} \sum_1^k (3S_{\mathrm{III}} + S_{\mathrm{IV}}) \qquad (2\text{-}27)$$

$$x'_s(初) = -\frac{1}{2n'_k u'^2_k} \sum_1^k (S_{\text{III}} + S_{\text{IV}}) \qquad (2\text{-}28)$$

两者关系为

$$x'_t(初) \approx 3x'_s(初) \qquad (2\text{-}29)$$

其中

$$\left. \begin{array}{l} S_{\text{III}} = \left(\dfrac{i_z}{i}\right) S_{\text{II}} = \left(\dfrac{i_z}{i}\right)^2 S_{\text{I}} \\[3mm] S_{\text{IV}} = J^2\left(\dfrac{n'-n}{nn'r}\right) \end{array} \right\} \qquad (2\text{-}30)$$

式中：$\sum\limits_1^k S_{\text{III}}$ 为初级像散系数(也称第三赛德尔和数)，S_{III} 为每个面上的初级像散分布系数；$\sum\limits_1^k S_{\text{IV}}$ 为初级场曲系数(也称第四赛德尔和数)，S_{IV} 为每个面上的初级场曲分布系数；J 为拉赫不变量。

2.5.2 场曲的校正

场曲有时也可理解为视场聚焦后像面的弯曲。虽然每个物点通过透镜系统后自身都能成

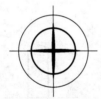

图 2-38 场曲的成像

一个清晰的像点，但所有像点的集合却是一个曲面。通常像面都为平面，这时无论将像平面选取在任何位置，都不可能得到整个物体清晰的像，而是得到一个清晰度随像面位置渐变的像。当光学系统存在严重的场曲时，就不能使一个较大平面物体的各点同时成清晰的像，当中心调焦清楚，边缘就模糊，反之亦然，如图 2-38 所示。所以大视场系统必须校正场曲，一般检测镜头或照相物镜都需要校正场曲，如观测用的显微物镜都是平场物镜，即校正了场曲。场曲对图像的影响如图 2-39、图 2-40 所示。

从图 2-39 可以看出场曲对像质的影响，由于像面位于近轴焦平面，所以模拟得到的图像中心区域清晰，边缘很模糊。若将像面置于边缘视场焦点处，可得到如图 2-40 所示的图像。

由式(2-26)可知，场曲值随视场的增大而增大，故对于大视场的光学系统，场曲必须予以校正。由式(2-28)、式(2-30)可知，校正球差的条件能用于校正像散。实际上，校正球差的条件也足以使细光束的初级场曲减小甚至消除。

场曲实质上是由球面特性所决定的，即使无像散(子午像面与弧矢像面重合在一起)，仍存在场曲，此时的像面弯曲称为匹兹伐尔场曲，用 x'_p 表示，此时的像面为匹兹伐尔像面。对整个光学系统而言，像散可依靠各面相互抵消得到校正，而像面弯曲却很难(有时甚至不可能)得到抵消。由式(2-28)、式(2-30)可知，匹兹伐尔场曲为

$$\left. \begin{array}{l} x'_p = -\dfrac{1}{2n'_k u'^2_k} \sum_1^k S_{\text{IV}} \\[3mm] S_{\text{IV}} = J^2\left(\dfrac{n'-n}{nn'r}\right) \end{array} \right\} \qquad (2\text{-}31)$$

由于没有特殊点能使 S_{IV} 为 0，所以匹兹伐尔场曲不如像散那样容易校正。通过对 $\sum\limits_1^k S_{\text{IV}}$

图 2-39　场曲对图像的影响 1

图 2-40　场曲对图像的影响 2

的分析,发现大视场光学系统的视场边缘光线的成像质量主要受 $\sum\limits_{1}^{k} S_{\mathrm{IV}}$ 的限制而不能提高。采用正、负光焦度分离,是校正匹兹伐尔和值的唯一而有效的方法。可采用弯月形厚透镜校正场曲,如果既要校正场曲又不采用弯月形厚透镜时,可使用正负光组分离的薄透镜组来实现这一目的。下面以照相物镜为例,具体分析平场的思路及方法。

　　众所周知,35 mm 照相机可以用平胶片拍摄很清晰的照片,关键问题是在镜头设计中应采用哪种方法来获得像平面。由于一片透镜对匹兹伐尔和值的贡献与其光焦度成比例,所以简单分裂元件不会改变场曲。正、负光焦度的多个元件的组合可以把场曲减小到零。但在向系统中增加负光焦度的透镜时,总光焦度也会减小。

有一种方法可以解决此问题,一片透镜对系统光焦度的贡献与它的光焦度和通光孔径光阑边缘的边缘光线的高度的乘积成比例。这样,如果适当选择负透镜在光学系统中的位置,使其光焦度很大,而边缘光线在透镜上的高度相对较低,则它对总光焦度的贡献就相对较低,但仍有明显的场曲。有效使用负透镜以减小场曲的例子主要有:柯克三片式镜头,如图 2-41(a)所示;匹兹伐尔镜头,如图 2-41(b)所示。

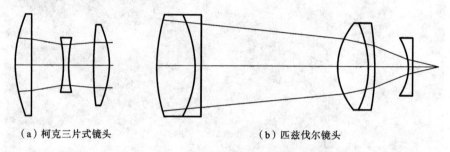

（a）柯克三片式镜头　　　　　　　　（b）匹兹伐尔镜头

图 2-41　用于平场的负光焦度元件

由柯克三片式镜头可看到,一片负透镜位于两片正透镜中间,边缘光线在两片正透镜上的高度比在负透镜上的高度大。然而,负透镜的光焦度大大减小了两个正透镜所产生的场曲。而匹兹伐尔镜头中的负透镜被放在非常靠近像面的位置,其对整个镜头光焦度的贡献非常小,因为当透镜接近像面时,边缘光线的高度极小。如果将透镜放在像面处,则它不会改变系统的总光焦度。实际上,将正、负光焦度的透镜放在像面处,或放在非常接近像面的位置,则这些透镜被称为场镜。场镜可用来补偿系统的场曲和畸变。例如:在像面处加负场镜,其产生的正场曲和正畸变可以补偿整个系统的负场曲和负畸变,而不影响其他像差。此外,场镜的作用主要有以下几点。

（1）提高边缘光束入射到探测器的能力。

（2）在相同的主光学系统中,附加场镜将减少探测器的面积。如果使用同样的探测器的面积,可通过扩大视场增加入射的通量。

（3）可在出像面处放置调制器,以解决无处放置调制器的问题。

（4）使探测器光敏面上的非均匀光照得均匀化。

（5）当使用平像场镜时,可获得平场像面。

（6）在像差校正方面,可以补偿系统的场曲和畸变。

2.5.3　ZEMAX 中场曲的描述

1. 场曲的图形描述

由于场曲是随视场变化的,所以不能用单一视场或某一物点成像光斑来描述场曲。此时的光斑图(Spot Diagram)、光线差图(Ray Fan)、波前图(Wavefront Map)都失去了作用,因为这些分析功能都是只针对某一物点的成像质量进行评价的。但它们又不是完全独立的,比如,在场曲较大时,不同视场的光斑图大小相差很大,或不同视场的光线差图相差较大,这都是场曲存在的标志。为了直观描述场曲的特征,我们以一个单透镜为例,可以看到光斑聚焦的情况,如图 2-42 所示。

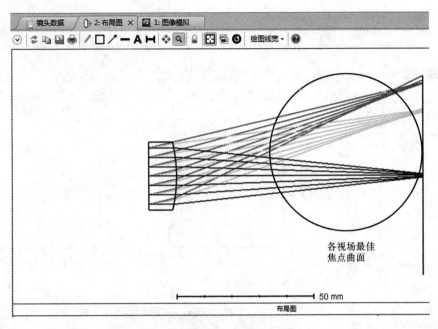

图 2-42 单透镜不同视场的光斑聚焦图

从图 2-42 不难看出,三个视场的最佳焦点位于一个曲面上。对于单透镜系统,这样的场曲是固定的、必然存在的,这就是匹兹伐尔场曲,场曲曲面弯曲半径的大小近似为透镜焦距的 2 倍。

通过光斑图上光斑的变化可知道场曲的存在,如图 2-43 所示。

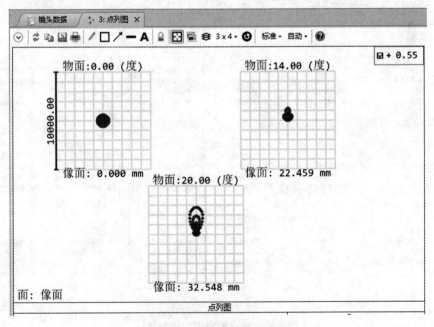

图 2-43 光斑图变化反映场曲

此外,ZEMAX 软件还提供了一个专门查看场曲的分析功能,如图 2-44 所示,其左半部分表示系统的场曲情况,可以看到子午方向与弧矢方向的场曲大小。

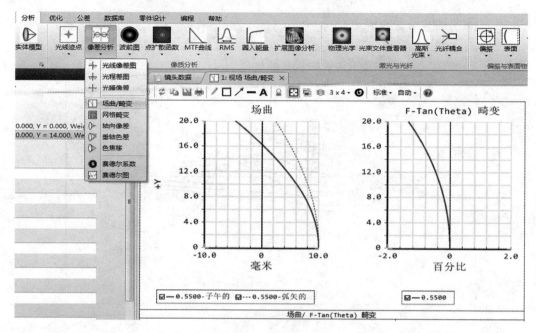

图 2-44　场曲分析图

2. 场曲的定量分析

依然可以使用 ZEMAX 提供的赛德尔像差统计查看场曲数据,如图 2-45 所示。

赛德尔像差系数:

Surf	SPHA S1	COMA S2	ASTI S3	FCUR S4	DIST S5	CLA (CL)
光阑	-0.000000	-0.000000	-0.000000	0.000000	0.273067	-0.000000
2	0.085764	-0.086034	0.086305	0.087239	-0.174089	0.000000
像面	0.000000	0.000000	0.000000	0.000000	0.000000	0.000000
累计	0.085764	-0.086034	0.086305	0.087239	0.098977	0.000000

赛德尔像差系数(波长):

Surf	W040	W131	W222	W220P	W311	W020
光阑	-0.000000	-0.000000	-0.000000	0.000000	248.242336	-0.000000
2	19.491923	-78.212839	78.458756	39.654078	-158.262961	0.000000
像面	0.000000	0.000000	0.000000	0.000000	0.000000	0.000000
累计	19.491923	-78.212839	78.458756	39.654078	89.979375	0.000000

横向像差系数:

Surf	TSPH	TSCO	TTCO	TAST	TPFC	TSFC
光阑	-0.000000	-0.000000	-0.000000	-0.000000	0.000000	0.000000
2	0.428822	-0.430171	-1.290512	0.863046	0.436195	0.867718
像面	0.000000	0.000000	0.000000	0.000000	0.000000	0.000000
累计	0.428822	-0.430171	-1.290512	0.863046	0.436195	0.867718

轴向像差系数:

图 2-45　场曲的赛德尔像差统计

2.5.4 小结

本节主要阐述了场曲的定义、表示方法、对成像质量的影响、校正(或消除)方法,以及场曲在 ZEMAX 中的描述。重点在于场曲的校正,需要注意以下几点。

(1) 像散和场曲是两种既有联系又有区别的像差。像散的产生,必然会引起像面弯曲,即场曲;但反之,即使像散为零,像面弯曲仍然存在。有像散必然存在场曲,但有场曲不一定存在像散。

(2) 场曲并不是我们观察到的像是弯曲的,而是实际物体成像后最佳焦点集合面是弯曲的。在像面为平面时,我们所看到的像有清晰度渐变的效果,即某一区域很清晰,其他区域却很模糊。如果看到实际的像面是弯曲的,就不是场曲造成的,而是畸变。

(3) 场曲是由于视场因素造成的,除本节中提到的校正场曲的方法外,我们还可以通过优化视场光阑的位置来减小场曲。如在单透镜前插入一个虚拟面,将其作为光阑,进行优化,可发现场曲明显减小。

2.6 畸变

2.6.1 畸变的定义及表示方法

1. 畸变的定义

理想光学系统中,物像共轭面上的垂轴放大率为常数,所以像与物总是相似的。但在实际光学系统中,只有在近轴区域才有这样的性质。一般情况下,一对共轭面上的放大率并不是常数,其随视场的变化而变化,即轴上物点与视场边缘具有不同的放大率,物和像因此不再完全相似,这种像对物的变形像差我们称之为畸变(distortion)。畸变的形成既有场曲的因素,也有球差的因素。

畸变的度量有两种方式,一种是绝对畸变,又称为线畸变,它表示主光线像点的高度 y'_z 与理想像点的高度 y' 之差,即

$$\delta Y'_z = y'_z - y' \tag{2-32}$$

另一种是相对畸变,即相对于理想像高 y' 的绝对畸变,常用百分数表示,即

$$q' = \frac{\delta Y'_z}{y'} \times 100\% = \frac{\bar{\beta} - \beta}{\beta} \tag{2-33}$$

式中:$\bar{\beta}$ 为某视场的实际垂轴放大率;β 为理想垂轴放大率。

畸变的存在使轴外直线成为曲线像,仅引起像的变形,但不影响成像的清晰度。畸变可分枕形畸变和桶形畸变:枕形畸变也称为正畸变,即垂轴放大率随视场角的增大而增大的畸变,实际像高大于理想像高;桶形畸变也称为负畸变,即垂轴放大率随视场角的增大而减小的畸变,实际像高小于理想像高。例如,垂直于光轴的方格子,由于光学系统存在畸变,将形成一个变形的格子像,如图 2-46 所示。

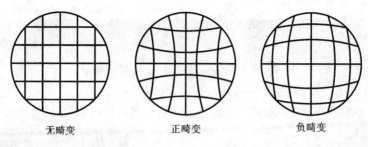

无畸变　　　　　　　正畸变　　　　　　　负畸变

图 2-46　几种畸变

2. 畸变的表示方法

由畸变的定义可知,畸变仅与物高 y(或 ω)有关,其随 y 的符号的改变而变号,故在其级数展开式中,只有 y 的奇次项,即

$$\delta Y'_z = y'_z - y' = A_1 y^3 + A_2 y^5 + A_3 y^7 + \cdots \tag{2-34}$$

式中:第一项为初级畸变,后面为高级畸变。因一次项表示理想像高,所以展开式中没有 y 的一次项。

初级畸变的分布式为

$$\delta Y'_z (初) = -\frac{1}{2n'_k u'_k} \sum_1^k S_V \tag{2-35}$$

$$S_V = (S_{\text{III}} + S_{\text{IV}}) \frac{i_z}{i}$$

式中: $\sum_1^k S_V$ 为初级畸变系数(也称第五赛德尔和数),它表征光学系统的畸变。

2.6.2　畸变的校正

畸变与所有的其他像差不同,它仅由主光线的光路决定,且仅引起像的变形,对成像的清晰度并无影响。其对成像的影响如图 2-47 所示。因此,对于一般光学系统,只要眼睛感觉不出像的明显变形(相当于 $q \approx 4\%$),这种像差就无妨碍。有些对十字丝成像的系统,如目镜,由于其中心在光轴上,更大的畸变也不会引起十字丝像的弯曲,因此是允许存在畸变的。但是对于某些要利用像的大小或轮廓来测定物的大小或轮廓的光学系统,如计量仪器中的投影物镜、万能工具显微物镜和航空测量物镜等,畸变就成为十分有害的缺陷了。它直接影响测量精度,必须予以校正。

畸变为垂轴像差,对于结构完全对称的光学系统,若以 -1 倍的放大率成像,则畸变也就自然消除了。值得指出的是,对于单个薄透镜或薄透镜组,当孔径光阑与之重合时,也不产生畸变,这是因为此时的主光线通过主点后,沿理想方向射出。当然,单个光组也不可能是很薄的,实际上还会有些畸变,但数值极小。由此很容易推知,当光阑位于单透镜组之前或之后时,就会产生畸变,而且两种情况的畸变符号是相反的,如图 2-48 所示。这又一次表明了轴外点像差(包括彗差、像散和场曲)与光阑位置的依赖关系。

2.6.3　ZEMAX 中畸变的描述

1. 畸变的图形描述

由前文可知,畸变会造成像面与物面间的不一致性,甚至导致局部扭曲变形,特别对于相

图 2-47　畸变对成像的影响

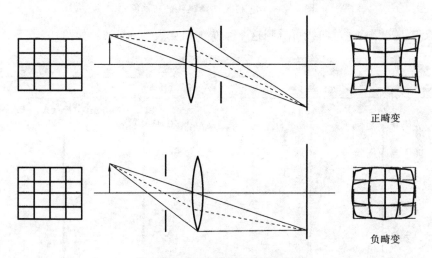

正畸变

负畸变

图 2-48　光阑位置对畸变的影响

机镜头,当畸变大于一定的百分比时,拍摄出的照片会有明显的变形。但畸变不同于前面讲的四种像差,像面的变形与成像的分辨率有本质的区别。畸变仅是影响了不同视场在像面上的放大率,即物点成像后的重新分布。但物点在像面上光斑的大小却是由其他像差控制的,如像散、彗差及场曲。所以在进行畸变分析时,ZEMAX 需要提供专门的畸变分析功能来查看畸变量的大小,这不能用几何光线来描述,也不能通过光斑图或波前图来预测畸变量。只能对所有物点进行光线追迹得到像面高度,并将其作为最终评价畸变量的大小的依据。通常可通过三种方法来查看畸变的大小:畸变曲线图、畸变网格图和畸变操作数。

在讲场曲时,我们提到,场曲曲线图和畸变曲线图在同一图上,我们以 ZEMAX 自带的超广角系统为例,打开:ZEMAX 根目录 Samples\Sequential\Objectives\Wide angle lens 100 degree field. zmx，这是一个具有 100°视场的广角镜头，如图 2-49 所示。

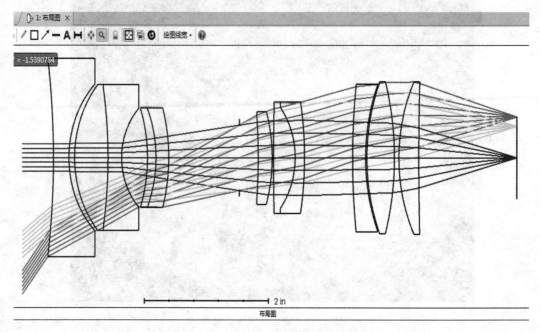

图 2-49 100°视场广角镜头的布局图

打开场曲/畸变图，通过曲线可看到这个系统的畸变大约为 45%，如图 2-50 所示。

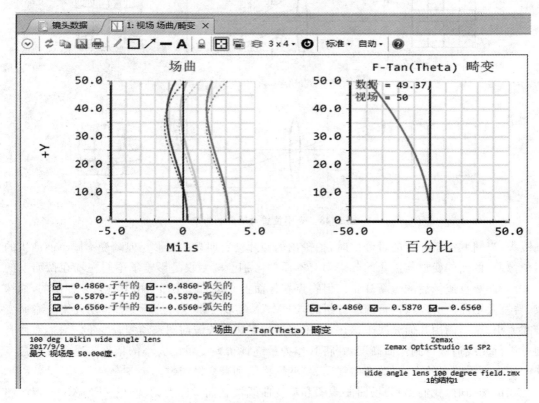

图 2-50 100°视场广角镜头的场曲/畸变图

网格畸变功能主要用于观察每个叉点是否与方格交叉点重合,重合程度越高,说明畸变越小。使用网格畸变功能可直观地观察畸变的形状及大小。打开像差分析中的网格畸变,如图 2-51 所示,可看出此系统为明显的负畸变(桶形畸变)。

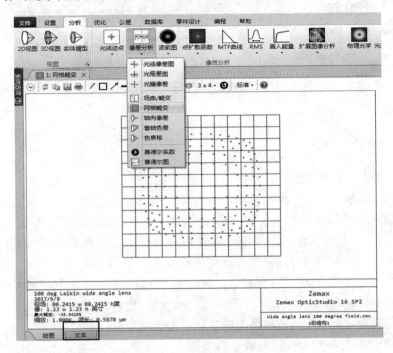

图 2-51　网格畸变

2. 畸变的定量分析

可使用窗口上的文本打开数据描述,定量查看具体每个视场点所对应的畸变大小,如图 2-52 所示。

i	j	X-视场	Y-视场	R-视场	预测X	预测Y	实际X	实际Y	畸变
-6	-6	-4.01207E+01	-4.01207E+01	5.00000E+01	-6.15238E-01	-6.15238E-01	-3.76263E-01	-3.76263E-01	-38.842758%
-6	-5	-4.01207E+01	-3.50784E+01	4.76470E+01	-6.15238E-01	-5.12699E-01	-3.96229E-01	-3.30191E-01	-35.597526%
-6	-4	-4.01207E+01	-2.93272E+01	4.53642E+01	-6.15238E-01	-4.10159E-01	-4.15035E-01	-2.76690E-01	-32.540829%
-6	-3	-4.01207E+01	-2.28481E+01	4.32943E+01	-6.15238E-01	-3.07619E-01	-4.31566E-01	-2.15783E-01	-29.853889%
-6	-2	-4.01207E+01	-1.56900E+01	4.16141E+01	-6.15238E-01	-2.05079E-01	-4.44594E-01	-1.48198E-01	-27.736249%
-6	-1	-4.01207E+01	-7.99487E+00	4.05080E+01	-6.15238E-01	-1.02540E-01	-4.52971E-01	-7.54951E-02	-26.374744%
-6	0	-4.01207E+01	0.00000E+00	4.01207E+01	-6.15238E-01	0.00000E+00	-4.55865E-01	0.00000E+00	-25.904410%
-6	1	-4.01207E+01	7.99487E+00	4.05080E+01	-6.15238E-01	1.02540E-01	-4.52971E-01	7.54951E-02	-26.374744%
-6	2	-4.01207E+01	1.56900E+01	4.16141E+01	-6.15238E-01	2.05079E-01	-4.44594E-01	1.48198E-01	-27.736249%
-6	3	-4.01207E+01	2.28481E+01	4.32943E+01	-6.15238E-01	3.07619E-01	-4.31566E-01	2.15783E-01	-29.853889%
-6	4	-4.01207E+01	2.93272E+01	4.53642E+01	-6.15238E-01	4.10159E-01	-4.15035E-01	2.76690E-01	-32.540829%
-6	5	-4.01207E+01	3.50784E+01	4.76470E+01	-6.15238E-01	5.12699E-01	-3.96229E-01	3.30191E-01	-35.597526%
-6	6	-4.01207E+01	4.01207E+01	5.00000E+01	-6.15238E-01	6.15238E-01	-3.76263E-01	3.76263E-01	-38.842758%
-5	-6	-3.50784E+01	-4.01207E+01	4.76470E+01	-5.12699E-01	-6.15238E-01	-3.30191E-01	-3.96229E-01	-35.597526%
-5	-5	-3.50784E+01	-3.50784E+01	4.48025E+01	-5.12699E-01	-5.12699E-01	-3.49643E-01	-3.49643E-01	-31.803359%
-5	-4	-3.50784E+01	-2.93272E+01	4.19655E+01	-5.12699E-01	-4.10159E-01	-3.68249E-01	-2.94599E-01	-28.174362%
-5	-3	-3.50784E+01	-2.28481E+01	3.93159E+01	-5.12699E-01	-3.07619E-01	-3.84844E-01	-2.30907E-01	-24.937494%
-5	-2	-3.50784E+01	-1.56900E+01	3.71018E+01	-5.12699E-01	-2.05079E-01	-3.98090E-01	-1.59236E-01	-22.353992%
-5	-1	-3.50784E+01	-7.99487E+00	3.56085E+01	-5.12699E-01	-1.02540E-01	-4.06687E-01	-8.13373E-02	-20.677267%
-5	0	-3.50784E+01	0.00000E+00	3.50784E+01	-5.12699E-01	0.00000E+00	-4.06687E-01	0.00000E+00	-20.095114%
-5	1	-3.50784E+01	7.99487E+00	3.56085E+01	-5.12699E-01	1.02540E-01	-4.06687E-01	8.13373E-02	-20.677267%
-5	2	-3.50784E+01	1.56900E+01	3.71018E+01	-5.12699E-01	2.05079E-01	-3.98090E-01	1.59236E-01	-22.353992%
-5	3	-3.50784E+01	2.28481E+01	3.93159E+01	-5.12699E-01	3.07619E-01	-3.84844E-01	2.30907E-01	-24.937494%
-5	4	-3.50784E+01	2.93272E+01	4.19655E+01	-5.12699E-01	4.10159E-01	-3.68249E-01	2.94599E-01	-28.174362%
-5	5	-3.50784E+01	3.50784E+01	4.48025E+01	-5.12699E-01	5.12699E-01	-3.49643E-01	3.49643E-01	-31.803359%

图 2-52　网格畸变文本数据

同样,可使用畸变操作数 DIMX 来查看最大畸变量,如图 2-53 所示。

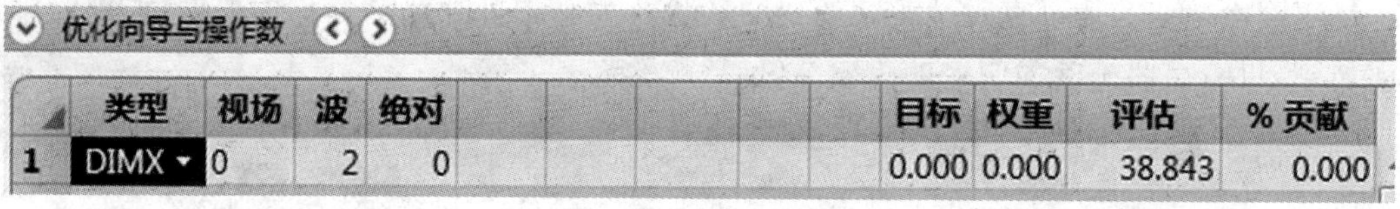

	类型	视场	波	绝对		目标	权重	评估	% 贡献
	优化向导与操作数								
1	DIMX ▾	0	2	0		0.000	0.000	38.843	0.000

图 2-53　使用畸变操作数 DIMX 来查看最大畸变量

注意:用以上三种方法查看畸变量,所得到的畸变数值大小是完全相同的,只不过是表现形式不同而已。

2.6.4　小结

本节主要阐述了畸变的定义、表示方法、对成像质量的影响、校正(或消除)方法,以及畸变在 ZEMAX 中的描述。重点在于畸变的校正,需要注意以下几点。

(1) 畸变是由于光学系统的不同物点成像后,放大率不同造成的像面形变,它是与视场紧密相关的。我们也看到畸变曲线图等描述都是相对于视场扫描得到的。畸变不影响光斑大小,也就是我们在优化光学系统的成像质量及分辨率时,没有考虑畸变的影响。因为在优化几何光斑时,畸变虽也在变化,但没有特定的控制条件。这就需要我们在评价函数中专门加入优化操作数,常用的便是 DIMX,以表示系统的最大畸变量,也可指定在不同视场下的最大畸变量。在优化时,它会控制系统当前的最大畸变量不大于某个值。

(2) 采用不同的光阑位置得到的畸变贡献是不一样的。通常对称结构贡献的畸变最小,如双高斯或柯克三片式对称结构。光阑在系统前或系统后都会引入较大畸变,如手机镜头的光阑一般位于第一面,所以手机镜头在设计时一般会产生较大畸变,需重点考虑。有一点需要说的就是扫描镜头,由于工作状态及要求不同,扫描镜头在设计时需要使视场角度与像高成线性关系,以更好地校正 TV 畸变,所以优化时需使用专门的操作数 DISC,也就是优化 F-Theta 畸变,因此扫描镜头也称为 F-Theta 镜头。

2.7　色差

有关光学设计基础理论中的五种单色像差本书已经做了介绍,这五种像差(球差、彗差、像散、场曲和畸变)分析的前提是在单一波长不同视场下对像质的影响,包括弥散斑造成的像面模糊不清,或畸变引起的像面变形。多数成像镜头都是应用于可见光波段,波长范围为 360～780 nm,这就引入了多色光情况下成像后的颜色分离,也就是色散现象。

色差(color aberration),指颜色像差,是透镜系统成像时的一种严重缺陷,由于同种材料对不同波长的光有不同的折射率,便造成了多波长的光束通过透镜后传播方向分离的现象,也就是色散现象。这样物点通过透镜聚焦于像面时,不同波长的光会聚于不同的位置,会形成一定大小的色斑。简单来说,色差就是颜色分离带来的光学系统的像差。色差分为两种:位置色差和倍率色差。

2.7.1 位置色差的定义及表示方法

1. 位置色差的定义

位置色差也称沿轴色差或轴向色差,指不同波长的光束通过透镜后焦点位于沿轴的不同位置,因为它的形成原因同球差相似,故也称其为球色差。由于多色光聚焦后沿轴形成多个焦点,因此无论把像面置于何处都无法看到清晰的光斑,看到的像点始终都是一个色斑或彩色晕圈,如图 2-54 所示。

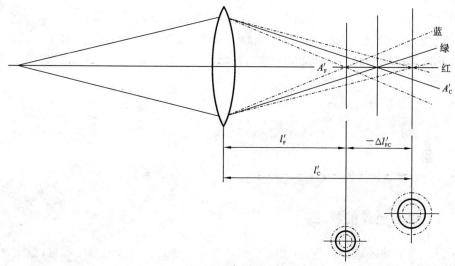

图 2-54 位置色差

轴上点发出一束近轴的白光,经光学系统后,其中的蓝光(F 光)会聚于 A'_F 点,红光(C光)会聚于 A'_C 点,它们分别是物点被 F 光和 C 光所成的理想像点。将两色像 A'_F 和 A'_C 相对于光学系统最后一面的距离设为 l'_F 和 l'_C,将两距离之差定义为位置色差。近轴区域的位置色差也称初级位置色差,用符号 $\Delta l'_{FC}$ 表示,即

$$\Delta l'_{FC} = l'_F - l'_C \tag{2-36}$$

若是非近轴白光经光学系统成像,则其对应的位置色差为

$$\Delta L'_{FC} = L'_F - L'_C \tag{2-37}$$

如图 2-54 所示,若 $\Delta l'_{FC} < 0$,称为色差校正不足;若 $\Delta l'_{FC} > 0$,称为色差校正过头;若 A'_F 重合于 A'_C,则 $\Delta l'_{FC} = 0$,称为光学系统对 F 光和 C 光消色差。通常所指的消色差系统,就是指对两种色光消去位置色差的系统。

需要特别指出,以复色光成像的物体即使在近轴区域也不能获得复色光的清晰像。图 2-54中,如果接收屏设在 A'_F 点,将看到像点是一个中心为蓝色,外圈为红色的彩色弥散斑;如果接收屏设在 A'_C 点,则彩色弥散斑的中心为红色,外圈为蓝色。

2. 位置色差的表示方法

位置色差仅与孔径有关,其符号不随入射高度符号的改变而改变,故其级数展开式仅与孔径的偶次方有关,当孔径 h(或 U)为零时,色差不为零,故展开式中有常数项,展开式为

$$\Delta L'_{FC} = A_0 + A_1 h^2 + A_2 h^4 + \cdots \tag{2-38}$$

式中：A_0 是初级位置色差，即近轴光的位置色差 $\Delta l'_{FC}$；第二项是二级位置色差。位置色差的性质类似于球差，光学系统只能对一个孔径的光线进行色差校正。一般情况下对 0.707 孔径带的光线校正位置色差，这样可以使最大孔径的色差与近轴区域的色差的绝对值相近，符号相反，使整个孔径内的色差获得最佳的状况，有

$$\Delta l'_{0.707FC} = l'_{0.707F} - l'_{0.707C} = 0 \qquad (2\text{-}39)$$

当 0.707 孔径消色差后，F 光和 C 光的交点与接收器最敏感的 D 光的像点位置一般并不重合，它们之间的轴向距离称为二级光谱，用 $\Delta L'_{FCD}$ 表示，即

$$\Delta L'_{FCD} = L'_{0.707F} - L'_{0.707D} \qquad (2\text{-}40)$$

对于一般的系统，我们不要求消除二级光谱，因为这在结构和材料上的要求很高，很难做到，但对于长焦距平行光管物镜、研究用显微镜、天文望远镜等系统应进行校正。二级光谱与光学系统的结构参数几乎无关，可以近似地表示为

$$\Delta L'_{FCD} = 0.00052 f' \qquad (2\text{-}41)$$

初级位置色差的分布式为

$$\Delta l'_{FC} = -\frac{1}{n'_k u'^2_k} \sum_1^k C_{\mathrm{I}} \qquad (2\text{-}42)$$

式中：$\sum_1^k C_{\mathrm{I}}$ 为初级位置色差系数；C_{I} 为初级位置色差分布系数。

2.7.2　位置色差的校正

由于色差在近轴区域也会产生，因此它比球差更影响光学系统的成像质量，校正色差具有重要意义，其对成像质量的影响，如图 2-55 所示。

图 2-55　色差对成像质量的影响

根据式(2-42)可知,光学系统是否消色差,取决于 $\sum\limits_1^k C_\mathrm{I}$ 是否为零。对单个薄透镜,有

$$\sum_m^M C_\mathrm{I} = \sum_m^M h^2 \frac{\varphi}{\nu} \qquad (2\text{-}43)$$

式中:ν 是透镜玻璃的阿贝数(材料的折射率越大,色散越厉害,即阿贝数越低);φ 为透镜的光焦度;M 为透镜数;h 为透镜的半通光口径。

从式(2-43)可以看出,单透镜不能校正色差,但正透镜具有负色差,单负透镜具有正色差。色差的大小与光焦度成正比,与阿贝数成反比,与结构形状无关。因此,消色差的光学系统需由正、负透镜组成。对于双胶合薄透镜组,满足消色差的条件是

$$\left.\begin{array}{l}\varphi_1 = \dfrac{\nu_1}{\nu_1 - \nu_2}\Phi \\[3mm] \varphi_2 = -\dfrac{\nu_2}{\nu_1 - \nu_2}\Phi\end{array}\right\} \qquad (2\text{-}44)$$

当光组总光焦度给定和两透镜的玻璃选定时,即可求得两透镜的光焦度。由式(2-44)可得以下几条结论。

(1) 具有一定光焦度的双胶合或双分离透镜组,只有用两种不同类型的玻璃($\nu_1 \neq \nu_2$)时,才有可能消色差,两种玻璃的阿贝数差应尽可能大些。通常选用两种不同类型的玻璃,即冕牌玻璃和火石玻璃,前者的阿贝数大,后者的阿贝数小。

(2) 若光学系统的光焦度 $\Phi > 0$,不管是冕牌玻璃在前(第一块透镜选用冕牌玻璃)还是火石玻璃在前,正透镜必用阿贝数大的冕牌玻璃,负透镜需用阿贝数小的火石玻璃;反之,若 $\Phi < 0$,则正透镜需用火石玻璃,负透镜需用冕牌玻璃。

(3) 若两块透镜选用同一种玻璃($\nu_1 = \nu_2$),则要消色差,必须使 $\varphi_1 = -\varphi_2$,此时,$\Phi = \varphi_1 + \varphi_2 = 0$,得到无光焦度双透镜组。这种光组可以在不产生任何色差的情况下,通过改变透镜的形状,产生一定的单色像差,因此有实际应用。例如,可用于校正反射面的像差,组成折反射系统。

2.7.3　倍率色差的定义及表示方法

1. 倍率色差的定义

倍率色差也称为垂轴色差,指轴外视场不同波长光束通过透镜聚焦后在像面上的高度各不相同,也就是每个波长成像后的放大率不同,因此称为倍率色差,如图 2-56 所示。多个波长的焦点在像面高度方向依次排列,最终看到的像面边缘将产生彩虹边缘带。

光学系统的倍率色差是以两种色光的主光线在高斯面上交点的高度之差来度量的,对于目视光学系统,以 $\Delta Y'_\mathrm{FC}$ 来表示,即

$$\Delta Y'_\mathrm{FC} = Y'_\mathrm{F} - Y'_\mathrm{C} \qquad (2\text{-}45)$$

与位置色差类似,在近轴区域内也存在倍率色差,近轴倍率色差是 F 光与 C 光的理想像高之差,称作初级倍率色差,即

$$\Delta y'_\mathrm{FC} = y'_\mathrm{F} - y'_\mathrm{C} \qquad (2\text{-}46)$$

2. 倍率色差的表示方法

倍率色差是像高的色差,因此其级数展开式与畸变的形式相同,但不同色光的理想像高不

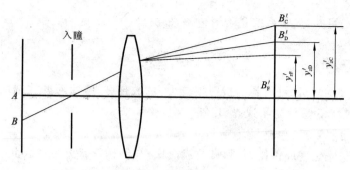

图 2-56　倍率色差

同,因此展开式中含有物高的一次项,即

$$\Delta Y'_{FC} = A_1 y + A_2 y^3 + A_3 y^5 + \cdots \tag{2-47}$$

式中:第一项为初级倍率色差,第二项为二级倍率色差。一般情况下,上式中只取前两项即可。对边缘光进行校正,在 0.58 带视场有最大剩余倍率色差,其值为边缘视场高级倍率色差的 -0.38 倍,即

$$\Delta y'_{FC0.58} = -0.38 A_2 y_m^3 \tag{2-48}$$

初级倍率色差的分布式为

$$\Delta y'_{FC} = -\frac{1}{n'_k u'_k} \sum_1^k C_{\mathrm{II}} \tag{2-49}$$

式中: $\sum_1^k C_{\mathrm{II}}$ 为初级倍率色差系数, C_{II} 表示各面上初级倍率色差的分布系数。其表达式为

$$\left.\begin{array}{l} C_{\mathrm{II}} = \left(\dfrac{i_z}{i}\right) C_{\mathrm{I}} \\[2mm] C_{\mathrm{I}} = luni\left(\dfrac{\Delta n'}{n'} - \dfrac{\Delta n}{n}\right) \end{array}\right\} \tag{2-50}$$

2.7.4　倍率色差的校正

当倍率色差严重时,物体的像有彩色的边缘,即各色光的轴外点不重合,从而破坏了轴外点的清晰度,造成像的模糊,故它影响的也是轴外像点的清晰程度。

由式(2-50)可见,当光阑在球面的球心时($i_z=0$),该球面不产生倍率色差;若物体在球面的顶点时($l=0$),也不产生倍率色差;倍率色差属于垂轴像差,因此对于全对称的光学系统,当 $\beta=-1$ 时,倍率色差自动校正。

对于薄透镜系统,其初级倍率色差为

$$\Delta y'_{FC} = -\frac{1}{u} \sum h h_z \frac{\varphi}{\nu} \tag{2-51}$$

故光阑在透镜上时($h_z=0$),该薄透镜组不产生倍率色差。

对于密接薄透镜系统,可认为光线在各透镜上的高度相等,式(2-51)可表示为

$$\Delta y'_{FC} = -\frac{1}{u} h h_z \sum \frac{\varphi}{\nu} \tag{2-52}$$

由式(2-52)可知,校正倍率色差的条件与密接薄透镜系统校正位置色差的条件 $\sum (\varphi/\nu) =$

0 完全相同,即密接薄透镜系统在校正位置色差的同时,也校正了倍率色差。因此,前面介绍的双胶合消色差透镜的光焦度分配,也适合于倍率色差的校正。但是若系统是由具有一定间隔的两个或多个薄透镜组成的,只有对各个薄透镜组分别校正位置色差,才能同时校正系统的倍率色差。

2.7.5 ZEMAX 中色差的描述

1. 色差的图形描述

我们可以使用分析单色像差的方法在 Ray Fan 图中得到色差的分布大小,或者使用 ZEMAX 专门提供的色差曲线来分析。以任意一个单透镜为例来说明色差,只要系统是多波长的即可。通常我们用 F、d、C 三个波长来代替可见光波段。使用 Ray Fan 图来分析两种色差的表现形式。打开 Ray Fan 图,选择轴上视场。轴上视场产生球色差,即在同一孔径区域,不同波长在轴上的焦点不同,以最大光瞳区域光线为例($Py=1$),它们在 Ray Fan 图上的纵坐标之差即为沿轴的焦点距离,如图 2-57 所示。

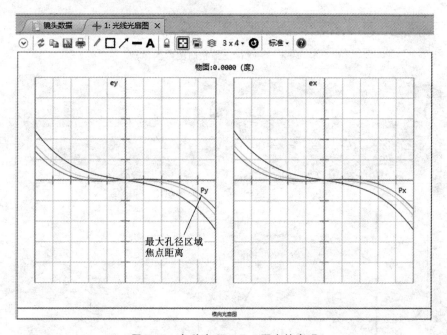

图 2-57 色差在 Ray Fan 图中的表现

对比几何光线的三维布局图,将轴上视场焦点处放大即可看到色差的分布大小,如图 2-58 所示。

还可使用专门的色差分析功能来分析位置色差及倍率色差。图 2-59 所示的为单透镜的位置色差。

图 2-59 中横坐标表示像面两边沿轴离焦的距离,纵坐标为不同光瞳区域。同理,可看到单透镜的倍率色差,如图 2-60 所示。

2. 色差的定量分析

轴向色差定义为两个指定波长的近轴焦平面的轴向距离。若将光瞳尺寸(光束尺寸)定义

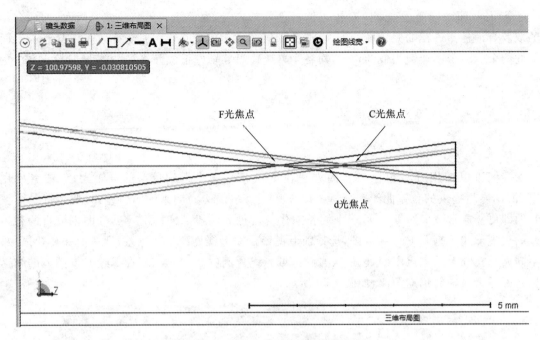

图 2-58　色差在三维布局图中的体现

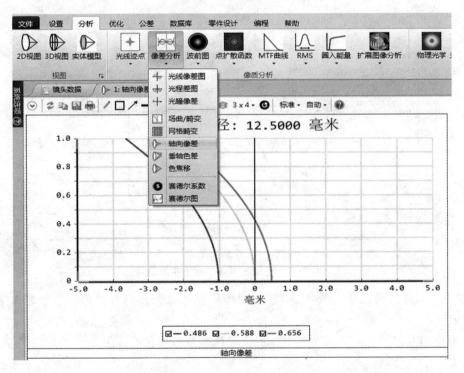

图 2-59　单透镜的位置色差

为 0,则使用近轴焦平面进行色差计算;若定义不为 0,则使用实际光线与轴交点的位置进行色差计算。可用优化操作数 AXCL 来查看轴向色差的大小,如图 2-61 所示。

在 ZEMAX 中没有直接定义垂轴色差的操作数,但有 REAY(wav,Hy,Py)操作数。其定

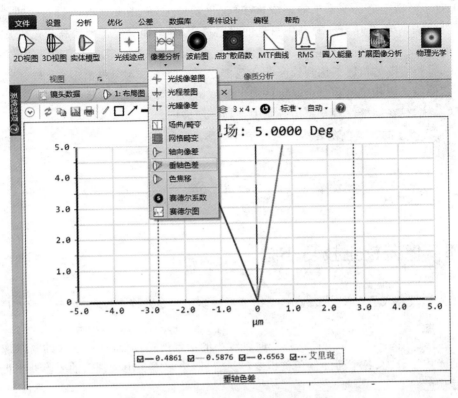

图 2-60　单透镜的倍率色差

	类型	波长	波	区域				目标	权重	评估	% 贡献	
1	AXCL ▾	0		0	0.000			0.000	0.000	⊙ 1.495	0.000	▲

图 2-61　用优化操作数 AXCL 来查看轴向色差的大小

义为指定波长、指定视场、指定光束尺寸的光在理想像面上的实际高度。在同一视场中选择两个不同波长的光束,其操作数之差就表明了理想像面上的垂轴色差大小,DIFF 操作数指两个操作数结果的差值。

2.7.6　小结

本节分别阐述了两种色差的定义、表示方法、对成像质量的影响、校正(或消除)方法,以及各自在 ZEMAX 中的描述。重点在于两种色差的校正,需要注意以下几点。

(1)色差是一种既破坏了成像的清晰度,又影响了色还原的有害像差。在使用复色光或白光的光学系统中,都必须校正色差。由于不可能对所有的色光校正色差,一般选取对接收器最敏感的波长校正单色像差,而对光学系统工作的光谱波段范围两端有一定影响的谱线校正色差。

(2)在光学系统设计中,通常使用色散差别大的两种玻璃材料的组合对色差进行补偿。在 ZEMAX 中,可使用玻璃替代方法来选取材料,即在透镜材料一栏中选择 Substitute 求解类型,优化时软件会自动选取玻璃进行尝试,找到最佳材料组合,使色散最小。

（3）对于高精密消色差要求的系统，或对于色差较大，使用普通玻璃材料很难消除的情况，如红外镜头系统，由于红外材料中可选的材料极为有限，而又要达到较高的像质要求，此时常使用二元衍射光学元件进行色差消除，即 Binary2（二元衍射）面型。使用衍射的方法可以在镜片较少、材料有限的情况下达到较高的消色差水平。由于二元衍射面型（简称"二元面"）加工难度大，使用高阶相位系数时难以保证加工精度，且成本较高，故二元衍射面型不适用于一般的光学系统，只在高端仪器及军用行业中受到广泛应用。

（4）前文所述的初级色差表达式主要是针对薄透镜而言，实际上平行平板也有色差，其初级色差表达式为

$$\Delta y'_{FCp} = -\frac{1}{n'_2 u'_2}\sum_1^k C_{IIp} = \frac{d(n-1)}{\upsilon n^2}u_{z1}$$

2.8　像差校正技巧小结

我国光学设计人员在长期实践中，总结了一些实用的像差校正技巧，对于初学人员具有指导意义。

（1）选择初始结构时，尽量做到各个面以较小的像差值相抵消，避免有大的高级像差。各透镜组的光焦度分配、各个面的偏角负担要尽量合理，力求避免由个别面的大像差来抵消很多面的异号像差。

（2）对于相对孔径或入射角较大的面，一定要使其弯向光阑，以减小主光线的偏角，从而减小轴外像差。反之，背向光阑的面只能有较小的相对孔径。

（3）像差不可能校正到完美的理想程度，最后的像差应匹配合理。即轴上点（或近轴点）像差应与轴外点像差尽可能一致，以便在轴向离焦时，像质同时有所改善；轴上点像差与轴外点像差的差别不要太大，使整个视场内的像质比较均匀，至少应使 0.7 视场范围内的像质较均匀。必要时，可放弃全视场的像质，因为在 0.7 视场外，已不是成像的主要区域。

（4）挑选对像差变化灵敏、像差贡献较大的表面来改变其半径。当系统中有多个这样的面时，应挑选其中既能改良所要修改的某种像差，又能兼顾其他像差的面来进行修改。在像差校正的最后阶段需要对一两种像差做微量修改时，做单面修改也是能奏效的。

（5）若要求单色像差有较大变化且保持色差不变，可对某个透镜或透镜组做整体弯曲。这种做法对除色差和初级场曲以外的所有像差均有效。

（6）利用折射球面的反常区。光学系统中，负透镜或负发散面一般是为校正正透镜的像差设置的，它们只能是少数。因此，让正的会聚面处于反常区，使其在对光束起会聚作用的同时，产生与发散面同号的像差就显得特别有利。

（7）利用透镜或透镜组处于特殊位置时的像差性质。如处于光阑位置或与光阑位置接近的透镜或透镜组，主要用来改变球差和彗差（用整体弯曲方法）；远离光阑位置的透镜或透镜组，主要用来改变像散、畸变和倍率色差。在像面或像面附近的场镜可以用来校正场曲。

（8）对于对称型结构的光学系统，可以选择成对的对称参数进行修改。做对称性变化以改变轴向像差，做非对称性变化以改变垂轴像差。

（9）利用胶合面改变色差或其他像差，必要时可调换玻璃。可在原胶合透镜中更换等折

射率、不等色散的玻璃,也可在适当的单块透镜中加入一个等折射率、不等色散的胶合面。胶合面还可用来校正其他像差,尤其是高级像差。此时,胶合面两边应有适当的折射率差,可根据像差的校正需要,使它起会聚或发散作用,半径也可正可负,从而在像差校正方面得到很大的灵活性。同时,在需要改变胶合面两边的折射率差以改变像差或微量控制某种高级像差,或需要改变某透镜所承担的偏角等场合,都能通过调换玻璃而奏效。

（10）合理拦截光束和选定光阑位置。对于孔径和视场都比较大的光学系统,应首先立足于把像差尽可能校正好,在确定无法把宽光束部分的像差校正好的情况下,可以把光束中像高变化大的外围部分光线拦去,以消除其对像质的有害影响,并在设计的最后阶段,根据像差校正需要,最终确定光阑位置和各零件口径的大小。

最后值得指出的为:在像差校正过程中,首要问题是能够判断各结构参数(r、d、n 等)对像差变化影响的倾向。知道这种倾向,像差校正就不至于盲目。如果像差难以校正到预期要求,或希望所设计的系统的孔径或视场有所扩大时,可采用复杂化的方法,如把一块透镜或透镜组分裂为两块透镜或两组透镜组,或者在系统中的适当位置加入透镜(如在会聚度较大的光束中加齐明透镜)等。

思 考 题

（1）由球差的级数展开式推导:当对边缘光线校正球差的时候,哪一相对孔径带会有最大的剩余球差? 该剩余球差的数值是多少(取到二阶球差)?

（2）正弦差描述的是什么情况下的成像缺陷? 其与彗差有什么关系?

（3）匹兹伐尔场曲是由什么产生的? 使用什么样的结构可以减小甚至消除匹兹伐尔场曲?

（4）最简单的消除色差的结构是什么? 如何决定两片透镜的光焦度分配和材料的选择?

第 3 章　光学系统的像质评价及像差公差

3.1　概述

对光学系统成像性能的要求可分为两个主要方面:第一方面是光学特性,包括焦距、物距、像距、放大率、入瞳位置、入瞳距离等;第二方面是成像质量,光学系统所成的像应该足够清晰,并且物像相似,变形要小。

成像质量评价的方法分为两大类:第一类用于在光学系统实际制造完成以后,对其进行实际测量;第二类用于在光学系统还没有制造出来时,即在设计阶段通过计算就能评定系统的质量。

如果光学系统的成像情况理想,则各种几何像差都等于零,由同一物点发出的全部光线均聚交于理想像点。根据光线和波面的对应关系,光线是波面的法线,波面为与所有光线垂直的曲面。在理想成像的情况下,对应的波面应该是一个以理想像点为中心的球面,即理想波面。如果光学系统存在剩余像差,则必将使出射波面发生变形,使其不再为理想球面波,把实际波面和理想波面之间的光程差作为衡量该像点质量的指标,该光程差称为波像差,用 W' 表示,如图 3-1 所示。

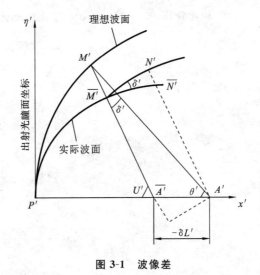

图 3-1　波像差

波像差越小,系统的成像质量越好。按照瑞利(Rayleigh)判据,当光学系统的最大波像差小于 1/4 波长时,其成像是完善的。在像差理论中,如果光学系统的剩余像差小于几何像差的公差,或根据像差曲线确定的弥散斑尺寸小于接收器的探测元尺寸,则光学系统满足像质要求。由于瑞利判据没有考虑缺陷的面积,故其仅适用于显微物镜和望远物镜这类小像差系统。

究竟如何评价所设计的光学系统的像质呢？实际的光学系统分为成像光学系统和非成像光学系统两种，它们分别对应不同的评价方法。

对于成像光学系统，通常用光学传递函数（OTF）来评价。光学传递函数是把光学系统看作空间频率的低通线性滤波器，全面评价光学系统的像质是各国普遍采用的像质评价方法。虽然光学传递函数能综合评价光学系统的像质，但不包括畸变。畸变是主光线像差，并不影响成像的清晰度，故对畸变要求较高的光学系统，必须考虑畸变，若实际畸变不满足设计要求，则需计算补偿。此外，波像差、点列图也可用于评价成像光学系统。尤其是点列图，经常把它的尺寸与探测器的像元尺寸进行比较。实际上波像差与点列图是和光学传递函数相关的，所以一般用户仅要求满足调制传递函数（MTF）这一设计指标。

对于非成像光学系统，如照明系统、紫外告警系统等，由于它们均属于能量系统，故需要用点扩散函数（PSF）、点列图和包围圆能量（衍射/几何）曲线来评价像质。

3.2　分辨率

对于成像光学系统，其像质可理解为系统的分辨率，即两个目标刚好被分辨（彼此分开）时，两个目标彼此靠近的程度。它反映了光学系统能够分辨物体细节的能力，是光学系统一个很重要的性能指标，因此分辨率也可作为光学系统的成像质量评价方法。需要指出的为：整个系统的像质并不完全取决于光学系统本身，还包括可能构成系统的传感器、电路、显示设备，以及其他组件，这里只讨论光学系统对像质的影响。

设想一个入瞳直径为 D，并以给定光圈数 $F^\#$ 聚焦成像的理想光学系统，两个靠近的有间隙点源通过这个光学系统成像，每个点都形成一个衍射斑。如果两个理想衍射斑之间的距离等于艾里斑半径（衍射斑第一个暗环的半径），则两个峰值中间的强度降至最大强度的 0.74 倍，此时这两个像点是可以分辨的，这就是分辨率的瑞利判据，如图 3-2 所示。

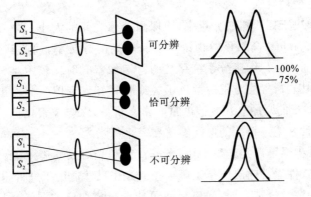

图 3-2　瑞利分辨极限

像面上两个点的间距 d 为

$$d = 1.22\lambda F^\# = 1.22\lambda \frac{f'}{D} \tag{3-1}$$

以弧度为单位的物空间分辨率为

$$\Delta\theta=\frac{1.22\lambda}{D} \tag{3-2}$$

式中：$\Delta\theta$ 为光学系统的最小分辨角；D 为入瞳直径。对 $\lambda=0.555\ \mu m$ 的单色光，当最小分辨角以秒($''$)为单位，D 以 mm 为单位来表示时，有

$$\Delta\theta=\frac{140''}{D} \tag{3-3}$$

式(3-3)是计算光学系统理论分辨率的基本公式，对不同类型的光学系统，可由其推导出不同的表达形式。

光学系统的分辨率与其像差大小直接相关，即像差可降低光学系统的分辨率，但在小像差光学系统(例如望远物镜、显微物镜)中，实际分辨率几乎只与系统的相对孔径(衍射现象)有关，受像差的影响很小；而在大像差光学系统(例如照相物镜、投影物镜)中，分辨率是与系统的像差有关的，并常以分辨率作为系统的成像质量指标。因此，将分辨率作为光学系统成像质量的评价方法只适用于大像差光学系统。

3.3 点列图

点列图是基于几何光学的，其可通过光学系统的像方光线的集中度来研究系统的像质，可确定各视场物点在像面上弥散斑的大小，也可确定各视场物点的子午垂轴(横向)像差和弧矢垂轴(横向)像差。点列图越小，垂轴像差越小，光能越集中。将入瞳分成几个面积相等的环带，由物点发出的相同数目的光线通过每一个环带进行光线追迹。这样，在像平面上点的分布即代表了像的光亮度的分布。追迹的光线越多，越能精确地代表物点像的像质。这是一种功能上更为实用的输出形式，这种方法适用于任何光学系统。研究不同视场、不同色光的光学系统点列图，不仅可以研究光学系统的像差特性，还可以根据探测器感光元件的大小，判定光学系统的像差是否满足使用要求。

点列图的大小取决于探测器的分辨率，即探测器感光元的大小。一般可认为允许的弥散斑直径为 0.01~0.03 mm。高倍显微物镜要求有很高的分辨率，因此其弥散斑直径很小，只有几毫米。然而，要通过点列图区分系统存在的特定像差有时比较困难。图3-3所示的为柯克三片式镜头的点列图，通常均方根弥散斑半径或直径和点列图一起输出。均方根弥散斑直径是包含大约68%能量的圆的直径。该度量非常有价值，在与像素化传感器一起工作时尤其如此，此时设计者经常希望点目标的像能够落在一个像素之内。

在光学设计软件中经常遇到光斑半径、光斑直径和光斑尺寸等术语。尽管设计者最感兴趣的是光斑直径，但软件通常输出的是光斑半径。光斑尺寸适用于进行相互比较(如光斑尺寸增加了2倍)，在与特定数值结合时，光斑尺寸可能会造成一定的混淆。比如"光斑尺寸是50 μm"，既没有明确说明这是光斑的半径还是直径，也没有说明是针对100%能量的还是针对其他特定值的(如均方根)，一定要仔细解释所使用软件的这些数据形式。

图3-3中的几个图分别表示在给定的几个视场上，不同光线与像面交点的分布情况。使用点列图，要注意下方表格中的数值，值越小成像质量越好。同时，根据分布图形的形状也可了解系统的几何像差的影响，如是否有明显像散特征或彗差特征，几种色斑的分开程度如何，

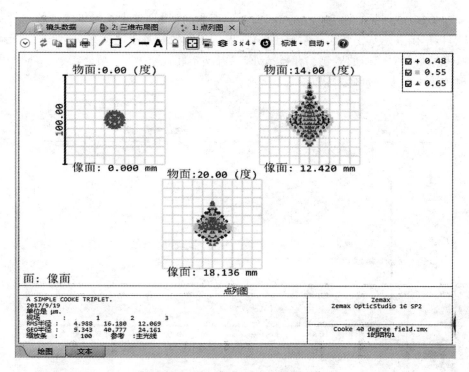

图 3-3　柯克三片式镜头的点列图

有经验的设计者可以根据不同的情况采取相应的措施。

3.4　光学传递函数

上面介绍的几种光学系统成像质量的评价方法,都是基于把物体看作是发光点的集合,并以一点成像时的能量集中程度来表征光学系统的成像质量的。利用光学传递函数来评价光学系统的成像质量,是基于把物体看作是由各种频率的谱组成的,也就是把物体的光强分布函数展开成傅里叶级数(物函数为周期函数)或傅里叶积分(物函数为非周期函数)的形式。若把光学系统看作是线性不变的系统,那么物体经光学系统成像,可视为物体经光学系统传递后,其传递效果是频率不变,但其对比度下降,相位发生推移,并在某一频率处截止,即对比度为零。这种对比度的降低和相位推移是随频率不同而不同的,它们之间的函数关系称为光学传递函数。由于光学传递函数既与光学系统的像差有关,又与光学系统的衍射效果有关,故用它来评价光学系统的成像质量,具有客观和可靠的优点,且其能同时运用于小像差光学系统和大像差光学系统。

光学传递函数反映了光学系统对物体不同频率成分的传递能力。一般来说,高频部分反映物体的细节传递情况,中频部分反映物体的层次传递情况,而低频部分则反映物体的轮廓传递情况。OTF 分为 MTF 和 PTF 两个部分。

在光学系统设计中,由于接收器是平方率探测器,主要考虑 MTF。它是所有光学系统性能判据中最全面的判据,特别是对于成像系统。MTF 是像的调制度与物的调制度之比,它是空间频率的函数,空间频率通常以 lp/mm 的形式表示。MTF 分为几何传递函数和衍射传递函数,几何传递函数是基于几何光学导出的,衍射传递函数是基于波动光学导出的。几何传递函数没有考虑衍射对像质的影响。在低频处,二者基本相同;但在高频处,二者不同。因此可以用衍射传递函数来评价像质,如图 3-4 所示。

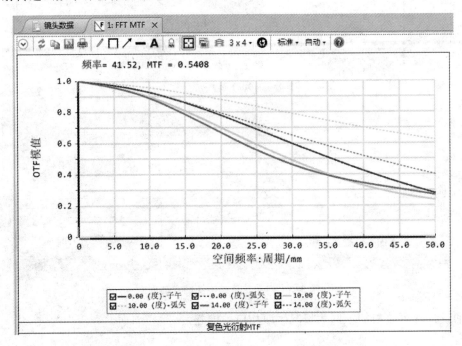

图 3-4　双高斯镜头的衍射传递函数曲线

在 ZEMAX 软件中,可通过单击"分析"、"MTF 曲线",选择不同的 MTF 曲线来分析不同视场或不同色光的传递函数,也可分析离焦对 MTF 的影响,也可基于离焦对 MTF 的影响和系统的要求,确定像面的定位公差,如图 3-5 所示。

MTF 曲线越高,说明曲线与坐标轴所包围的面积越大,镜头能传递的信息量就越多,即成像质量越好。MTF 的曲线越平直,说明边缘与中间的一致性越好。边缘严重下降说明边光反差与分辨率较低。弧矢曲线与子午曲线越重合越好,说明两者偏离量越小,则镜头的像散越小。低频(空间频率<10 lp/mm)曲线代表镜头反差特性,这条曲线越高反映镜头反差越大;高频(空间频率>30 lp/mm)曲线代表镜头分辨率特性,这条曲线越高反映镜头分辨率越高。

由 ZEMAX 给出的截止频率取决于光学系统的艾里斑半径,取决于光学系统的像方孔径角和波长。而在实际应用中,截止频率的大小取决于探测器的分辨率。例如,若红外 CCD 的像素尺寸是 $45\ \mu m$,则可计算出 MTF 的截止频率是 $\dfrac{1}{45\ \mu m \times 2} \approx 11\ \text{lp/mm}$,即空间分辨率约是 11 lp/mm。有时由于对比度反转,在截止频率后面又出现 MTF 曲线,也称作相位跃迁,这就是在分辨率方法中出现的伪分辨现象。伪分辨现象是由像差和离焦引起的,当光学系统的离焦较大时,会出现伪分辨现象。

对于单色光,镜头的衍射截止频率是 f_c,在此频率处,镜头的 MTF 下降至零。如果物在无限远处,截止频率为

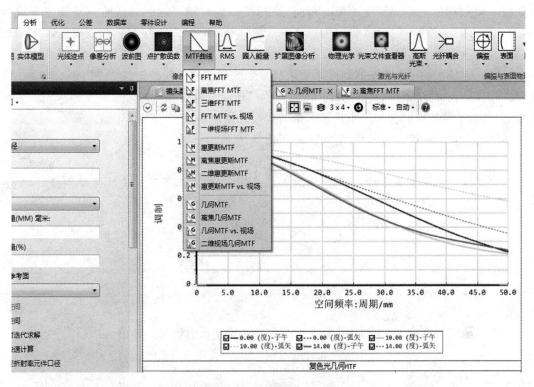

图 3-5 ZEMAX 中 MTF 的实现

$$f_c = \frac{D}{\lambda f} = \frac{1}{\lambda F^{\#}} \qquad (3\text{-}1)$$

如果物在有限远处,截止频率为

$$f_c = \frac{2\mathrm{NA}}{\lambda} \qquad (3\text{-}2)$$

CCD 的截止频率由像素的大小决定,即

$$f_c = \frac{1}{2 \times \mathrm{pixelwidth}} \qquad (3\text{-}3)$$

对于电影摄影物镜,在截止频率为 50 lp/mm 时,MTF 大于 0.5;对于照相物镜,当分辨能力是理想分辨率能力的 10% 时,MTF 是 0.5。人眼的对比灵敏度变化很小,大约为 0.02,这个值为韦伯比。当背景亮度较强或较弱时,人眼分辨亮度差异的能力下降。从使用角度出发,目视光学仪器的一般截止频率的 MTF 应大于 0.2。从设计出发,应尽可能使截止频率的MTF 高些,因为加工、装调误差的存在,物镜的实际 MTF 会小于设计值。

3.5　相对畸变

一般视场边缘部分在很多情况下作用不大,从最大视场到 0.7 带视场不是观察的重点,仅是陪衬而已,0.5 视场以内才是主要观察目标。当照片不用坐标准确测量时,只要人眼感觉不到直线所形成的像是弯曲的即可。畸变不用绝对值表示,而是用相对值表示,可以证明这种相对值与直线所成的像的弯曲度相对应,最大畸变的相对值的 2 倍就是直线像的弯曲度。眼睛一般不能觉察弯曲度小于 4% 的曲线,故对于目视光学系统来说,2% 的畸变是允许的。

对于大视场照相光学系统或对畸变要求较严的光学系统必须校正畸变。由于畸变是主光线像差,不影响成像清晰度,故在 MTF 像质评价后还需分析畸变。对于对畸变要求较高的光学系统,需要单独评价畸变的大小是否满足畸变指标的要求。

要使光学系统成像没有畸变,必须满足正切条件,即

$$y' = -f' \tan u'_{z1} \tag{3-4}$$

而当系统满足正弦条件时,不可能同时满足正切条件,所以设计傅里叶光学系统时,需要注意这个问题。

对于无焦光学系统,如双目望远镜,校正畸变的条件为

$$\omega' = \omega \gamma \tag{3-5}$$

式中:ω 为视场角;γ 为角放大率。但望远镜视场较小,畸变较小,可不必校正畸变。

对于激光扫描光学系统,校正畸变的条件是

$$y' = f'\theta \tag{3-6}$$

该光学系统被称为 f-θ 镜头,其要求像的大小正比于反射镜的扫描角。

3.6　点扩散函数

前面讨论了几种常用的像质评价方法,其中,瑞利判据由于要求严格,仅适用于小像差系统;分辨率和点列图方法,由于主要考虑成像质量的影响,因此仅适用于大像差系统,不适用于将像差校正到衍射极限的小像差系统;光学传递函数法虽然同时适用于大像差系统和小像差系统,但它仅仅考虑光学系统对物体不同频率成分的传递能力,也不能全面评价一个成像系统的所有性能。因此,对任何光学系统进行像质评价,往往都需要综合使用多种评价方法。

所有的像质评价方法,都可以归结为基于几何光学的方法和基于衍射理论的方法两大类。对像质要求非常高的光学系统,其像差一般要校正到衍射极限,此时使用几何光学方法往往得不到正确的评价。例如,如果绘制其点列图,可能会出现弥散圆直径小于其波长的情况。因此,针对这一类系统,只有基于衍射理论的评价方法才能对其成像质量进行客观的评价。大像差系统的成像质量主要由像差决定,但也不能忽略衍射现象的影响。

除了瑞利判据、光学传递函数等方法外,点扩散函数和线扩散函数也是基于衍射理论而得到广泛应用的像质评价方法。所谓点扩散函数,是指一个理想的几何物点经过光学系统后,其像点的能量展开情况;所谓线扩散函数,是指子午面或弧矢面内的几何线,经过光学系统后的能量展开情况。真实的点扩散函数和线扩散函数应该利用惠更斯原理进行计算,但是计算量太大,所以通常采用快速傅里叶变换(FFT)算法进行近似处理。图 3-6、图 3-7、图 3-8 分别为施密特-卡塞格林系统的快速傅里叶变换点扩散函数、快速傅里叶变换线扩散函数,以及惠更斯点扩散函数。

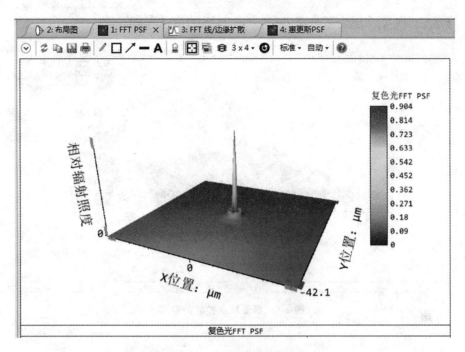

图 3-6　FFT 点扩散函数

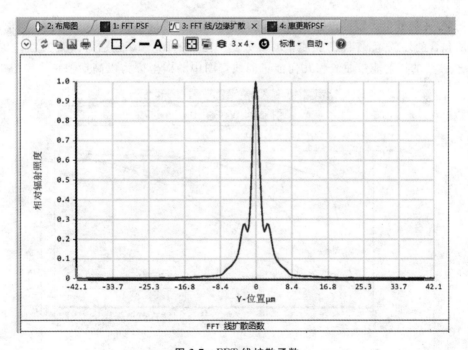

图 3-7　FFT 线扩散函数

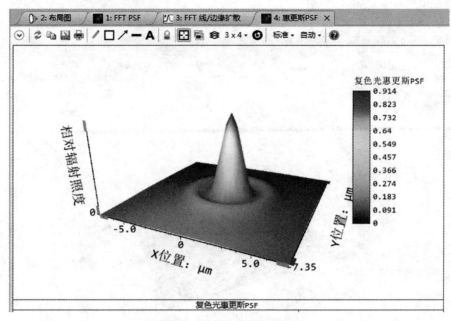

图 3-8　惠更斯点扩散函数

3.7　包围圆能量曲线

由衍射/几何能量曲线可以分析,相对于像点中心(一般指主光线的位置),在不同的半径范围内所包含的各色光、各视场的能量的百分比。图 3-9、图 3-10 分别为柯克三片式 0°、14°、20°镜头全波段的衍射能量曲线和几何能量曲线。图中的横坐标为以高斯像点为中心的包容

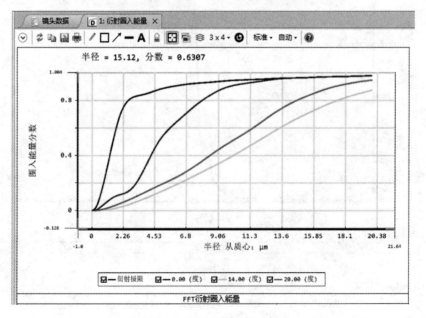

图 3-9　衍射能量曲线图

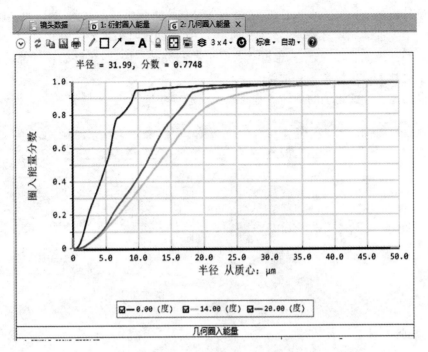

图 3-10　几何能量曲线图

圆半径(单位为 μm),纵坐标为该包容圆所包容的能量(已归一化,设像点总能量为 1)。使用包围圆能量方法的一个例子就是为一个使用 CCD 传感器的成像光学系统确定指标。假设传感器的像素间距是 7.5 μm,一个很可靠而又简单的指标是点目标能量的 80% 应落入 7.5 μm 的直径之内。

当光学系统设计利用了二元衍射面型时,需分析衍射能量曲线,这也适用于成像光学系统。

3.8　光线追迹曲线

计算像质的大多数方法,如调制传递函数、点列图、包围圆能量曲线等,功能都很强,而且它们都能够描述所设计光学系统的最终性能。这些方法各不相同但很类似,并有两个缺点:① 花费时间太多且无法计算,但随着计算机的运行速度越来越快,这一问题将得到解决;② 这些度量方法确实有助于说明最终的综合像质,但不能向设计者提供在视场和波段范围内存在的特定像差的详细说明,这是真正的问题所在。有时可推导出一些信息,但用户不能确切指出存在的像差种类以及像差的量级,而这些数据对于设计者校正残余像差是非常重要的。

为了使设计者对系统的像质有一个直观、明确的概念,一般把若干主要像差画成像差曲线。根据这些图形数据,经验丰富的设计者可以立刻指出有多少球差、彗差、像散、场曲、轴向色差和垂轴色差存在。而且,在许多情况下,还可以说出这些像差的量级。ZEMAX 中提供了横向特性曲线、轴上像差曲线、畸变和场曲曲线、垂轴色差曲线四种像差曲线来分析光学系统的像差特性,基本上涵盖了目前像差理论中的七类像差。独立的几何像差曲线,如轴上点球差曲线、细光束像散曲线、畸变和场曲曲线等,在第 2 章中已有所提及。

要想设计出一个理想的光学系统,关键在于分析出描述系统的像差,然后对其进行结构参数的调整。最先进的光学自动设计软件也不能够完全替代对于像差的分析,尤其是在像差理论本身遭遇到高级像差之后,至今也没有获得重大的突破。因此,足够的设计经验、丰富的理论知识对于设计人员来说是非常重要的。

下面以柯克三片式物镜的垂轴像差曲线为例进行分析,如图 3-11 所示。

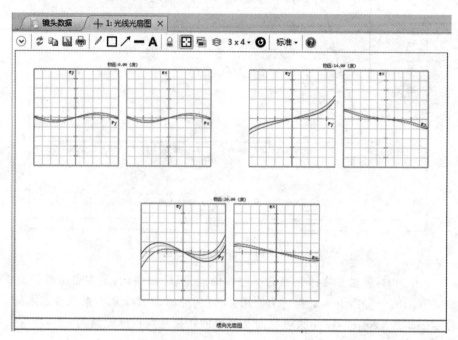

图 3-11　柯克三片式物镜的垂轴像差曲线图

3.8.1　子午垂轴像差曲线

不同视场的子午垂轴像差曲线分别位于每组图的左侧,纵坐标 ey 代表像差大小,横坐标 Py 代入瞳大小,每一条曲线代表一个视场的子午光束在像面上的聚焦情况。理想的成像效果应当是曲线和横轴重合,所有孔径的光线对都在一点成像。

子午垂轴像差曲线在纵坐标上对应的区间就是子午光束在理想像面上的最大弥散斑范围。例如,图 3-11 中的零视场,其几何弥散范围大约是 10 μm,这个数值和点列图中的 GEO 尺寸一致。其中主光线用于描述单色像差情况;三个波长曲线用于描述垂轴色差情况。

以上视场的子午垂轴像差曲线表示了视场角由小到大时垂轴像差曲线的变化,从中可以看出子午垂轴像差随视场变化的规律。

图 3-12 所示的为一条子午垂轴像差曲线,将子午光线对 a、b 连线,该连线的斜率与宽光束子午场曲成正比。当口径改变时,连线的斜率的变化表示宽光束子午场曲 X'_T 随口径变化的规律。当口径逐渐减小而趋近于零时,连线便成了过坐标原点(对应主光线)的切线,切线的斜率和细光束子午场曲 x'_t 相对应。子午光线对连线的斜率和切线的斜率之差和子午球差 $\delta L'_T = X'_T - x'_t$ 成比例,即连线和切线之间的夹角越大,子午球差越大。子午光线对的连线和纵坐标交点的高度就是子午彗差。

根据上面所述的对应关系,就能由曲线的位置和形状直接判断出三种子午像差的大小;反之,由三种子午像差的大小,也可以估计出子午垂轴像差曲线的位置和形状。例如,由图 3-12 中最大视场的子午垂轴像差曲线可看到,造成子午光束弥散范围扩大的主要原因是整个曲线相对横坐标轴有一个很大的倾斜角,即曲线顶点的斜率比较大,这是由细光束子午场曲太大造成的。所以,要改善系统的成像质量,就要减小细光束子午场曲。

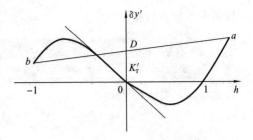

图 3-12　子午垂轴像差曲线

子午垂轴像差曲线充分反映了轴外像点的成像质量和随入瞳孔径、视场大小的变化规律。在光学设计过程中,我们需要仔细地分析这些像差中哪一个占据主要地位并采取相应的措施,达到像差校正和像差平衡的目的。

3.8.2　弧矢垂轴像差曲线

图 3-13 所示的为相应的弧矢垂轴像差曲线,横坐标代表口径,纵坐标代表弧矢垂轴像差的两个分量 $\delta y'$ 和 $\delta z'$,即每个轴外像点有两条曲线,$\delta y'$ 曲线相对于纵坐标对称,$\delta z'$ 曲线相对于原点对称。弧矢像差的分析方法与子午像差的分析方法相同。子午和弧矢垂轴像差曲线全面反映了细光束和宽光束的成像质量,因此通常把它们和前面的独立几何像差曲线结合起来表示光学系统的成像质量。

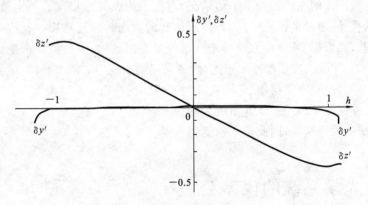

图 3-13　弧矢垂轴像差曲线图

当然,并不是所有的光学系统都要做这么多像差曲线,在实际工作中,根据系统的不同要求,只需做出其中的一部分,例如,对于望远物镜一般只需要做出球差和轴向色差曲线,以及正弦差曲线,对于目镜则只需要做出细光束像散曲线、垂轴色差曲线和子午彗差曲线。

3.9　光程差

如第 3.1 节中所述,如果波峰到波谷的 OPD 小于或等于光波长的 1/4,则像质几乎是完善的,称为衍射极限。和垂轴像差曲线一样,可以画出相应的光程差图。图 3-14 为柯克三片式物镜的光程差(OPD)图。

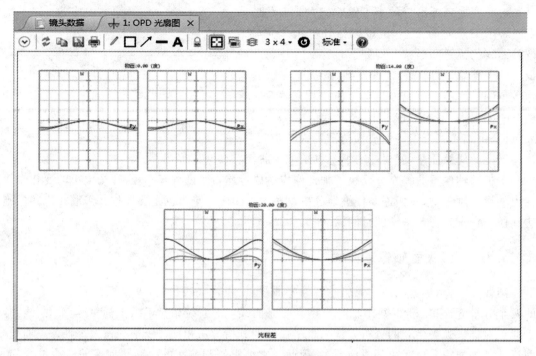

图 3-14　柯克三片式物镜的光程差图

三组图中,每组图的左侧图为子午面情况,右侧图为弧矢面情况。图中绘出了不同波长、不同视场、不同孔径(由横坐标表示)的光线到达高斯像面时与近轴理想光线的光程差。如果没有丰富的经验,要根据 OPD 图快速确定残余像差是困难的,所以需计算出更标准的垂轴像差曲线,如图 3-11 所示。与光程差图相比,两者采用的表现形式基本相同,区别在于垂轴像差曲线给出的是不同波长、不同视场、不同孔径的光线到达高斯像面时偏离高斯像点的距离。不难看出,这两种方法比单纯观察球差曲线、彗差曲线等能获得更多的信息,能帮助我们更全面地了解光学系统的成像质量,因此越来越受到重视。

3.10　光学系统的像差公差

对于一个光学系统而言,一般不可能也没有必要消除各种像差,那么多大的剩余像差是被认为允许的呢?这是一个比较复杂的问题。因为光学系统的像差公差不仅与像质评价的方法有关,而且还随系统的使用条件、使用要求和接收器性能的不同而不同。像质评价的方法有很多,它们之间虽然有直接或间接的联系,但都是从不同的角度加以评价的,因此这些方法均具有一定的局限性,任何一种方法都不可能用于评价所有的光学系统。此外,由于有些方法涉及的数学公式复杂,计算量大,实际上也难从像质判据来直接得出像差公差。

由于波像差与几何像差之间有着较为方便和直接的联系,因此以最大波像差作为评价依据的瑞利判据是一种方便而实用的像质评价方法。利用它可由波像差的允许值得出几何像差公差,但它只适用于评价望远镜和显微镜等小像差系统。对于其他系统的像差公差则是根据长期设计和实际使用要求而得出的,这些公差虽然没有通过理论证明,但实践证明它们是可靠的。

3.10.1 望远物镜和显微物镜的像差公差

由于这类物镜视场小,孔径角较大,要保证其轴上物点和近轴物点有很好的成像质量,必须校正好球差、彗差和色差,使之符合瑞利判据的要求。

1. 球差公差

对于球差,可直接应用波像差理论中推导的最大波像差公式,导出球差公差计算公式。

当光学系统仅有初级球差时,经 $\frac{1}{2}\delta L'_m$ 离焦后的最大波像差为

$$W'_m = \frac{n'u'^2_m}{16}\delta L'_m \leqslant \frac{\lambda}{4} \tag{3-7}$$

因此,有

$$\delta L'_m \leqslant \frac{4\lambda}{n'u'^2_m} = 4 \tag{3-8}$$

严格的表达式为

$$\delta L'_m \leqslant \frac{4\lambda}{n'\sin^2 u'_m} \tag{3-9}$$

大多数的光学系统具有初级球差和二级球差,当边缘孔径处的球差校正后,在 0.707 带上有最大剩余球差,经 $\frac{3}{4}\delta L'_{0.707}$ 的轴向离焦后,可得

$$\delta L'_{0.707} \leqslant \frac{6\lambda}{n'u'^2_m} = 6 \tag{3-10}$$

严格的表达式为

$$\delta L'_{0.707} \leqslant \frac{6\lambda}{n'\sin^2 u'_m} \tag{3-11}$$

实际上,边缘孔径处的球差未必正好校正到零,可控制在焦深以内,故边缘孔径处的球差公差为 1 倍焦深,即

$$\delta L'_m \leqslant \frac{\lambda}{n'\sin^2 u'_m} \tag{3-12}$$

2. 彗差公差

小视场光学系统的彗差通常用相对彗差 SC' 来表示,其公差值根据经验取

$$SC' \leqslant 0.0025 \tag{3-13}$$

3. 色差公差

通常取

$$\Delta L'_{FC} \leqslant \frac{\lambda}{n'\sin^2 u'_m} \tag{3-14}$$

按波色差(对轴上点而言,波色差是指 F 光和 C 光在光瞳处两波面之间的光程差,用符号 W'_{FC} 表示)计算为

$$W'_{FC} \leqslant \frac{\lambda}{4} \sim \frac{\lambda}{2} \tag{3-15}$$

3.10.2 望远目镜和显微目镜的像差公差

目镜的视场角较大,一般应校正好轴外点像差,因此本节主要介绍其轴外点的像差公差,轴上点的像差公差可参考望远物镜和显微物镜的像差公差。

1. 子午彗差公差

子午彗差公差用 K'_t 表示:

$$K'_t = \frac{1.5\lambda}{n'\sin^2 u_m} \tag{3-16}$$

2. 弧矢彗差公差

弧矢彗差公差用 K'_s 表示:

$$K'_s = \frac{0.5\lambda}{n'\sin^2 u_m} \tag{3-17}$$

3. 像散公差

像散公差用 x'_{ts} 表示:

$$x'_{ts} = \frac{\lambda}{n'\sin^2 u_m} \tag{3-18}$$

4. 场曲公差

因为像散和场曲都应在眼睛的调节范围之内,可允许有 2~4D(屈光度),因此场曲公差为

$$\left. \begin{array}{l} x'_t = \dfrac{4f'_{目}}{1000} \\[3mm] x'_s = \dfrac{4f'_{目}}{1000} \end{array} \right\} \tag{3-19}$$

目镜视场角 $2\omega < 30°$ 时,公差应缩小一半。

5. 畸变公差

畸变公差用 $\delta y'_z$ 表示:

$$\delta y'_z = \frac{y'_z - y'}{y'} \times 100\% \leqslant 5\% \tag{3-20}$$

当 $2\omega = 30° \sim 60°$ 时,$\delta y'_z \leqslant 7\%$;当 $2\omega > 60°$ 时,$\delta y'_z \leqslant 12\%$。

6. 倍率色差公差

目镜的倍率色差常用目镜焦平面上的倍率色差与目镜的焦距之比来表示,即

$$\frac{\Delta y'_{FC}}{f'} \times \frac{180°}{\pi} \leqslant 2' \sim 4' \tag{3-21}$$

3.10.3 照相物镜的像差公差

照相物镜属大孔径、大视场光学系统,应该校正全部像差。但由于受底片分辨率的限制,照相物镜所成的像无需像目视光学系统那样,要求成像质量接近理想。因此,一般认为照相物

镜的像差公差可以比目视光学系统的大得多。由于底片质量差别很大,不同使用要求对物镜成像质量的要求不一。因此对照相物镜而言,很难找到一个像差公差的标准。一般根据现有产品的成像质量来估计新设计系统的成像质量。往往以像差在像面上形成的弥散斑大小,即能分辨的线对来衡量系统的成像质量。

照相物镜所允许的弥散斑大小应与光能接收器的分辨率相匹配。例如,荧光屏的分辨率为 4~6 lp/mm;光电变换器的分辨率为 30~40 lp/mm;常用照相胶片的分辨率为 60~80 lp/mm;微粒胶片的分辨率为 100~140 lp/mm;超微粒干板的分辨率为 500 lp/mm。所以不同的接收器有不同的分辨率,照相物镜应根据使用的接收器来确定其像差公差。此外,照相物镜的分辨率 N_L 应大于接收器的分辨率 N_d,即 $N_L \geqslant N_d$,所以照相物镜所允许的弥散斑直径应为

$$2\Delta y' = 2 \times \frac{k}{N_L} \tag{3-22}$$

考虑到弥散圆的能量分布,系数 k 的范围为 $1.2~1.5$,也就是把弥散斑直径的 $60\%~65\%$ 作为影响分辨率的量核。

对于一般的照相物镜来说,其弥散斑的直径为 $0.03~0.05$ mm 是允许的。而对于高质量的照相物镜,其弥散斑直径要小于 0.03 mm。

对不同用途的照相物镜的质量的要求差别很大,如高质量的航空摄影和卫星摄影照相物镜要求接近理想成像,而对普通照相机的成像质量的要求要低很多。一般中等质量的照相物镜的像差公差的大致范围如下。

1. 轴上球差公差

目视光学系统的球差公差以波像差小于 $\lambda/4$ 为标准,而对于照相物镜来说,若波像差小于 $\lambda/2$,即可认为是一个高质量的设计,因此把 $\lambda/2$ 作为照相物镜轴上点球差公差的标准,其相应的球差公差公式如下。

初级球差为

$$\delta L'_m \leqslant \frac{8\lambda}{n'u_m^{2'}} \sim \frac{16\lambda}{n'u_m^{2'}} \tag{3-23}$$

剩余球差为

$$\delta L'_{sn} \leqslant \frac{12\lambda}{n'u_m^{2'}} \sim \frac{24\lambda}{n'u_m^{2'}} \tag{3-24}$$

常用相对孔径对应的球差公差值,如表 3-1 所示。

表 3-1 常用相对孔径对应的球差公差值

相对孔径(D/f')	$\delta L'_m$	$\delta L'_{sn}$
1/1.4	0.04~0.08	0.05~0.10
1/2	0.08~0.16	0.1~0.2
1/2.8	0.16~0.32	0.2~0.4
1/4	0.32~0.64	0.4~0.8

相对孔径越大,像差校正越困难,表中的球差公差值对相对孔径特大的物镜而言可允许超过。

2. 轴外单色像差的公差

照相幅面的形状一般为长方形或正方形,照相物镜的视场一般按对角线视场计算,一般评价照相物镜的轴外像差主要是在 0.7 视场内,0.7 视场以外允许像质下降。

评价照相物镜的轴外像差,一般不按各种单项像差分别制定公差,而直接根据子午和弧矢垂轴像差曲线对轴外点进行综合评价。评价轴外像差时,把轴上点垂轴像差作为评价轴外点垂轴像差的标准,重点考察 0.7 视场内的像差。

一般从两个方面考查垂轴像差曲线:一方面是看它的最大像差值,其表示最大弥散范围;另一方面看光能是否集中,如果大部分光线像差较小,且光能较集中,即使有少量光线像差比较大,也是允许的。轴外像差不可能校正得和轴上像点一样好,只要整个光束中有 70%～80% 的光线的像差和轴上点相当,则认为是较好的设计。

3. 色球差公差

照相物镜一般都能把轴上点指定孔径光线的色差校正得比较好,但色球差不可能完全校正。在不同形式的物镜中差别很大,如在双高斯物镜中,色球差很小,而在反摄远物镜中,色球差较大。由色球差形成的近轴和边缘色差最好不超过边缘球差的公差。

4. 垂轴色差

垂轴色差对成像质量影响较大,应尽可能严格校正,一般要求在 0.7 视场内的垂轴色差不超过 0.01 mm 或 0.02 mm,边缘视场允许适当超出。

5. 畸变

一般照相物镜要求畸变小于 2% 或 3%。

以上像差公差的参考数据是针对一般照相物镜而言的,对特殊用途的照相机应按具体使用要求确定。目前较好的方法是使用光学传递函数。

思 考 题

(1) 什么是波像差?什么是点列图?它们分别适用于评价何种光学系统的成像质量?
(2) 什么是光学传递函数?
(3) 若一个 CCD 的像素尺寸为 30 μm,试计算其截止频率。

第4章 基于 ZEMAX 软件的
光学系统自动设计

4.1 概述

设计一个光学系统就是在满足系统全部要求的前提下,确定系统的结构参数。在光学系统自动设计中,我们把对系统的全部要求,根据它们和结构参数的关系重新将其划分成两大类。

第一类是不随系统结构参数改变的参数。如物距 L、孔径高 H(或孔径角的正弦值 $sinU$)、视场角 ω(或物高 y)、入瞳(或孔径光阑)的位置,以及轴外光束的渐晕系数等。在计算和校正光学系统像差的过程中,这些参数永远保持不变,它们是和自变量(结构参数)无关的常量。

第二类是随系统结构参数改变的参数。它们包括代表系统成像质量的各种几何像差或波像差。同时也包括某些近轴光学特性参数,如焦距 f'、放大率 β、像距 l'、出瞳距 l'_z 等。我们把第二类参数统称为像差(广义像差),用符号 $F_1,\cdots,F_m$ 表示。系统的结构参数用符号 $x_1,\cdots,x_n$ 表示,两者之间的函数关系式可用式(4-1)表示。

$$\left.\begin{aligned} F_1 &= f_1(x_1,\cdots,x_n) \\ &\vdots \\ F_m &= f_m(x_1,\cdots,x_n) \end{aligned}\right\} \tag{4-1}$$

上式称为像差方程组,光学系统的像差与结构参数的关系为复杂的非线性关系,在限制范围内,建立像差和结构参数的近似关系为初级像差理论。高级像差理论过于复杂,尚未达到简单实用的程度。光学设计问题从数学角度来看,就是建立和求解上述像差方程组的问题。传统的光学设计方法是首先选定一个原始系统作为设计的出发点,该系统的全部结构参数均已确定,按要求的光学特性,计算出系统的各个像差。若像差不满足要求,则依靠设计者的经验和像差理论知识,对系统的部分结构参数进行修改,然后重新计算像差,如此反复,直到像差符合设计要求为止。

用计算机进行像差计算,可大大提高计算速度,但如何修改结构参数,仍然要依靠设计人员来确定。随着计算机计算速度的提高,计算像差所需的时间越来越少,而分析计算结果和决定下一步如何修改结构参数成为了光学设计者面临的主要问题。因此,光学系统自动设计的出发点是想让计算机既能计算像差,又可自动修改结构参数。

除几种特殊的非典型情况外,光学系统像差是结构参数的非线性函数,而这与所需要的光学系统设计优化方法相悖,优化方法要求像差和结构参数是线性关系。通过线性近似和逐次逼近两种方法,给出变量 x 的增量,计算像差的增量。用数值计算方法建立近似的像差线性方程组,通过求解使系统逐步得到改善,是大多数光学系统自动设计程序采用的方法。值得注意的是:所求的解实际上只是在原始系统的附近找出一个较好的解,这个解不一定能满足要求,也可能不是系统的最好解。因此,光学系统自动设计并不是万能的,它存在一定的局限性,但与人工修改结构参数相比,已是一个较大的进步。

4.2 ZEMAX 优化方法介绍

光学系统自动设计通常采用两种方法:阻尼最小二乘法和自适应法。其中,阻尼最小二乘法应用更广泛,主要原因在于:① 阻尼最小二乘法能自然确定镜头设计的优化函数为一组像差的平方和;② 对于给定的设计参数,阻尼最小二乘法能自动给出一组最佳的参数变化量;③ 虽然像差是非线性函数,但当像差接近最小值时,像差可看作是线性的。

目前国内外成像光学系统自动设计主要基于 ZEMAX 和 CODE V 两种软件,二者各有特点。ZEMAX 窗口简洁明了,便于操作,价格低,使用更广泛。在光学系统自动设计中,优化设计是光学设计中的重要阶段,也是 ZEMAX 软件的核心功能,涉及评价函数、权因子、阻尼因子等重要概念。在常用的阻尼最小二乘法优化设计的基础上,ZEMAX 给我们提供了三种优化选择:Optimization(局部优化)、Global Search(全局优化)和 Hammer Optimization(锤形优化,也称为海默优化),如图 4-1 所示。

图 4-1 ZEMAX 软件优化方法分类

图 4-1 中的执行优化就是指执行局部优化,这种优化方法强烈依赖初始结构,系统初始结构通常也称为系统的起点,在这一起点处,优化驱使评价函数逐渐降低,直至最低点。注意这里的最低点是指若再优化评价函数就会上升,不管是不是优化到了最佳结构(软件认为的最佳是指评价函数最小的结构)。

而 Global Search 和 Hammer Optimization 都属于全局优化类,只要给出足够多的优化时间,它们总能找到最佳结构。全局优化使用多起点同时优化的算法,目的是找到系统所有的结构组合形式并判断哪个结构使评价函数值最小。而锤形优化虽然也属于全局优化类,但它更倾向于局部优化,一旦使用全局搜索找到了最佳结构组合,便可使用锤形优化来锤炼这个结构。锤形优化加入了专家算法,可帮助我们按有经验的设计师的设计方法来处理系统结果。图 4-2 可以很好地说明全局优化和局部优化的关系。

对于简单系统,如单透镜系统或双胶合系统,由于它们的变量有限,评价函数求解曲线可能本身就只有一个单调区间,所以局部优化和全局优化都会找到同一个解决方案。这种系统中,全局优化的优势是无法体现出来的,故可以使用稍微复杂的结构加以说明。以一个三片式物镜结构为例,其结构参数如下。

① 视场:35 mm 相机底片(可说明这个镜头的像面尺寸大小,35 mm 矩形底片的尺寸为 24 mm * 36 mm,可计算出矩形外接圆半径的大小为 21 mm,即可得到最大视场像高为 21 mm)。

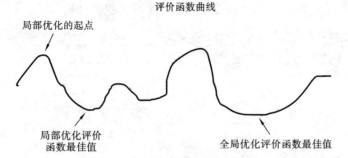

图 4-2　全局优化与局部优化关系图

② 焦距:50 mm。

③ 光圈数:$F^{\#} = 3.5$。

④ 边界条件:玻璃最小中心与边厚 4 mm,最大中心厚 18 mm,空间间隔最小为 2 mm。

⑤ 波长:可见光波段的 F 光、d 光、C 光的波长。

⑥ 光阑位置:光阑位于中间。

⑦ 材料:SK4-F2-SK4。

利用 ZEMAX 软件将上述参数按要求输入,可得如图 4-3 所示的初始结构参数。

表面:类型	标注	曲率半径	厚度		材料	膜层	半直径	延伸区	机械半直径	圆锥系数
0 物面 标准面 ▼		无限	无限				无限	0.000	无限	0.000
1 标准面 ▼		无限 V	0.000 V		SK4	AR	7.150	0.000	7.150	0.000
2 标准面 ▼		无限 V	0.000 V			AR	7.150	0.000	7.150	0.000
3 标准面 ▼		无限 V	0.000 V		F2	AR	7.150	0.000	7.150	0.000
4 标准面 ▼		无限 V	0.000 V				7.150	0.000	7.150	0.000
5 光阑 标准面 ▼		无限	0.000 V			AR	7.150	0.000	7.150	0.000
6 标准面 ▼		无限 V	0.000 V		SK4	AR	7.150	0.000	7.362	0.000
7 标准面 ▼		-30.778 F	0.000 V				7.362	0.000	7.362	0.000
8 像面 标准面 ▼		无限	-				7.152	0.000	7.152	0.000

图 4-3　三片式物镜的初始结构参数

由图 4-3 可以看出,初始结构参数为默认状态,我们可以尝试使用不同的优化方法来找到最佳结构。首先使用局部优化,如图 4-4 所示,经过很短的时间后,优化停止,此时我们再次选择"自动",会发现优化不能继续进行下去,说明此时已经找到了评价函数的一个最佳值,效果

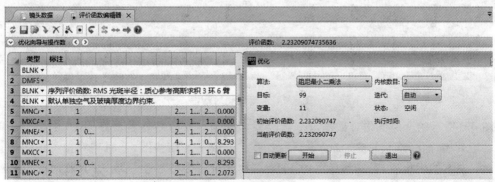

图 4-4　局部优化

如图 4-5 所示,但这个结构并不能代表真正找到了最好的组合结构。

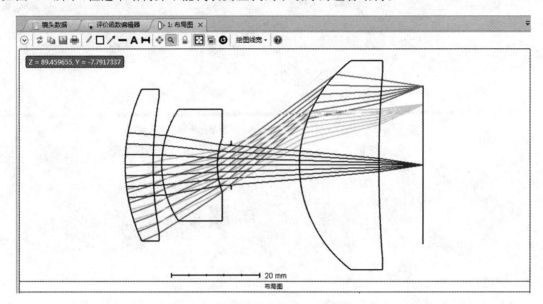

图 4-5　局部优化后的二维结构图

接下来使用全局优化,先返回之前的初始结构,然后打开全局优化对话框,如图 4-6 所示。

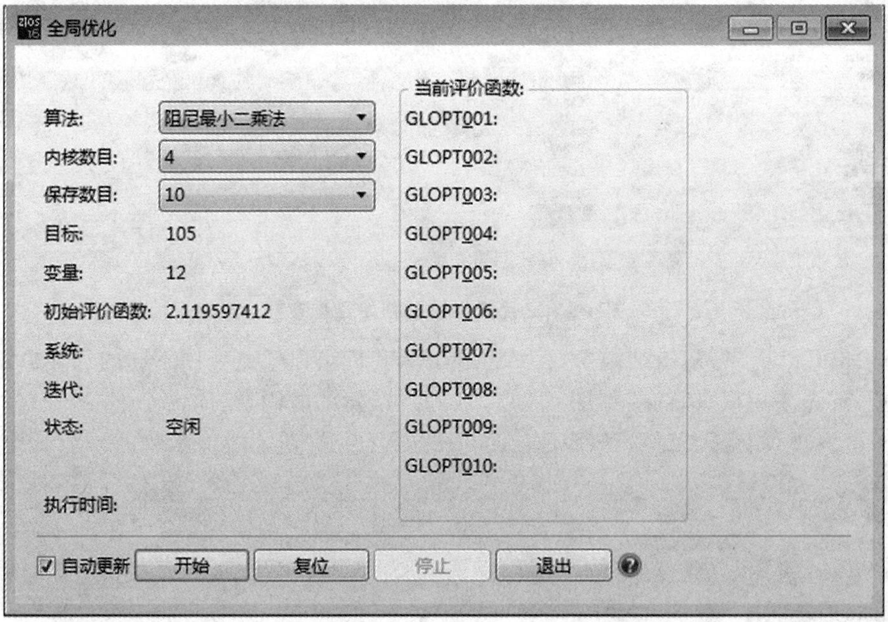

图 4-6　全局优化对话框

图 4-6 所示的全局优化对话框可一次寻找多个起点并始终显示最好的 10 个结构。单击"开始"键开始优化,默认勾选"自动更新",打开二维或三维结构图,适时查看搜寻的结构。经过 1 min 左右的优化后,观察到显示的 10 个结构评价函数值趋于一致,并且长时间没有明显变化,如图 4-7 所示,此时说明系统寻找到了最佳组合结构,如图 4-8 所示。

从图 4-8 中可以看到,利用全局优化找到的这个结构符合对称式结构,从像差校正的角度

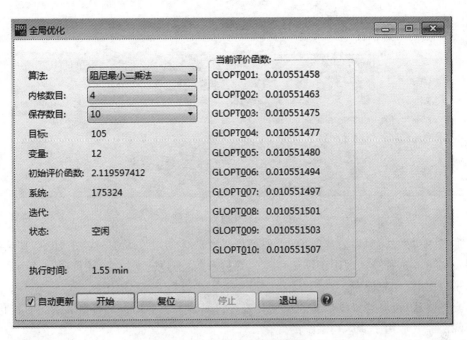

图 4-7 全局优化计算结果

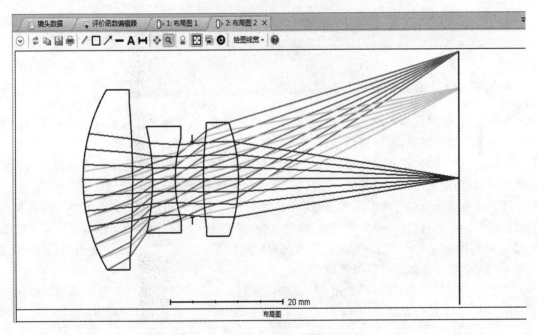

图 4-8 全局优化后的二维结构图

看,对称式结构可以很好地矫正轴外视场产生的像差,使光斑聚焦最小化。所以这个结构正是我们需要的对称式结构。而局部优化在搜索这些结构型式时就显得无能为力了。使用全局优化找到结构型式后,便可使用锤形优化来进一步提高光斑效果。

上述三种优化方法的算法对话框选项中都有两种算法:阻尼最小二乘法和正交下降法,如图 4-9 所示。

图 4-9 优化算法对话框

阻尼最小二乘法:对参数连续取值,使评价函数的值如阻尼振荡般越来越小,直至找到最小的评价函数。这种算法适用于连续可变的变量参数,求解速度较快,评价函数值为非连续的或过于平缓时,优化将停滞。

正交下降法:可对评价函数非连续变化或评价函数平缓变化情况有很好的运行优化,所以正交下降法尤其适用于非序列系统的优化。

4.3 ZEMAX 评价函数的使用

4.3.1 评价函数的定义

如前文所述,结构参数的改变将引起众多像差的改变,为了便于计算机在众多像差的变化中能够给出正确的判断,需要提供给计算机能够判断设计优劣的标准,这个标准必须是单一的,同时又是与像差校正要求一致的,这个标准称为评价函数,也称优化函数或目标函数。评价函数值越小,像质越好。当其值为 0 时,表示当前光学系统完全满足设计目标要求。

评价函数的构成要考虑以下两点因素:① 像差的广义性。凡是随结构参数改变而改变的参数都定义为像差,包括各种实际像差、焦距、放大率、像距、出瞳距等。② 像差不可能完全校正到 0,只能达到一个允许的目标值。像差之间量纲的不一致在评价函数中要得到补偿,像差的重要程度要在评价函数中得到体现。

在 ZEMAX 软件中,评价函数用 MF 表示,可定义为设计目标像差值与当前系统像差值之差的平方和,其结合权因子构成,定义式可写为

$$MF^2 = \frac{\sum W_i (V_i - T_i)^2 + \sum W_j (V_j - T_j)^2}{\sum W_i} \qquad (4-2)$$

式中:V_i 是第 i 种操作数的实际值;T_i 为第 i 种操作数的目标值;W_i 为第 i 种操作数的权因子,用于表示这个操作数在整个评价函数中的比重大小。操作数的贡献百分比越大,优化时它的重要性也越容易体现出来。

式(4-2)中的 $\sum W_i$ 表示评价函数中的权因子被自动归一化。$W_i > 0$,该操作数被当作像

差,ZEMAX 在设计时让 $W_i(V_i-T_i)^2$ 达到局部最小;$W_i=0$,该操作数无作用;$W_i<0$,则 ZEMAX 自动设置 $W_i=1$,此时 $W_i(V_i-T_i)^2$ 自动被 $W_j(V_j-T_j)^2$ 代替,$W_j(V_j-T_j)^2$ 称为拉格朗日乘子,一般对应透镜的边界条件。

4.3.2　ZEMAX 中默认评价函数的使用

对于一个光学系统,想达到给定的目标,光学设计者必须完成两步初始操作:① 设计的基础系统必须有足够的变量以便更好地找到求解空间;② 设计的性能目标必须合理而且适合程序交流。以上两步操作中的关键在于第二步,即设置系统的优化目标,在 ZEMAX 中通过设置操作数来实现优化目标。

评价函数实际上是用不同的操作数来实现的。ZEMAX 对各种参数(广义像差)设置了优化的操作数代码,所有操作数均由 4 个字母表示,如有效焦距用 EFFL 表示等。目前 ZEMAX 提供了大约 300 个操作数,其具体含义参考附录 B。几何光学或物理光学等光线追迹都需要靠操作数限制才能精确达到目标。

所有评价函数的操作数都有四个共同参数:目标、权重、评估、贡献,如图 4-10 所示。

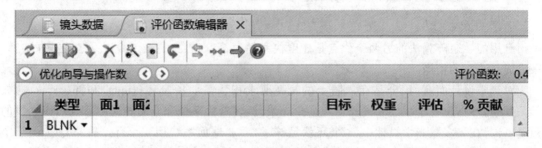

图 4-10　ZEMAX 评价函数编辑器窗口

在使用几何光线进行优化时,每条光线都必须靠评价函数的操作数来进行约束,直到追迹到指定的目标面。那么既然每条光线都需要约束,是否会使我们的操作数输入变得很复杂呢?无需担心,ZEMAX 提供了一些常用的优化目标操作数设置,只需选择系统想要达到的标准即可,这对初学者来说无疑是很好的选择,如图 4-11 所示。当系统优化目标很复杂时,软件自带的操作数不能完全满足用户需要,此时需考虑自定义输入操作数。

图 4-11 所示的默认评价函数中的优化类型有:常用的 RMS(均方根值)和较少用到的 PTV(峰谷值)。如果所有的光线需要落在光纤或探测器的一个圆形区域内,这时采用 PTV 优化类型会更好,它使误差的峰谷值的范围最小。此外,还需选择目标使用的参考方式:质心 (centroid)参考和主光线(chief ray)参考。质心即光束在像面上形成的光斑的中心而不论主光线是否为光束的中心,它比主光线参考更精确,特别是当系统的主光线被遮拦时,如折反式望远系统,由于其反射镜位于光路中心,导致主光线被遮拦,此时优化目标光线只能将质心作为参考。

在光瞳采样方法的选择上,几乎所有情况下都使用高斯求积(GQ)法,因为它比其他方法精确得多,而且用的光线的数目也很少,但其不能用在有渐晕系数和带孔径限制的光学系统中,这时候只能用矩形阵列(矩阵)算法进行采样。矩阵算法的优点是能够精确地计算出渐晕在评价函数中的影响,这对于那些故意拦住有问题的光线的系统,如挡光望远镜和照相机镜头

图 4-11　默认评价函数

是很有用的。矩阵算法的另两个优点是速度快和精度高。通常,它比 GQ 法需要更多的光线来完成一给定的精度。

对光学设计而言,积分是在入瞳上的。高斯求积法需要指定环(rings)和臂(arms)的数目。其中,环指定每个视场和波长追迹多少光线,旋转对称系统和非旋转对称系统对应光线的数量不同,在大多数光学设计中,3 个环就足够了,对非球面系统用 4 个环。臂指定在入瞳中追迹光线的径向臂的数目,对大多数光学系统而言,一般 6 个就足够了。因此,在使用高斯求积法时,默认为 3 环 6 臂。

我们以一个单透镜的优化为例来说明默认评价函数的各种使用方法。单透镜的初始结构参数及二维结构图分别如图 4-12、图 4-13 所示。

表面:类型	标注	曲率半径	厚度	材料	膜层	半直径	延伸区	机械半直径	圆锥系数
0 物面 标准面 ▼		无限	10.000			0.000	0.000	0.000	0.000
1 光阑 标准面 ▼		无限	5.000	BK7		3.145	0.000	4.153	0.000
2 标准面 ▼		无限 V	50.000			4.153	0.000	4.153	0.000 V
3 像面 标准面 ▼		无限				19.877	0.000	19.877	0.000

图 4-12　单透镜的初始结构参数

在 RMS 算法的基础上,分别使用软件提供的 3 种常用优化目标:波前(wavefront)优化、光斑半径(spot radius)优化和角半径(angular radius)优化,对单透镜进行优化。

1) 波前优化

波前优化以优化光线的光程差为目标,也称为波前差优化。这是一种要求相对严格的优化方法,在系统像差较小的情况下,优化效果才比较显著,对于大像差复杂系统(通常为 OPD 大于 50 个波长时)而言,波前优化会变得停滞不前。选择波前差作为系统的最终优化目标,根

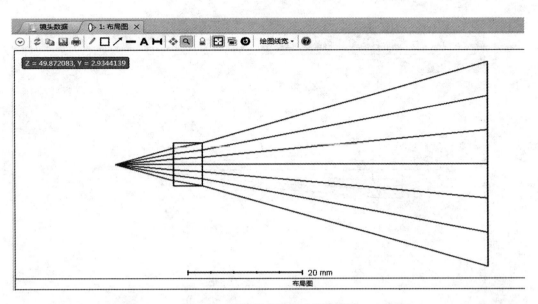

图 4-13　单透镜的初始二维结构图

据系统对称性要求,ZEMAX 将在评价函数编辑器中自动生成一系列光程差操作数,如图 4-14
所示。

	类型									
1	DMFS ▾									
2	BLNK ▾	序列评价函数: RMS 波前差:质心参考高斯求积 3 环 6 臂								
3	BLNK ▾	无空气及玻璃约束.								
4	BLNK ▾	视场操作数 1.								
5	OPDX ▾	1	0....	0....	0....	0....	0.000	0.873	405.6...	50.384
6	OPDX ▾	1	0....	0....	0....	0....	0.000	1.396	-1.943	1.849E-03
7	OPDX ▾	1	0....	0....	0....	0....	0.000	0.873	-402...	49.614

优化向导与操作数　　　　　　　　　　　　　　　　评价函数:　301.203134803321

图 4-14　波前差优化时的评价函数编辑器窗口

　　单击"执行优化"按钮,评价函数值很快降为零,即对该单透镜系统而言,默认创建的评价
函数操作数设置的目标值为零,也就意味着光线经过单透镜聚焦后的光程差为零,其优化后的
结构图如图 4-15 所示。

　　从几何光学理论上考虑,所有光线的光程差为零有两种情况:一是点光源发出的完美球面
波在任一位置,球面上各点的光程必然相同,即光程差为零;二是完美准直光束发射的平面波
在任一位置处,平面上各点光程相同,即光程差也为零。

　　所以,使用波前差来优化这个单透镜系统,应该能得到两种结果,即光经过透镜后变为平
行光或者聚焦。图 4-15 所示的为其中的聚焦结果,这是因为 ZEMAX 软件在默认设置下为聚
焦模式,即物方视场光束经过系统后都应该为聚焦趋势。这种模式是可以修改为准直模式的,
在系统选项中勾选"无焦像空间",如图 4-16 所示,系统就切换到无焦模式,无焦模式的优化是

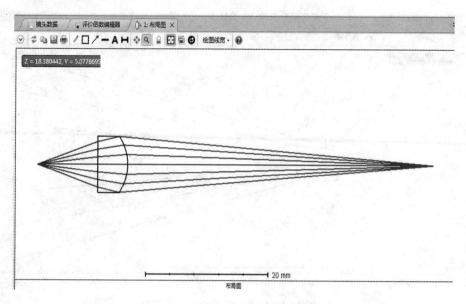

图 4-15　波前差优化后的单透镜结构图

使物方光束到达像方时以准直为目标,单击"执行优化"按钮重新优化,评价函数值同样降为零,如图 4-17 所示。其优化后的结构图如图 4-18 所示。

2)光斑半径优化

该方法以使优化物方视场光束在像面上的光斑最小为目标,此种方法限定优化的模式只能为聚焦模式,而不论是否勾选"无焦像空间"。绝大多数成像系统都使用这种方法来优化光斑大小,这也是在进行聚焦系统设计优化时能够选择的最好的初始评价条件。ZEMAX 中提供了 4 种光斑优化目标选项:综合光斑、X 光扇光斑、Y 光扇光斑和 XY 光扇光斑。综合光斑,即物点所有光线成像到像面上时像点的大小,这其中包含了所有像差的影响。选择这个目标值以后,ZEMAX 将自动创建一系列像面上的弥散圆半径操作数追迹光线,如图 4-19 所示。

图 4-16　选择无焦模式

图 4-17　无焦模式下的波前差优化

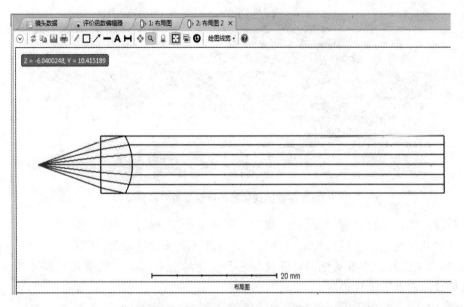

图 4-18 波前差优化(无焦模式下)后的准直效果

	类型									
1	DMFS ▼									
2	BLNK ▼	序列评价函数: RMS 光斑半径：质心参考高斯求积 3 环 6 臂								
3	BLNK ▼	无空气及玻璃约束.								
4	BLNK ▼	视场操作数 1.								
5	TRAC ▼		1	0....	0....	0....	0....	0.000	0.873	6.681	6.271
6	TRAC ▼		1	0....	0....	0....	0....	0.000	1.396	14.065	44.465
7	TRAC ▼		1	0....	0....	0....	0....	0.000	0.873	18.726	49.264

图 4-19 光斑半径优化时的评价函数编辑器窗口

X 和 Y 方向上的光斑适用于有特定光斑要求的系统,如 X、Y 分别聚焦于不同位置的系统或柱面镜聚焦的线性光斑。它们使用 TRCX 或 TRCY 操作数作为目标函数。添加光斑半径操作数后进行优化,得到同之前图 4-15 所示的使用波前差优化一样的聚焦效果。

3) 角半径优化

该方法使物方视场光束到达像空间时,边缘光线与主光线间的角度差最小化。由于所有光线间角度之差的均方根最小,因此便会产生准直效果。这种属于无焦优化模式,无论在系统选项中是否勾选"无焦像空间"。

这里提供三种无焦优化方式,可综合优化所有光线角度或 X、Y 单方向上的光束角度。使用角半径优化作为评价目标时,ZEMAX 会自动创建 ANAC、ANCX、ANCY 操作数,部分界面如图4-20所示。

使用角半径优化方法后得到同之前图 4-18 所示的使用波前差优化(无焦模式下)方法相同的准直效果。

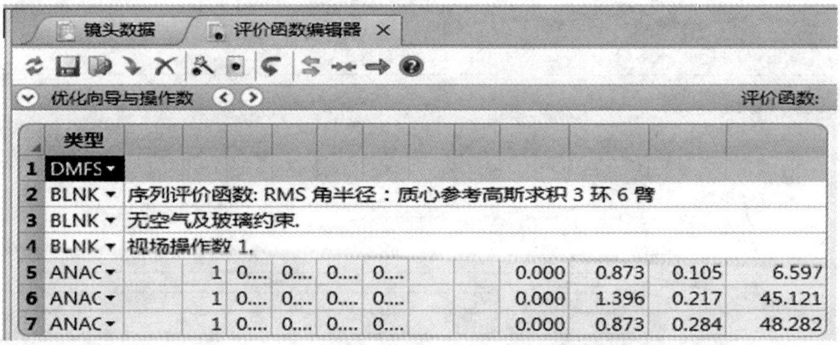

图 4-20   角半径优化时的评价函数编辑器窗口

通过以上 3 种评价目标的设定后,我们一般可以得到自己需要的初始光学系统,这些评价目标都是对几何光线追迹进行约束限制的。有时除了对光线约束外,还有许多对元件大小、共轭长度、空气与镜片间距等其他的特殊目标进行优化的要求。需要结合光线追迹操作数共同在评价函数编辑器中进行控制。

在默认评价函数中也提供了通用的边界限制条件,如图 4-11 中的"厚度边界"一栏所示。我们可以在厚度边界条件约束中添加玻璃与空气的厚度限制,即最大玻璃中心厚度(MXCG)、最小玻璃中心厚度(MNCG)、最小玻璃边缘厚度(MNEG)、最大空气中心厚度(MXCA)、最小空气中心厚度(MNCA)和最小空气边缘厚度(MNEA)。选择时,边界限制将同光线约束操作数一同添加到评价函数编辑器中,如图 4-21 所示。

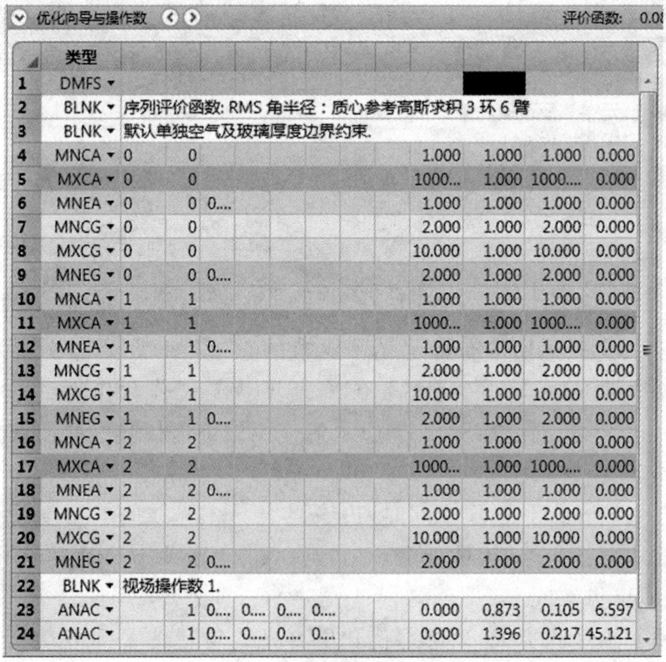

图 4-21   默认评价函数中的厚度边界条件操作数

此外,对厚度的约束控制也可使用手动输入的 TTHI 操作数,它通常用来控制系统的共轭距大小。除了使用以上这些自动的评价目标函数以外,还可以使用自定义操作数来更灵活地控制光线。当然,这需要我们牢记一些常用的操作数,如有效焦距(EFFL)、实际光线的入射角(RAID)、实际光线的出射角(RAED)、入瞳直径(EPDI)、出瞳直径(EXPD)、出瞳位置(EXPP)、操作数大于/操作数小于(OPGT/OPLT)等。

有关评价函数各操作数的详细含义,可参考附录 B,或直接参考 ZEMAX 提供的帮助文件,或按下键盘上的"F1"快捷键打开帮助,如图 4-22 所示。

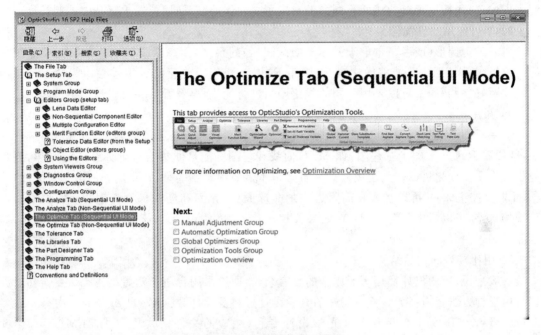

图 4-22　评价函数帮助界面

本节通过实例展示了波前优化、光斑半径优化及角半径优化的应用环境,在后文的设计实例中,本书还将继续展示这些优化方法为设计者提供的便利,使设计者达到事半功倍的效果。

4.4　ZEMAX 优化设计要点

优化函数可以由多种不同形式的像差构成,具体取决于设计者的经验和偏好。本节将讨论几个在使用 ZEMAX 软件进行优化时的要点。

1. 常规方法

在设计的初期,ZEMAX 优化时不需要追迹所有具有不同视场和波长的光线,这可以节省计算时间。对权重设置为 0 的视场或波长不进行追迹。使用视场点平衡,尽量用求解功能代替变量。尽可能用缺省优化函数,使用边界条件控制操作数。查看无用的变量,要搞清楚哪些量在变,用较好的初始结构。具体操作如下。

1) 使用视场点平衡

选择适当的视场点数目,使视场划分为等面积的圆环。对于比较小的视场,用 0、1 两个视场;对于中等视场(小于 20°),用 0、0.7 和 1 三个视场;对于大视场,用 0、0.577、0.816 和 1 四个视场。

2）使用求解功能

尽量使用求解功能，例如，用两种方法去控制边界条件：① 使所有的量都为变量，然后在评价函数中加入操作数；② 去掉一个没用的变量，用求解功能代替。例如，在曲率半径上用边缘光线角或 F 数（$F^{\#}$）求解功能控制 F 数及有效焦距；在厚度上用边缘光线高度求解功能控制焦点位置；用拾取求解功能使不同面的对应量之间保持联系；用位置求解功能控制长度。

3）尽可能用缺省优化函数

对入瞳为圆形（或者是考虑渐晕因子的椭圆形）的系统，用高斯求积法。如果光学系统接近衍射极限，则用 RMS 波前优化法，否则用 RMS 光斑半径优化法。用质心作为参考点比用主光线要好一些，通常可以先用不同的优化函数进行优化，再看看哪一个设计结果最好。

4）知道哪些量在变化

如果不知道哪里有问题，就无法去解决它。要想了解像差与系统的联系，及其对系统的影响，就要看 Ray Fan 图。有些图，如 MTF 曲线和包围圆能量曲线会告诉你系统的好坏，但不能告诉你哪些变化可以使系统更好。一旦知道了需要确定哪些量，就要用相应的工具去优化：① 如果要校正球差，可以在入瞳面附近增加非球面、二元面和渐变梯度折射率；② 如果要校正视场像差，可以考虑移动光阑；③ 如果要校正色差，可使用新玻璃；④ 如果要校正场曲，如匹兹伐尔场曲等，可更换玻璃。

5）用比较好的初始结构

一般来说，新的设计都是基于原来的已有结构，所以采用合适的初始结构很重要。初始数据可由三种方法获得：① 参考一些好的光学设计资料及软件数据库（如 ZEBASE 中有 500 多个设计，LensVIEW 中有 6 万多个光学设计专利，相应的文件格式均可供 ZEMAX 直接读取），这是目前设计新的镜头最常用的方法；② 在某些情况下，可用解析法求解出薄透镜的解，如双胶合镜头、三片式镜头或某些同心镜头，这些镜头都比较简单，因此解析法不是解决新设计问题的最有效方法；③ 购买相关的镜头，分析其结构特征再进行修正，但实际一般不选择该方法。为了满足新镜头的设计要求，初始数据必须满足近轴光学的要求和像差理论的要求。

2．像差的选择和控制

（1）光学系统最重要的近轴特性，即一级像差，是焦距、像面位置和放大率。如果物体在无限远处，取焦距为一级像差；如果物体在有限距离处，取垂轴放大率为一级像差；对于无焦系统，取角放大率为一级像差。二级像差是后截距。

（2）在 ZEMAX 软件中，光线追迹的结果通常为横向像差，或者为波像差，横向像差是波像差的一阶微分。如果优化函数包含横向像差和波像差，则波像差给定的权因子应较大。但在 ZEMAX 优化设计中，二者只能选一种。对于大视场、大孔径的镜头，最好用横向像差；对于小视场、小孔径的镜头，最好用波像差。

（3）不要尝试控制那些不可能校正的像差，比如共轴球面系统目镜的畸变、冉斯登目镜的色差、双胶合物镜的像散等像差是不可能校正的。

（4）在某些情况下，点扩散函数中心峰尖锐但具有较大弥散斑的镜头的像质要优于弥散斑虽小但中心峰较低的镜头的像质。对于视场较大的镜头，各视场的像质不可能都好，故中心视场给定的权因子较大、边缘视场给定的权因子较小是有意义的，权因子最大为 1，尽可能不用负值的权因子。

3. 边界条件限制

(1) 透镜的边界限制。在前文中我们已了解到,在默认评价函数中通过输入空气或玻璃的边界值可自动给出边界限制。其中,光学玻璃不能太薄,否则在装配机械时,应力可能会损坏镜片。另外,空气间隔必须是正值。在设计初期,不要同时设定多个玻璃和空气间隔作为设计变量,否则会出现程序对边界限制的失控。自动边界限制是指为省去某些对光学系统例行的边界限制的人工输入,带有坐标间断的复杂镜头或多重结构的镜头通常要求附加的边界限制。玻璃最小与最大中心厚度要根据光学系统中元件的口径按经验或参考文献给定。表 4-1 为负透镜最小中心厚度和正透镜最小边缘厚度的边界限制。

表 4-1 透镜厚度的边界限制

口径/mm	负透镜最小中心厚度/mm	正透镜最小边缘厚度/mm
5	1.0	0.5
10	1.5	1
50	5	2
100	8	3
200	12	4

为了限制系统的筒长或某些透镜的厚度,可以将每个厚度、间隔的最大值作为边界限制。若对某个厚度或间隔没有限制,则可以给定一个很大的数,但所给数据的个数和顺序不能改变。

(2) 玻璃材料的边界限制。在光学自动设计中,如果把玻璃材料作为自变量加入校正,则说明 ZEMAX 允许折射率和色散在一定范围内的连续变化,因此校正得到的结果是理想的折射率和色散,此时必须用相近的实际玻璃来代替。但在自动选玻璃时,要求折射率和色散的变化不得越出规定的玻璃三角形,这就是玻璃光学常数的限制。根据像差理论,提高光学材料的折射率将改善光学系统的球差和场曲,但对像散、彗差和畸变的影响很小。当孔径光阑与薄透镜重合时,单薄透镜的像散与透镜的折射率无关,因此在优化设计中,通常不把玻璃作为变量,否则会降低所设计的镜头的性价比。

4. ZEMAX 优化步骤简介

在 ZEMAX 文件中,按要求输入光学系统的半径、间隔、材料、视场、波长、入瞳等参数后,可按照以下步骤进行自动优化设计。

(1) 在设计初始阶段,应根据光学系统对像差的要求和各面对像差的贡献逐步选择变量,并根据像差分析中的赛德尔系数选择变量。具体操作就是在镜头数据编辑窗口中,在需要设置变量的半径、间隔等的相应位置处按"Ctrl+Z"或单击鼠标右键进行设置。单击"优化"按钮中的"评价函数编辑器",选择控制优化操作数,如 EFFL、TOTR,以及它们的目标、权重等。如何选择控制优化操作数,取决于所设计镜头的特性。

(2) 单击"优化向导"按钮,在"RMS"或"PTV"中选择"波前"和"质心",计算 OPD;或选择"光斑半径"和"主光线",计算横向像差;在"环"和"臂"中选择相应数据,一般默认为"3"和"6",可减少 ZEMAX 优化的像差数。

(3) 若将玻璃厚度作为变量,在玻璃的最小中心、最大中心、最小边缘厚度位置处,根据设计要求,给出玻璃厚度的边界限制;如果将空气间隔作为变量,在空气的最小中心、最大中心、最小边缘厚度位置处,根据设计要求,给出空气间隔的边界限制。

(4)在起始行设置评价函数编辑器中的操作数起始行序号,防止覆盖原先定义好的操作数。

(5)单击"确定"后,单击"执行优化"按钮,程序自动给出初始评价函数和当前评价函数,设置迭代次数(优化循环周期),尽可能不用无限圈,而选择 5 圈或 10 圈等,以便知道如何控制程序到有效的方向。当评价函数值下降时,若 MTF 的像质有所改善,则继续优化。有时程序也会失控,当评价函数值下降到某值时,MTF 反而会恶化。

(6)需要注意的是,不要更改 ZEMAX 程序中预置的操作数及其权等参数。

(7)若在 ZEMAX 中优化玻璃,则需要在对应的玻璃旁选择"替代",并在系统选项的材料库中选择玻璃库,如 China、Schott 等库,单击"锤形优化"按钮进行优化。

思 考 题

(1)分析比较国内外几种光学设计软件的优缺点。

(2)叙述光学自动设计的数学模型。

(3)利用 ZEMAX 软件优化函数功能,设计一个双胶合透镜,具体参数如下。

① 入瞳为 50 mm。

② 光阑单独设置。

③ $F^{\#}=8$。

④ 最大视场为 $10°$。

⑤ 波长为可见光的波长。

⑥ 玻璃为 BK7 和 F2。

⑦ 玻璃的最小边缘及最小中心厚度为 4 mm,最大中心厚度为 18 mm。

第 2 部分

基于 ZEMAX 的光学系统设计实训

第 5 章 ZEMAX 操作训练

5.1 ZEMAX 简介及基本界面介绍

5.1.1 引言

对于实际的光学系统来说,它的成像往往是非完善成像。怎样判断一个光学系统的性能是光学设计中遇到的一个重要问题。在当前计算机辅助科研、教学的时代下,计算机辅助光学系统设计已成为光学设计不可缺少的一种重要手段。其中,由美国焦点软件公司所发展出的光学设计软件 ZEMAX,可用于光学组件设计与照明系统的照度分析,也可用于建立反射、折射、绕射等光学模型,并结合了优化、公差等分析功能,是一个可以运算序列及非序列的软件。本书采用的 Zemax OpticStudio 16 SP2 是行业内标准的光学系统设计软件,其将序列透镜设计、分析、优化、公差、物理光学、非序列光学系统设计、偏振、膜层建模、机械 CAD 导入/导出功能组合在单个简单的软件包中。

必须强调的一点:ZEMAX 软件只是一个光学设计辅助软件,随着计算机技术的发展,ZEMAX 软件的用户界面已日趋完善,使用软件对用户的要求也越来越低。虽然像差自动校正软件可以极大地减轻设计者的劳动强度和节约时间,但它也仅仅是一个工具,只能完成整个设计过程中的一部分工作。因此在应用 ZEMAX 软件进行光学辅助设计之前,需要对前期学习的"应用光学"课程有较扎实的基础知识,需要掌握几何光学基础、像差理论及像质评价知识。此外,还需具备一些材料的选择和公差的分配等方面的知识,最后还需了解一些包括切割、粗磨、精磨、抛光、磨边、镀膜和胶合等光学工艺方面的知识。

5.1.2 ZEMAX 的基本界面介绍

ZEMAX 软件有高级(Premium)版、专业(Professional)版和标准(Standard)版三个版本,每年会有数次版本更新,可以到 www.zemax.com 网站下载更新软件。Zemax OpticStudio 16 SP2 版的 ZEMAX 软件跟以往版本相比,界面有较大的改动,其拓展了编程功能,强化了用户界面,具有全新的分析模式及全新的拓展功能,可支持工程设计的全过程。该软件为用户提供了一个快速灵活的平台,显得专业性更强,其操作也更方便,可用于进行大部分光学系统的设计和评估,其基本界面如图 5-1 所示,主要包含功能区、系统选项区、工作区、快速访问工具栏及状态栏。

(1) 功能区。提供对所有程序功能的轻松访问,这些功能按执行的具体任务分组到各个不同的选项卡。每个选项卡包括几组图标。

（2）系统选项区。可以随时显示或隐藏,它包括关于正在设计的光学系统的系统特定信息。

（3）工作区。完成工作的主要区域。

（4）快速访问工具栏。用户可定义该工具栏,可将最常用的功能放置在桌面上,只需单击即可访问。该工具栏可在设置→配置选项→工具栏下配置。可以创建和撤消多个配置选项,针对设计者的工作来自定义用户界面。

（5）状态栏。在工作区底部显示关于设计的实用信息。

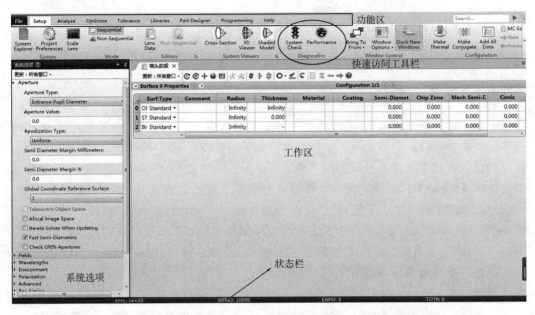

图 5-1 Zemax OpticStudio 16 SP2 **基本界面**

下面对功能区各个不同的选项卡做相关介绍,功能区有"文件""设置""分析""优化""公差""数据库""零件设计""编程"和"帮助"选项卡。每个选项卡又包括几组图标,具体功能如下。

1. "文件"选项卡

"文件"选项卡包括所有文件的输入/输出功能,其界面如图 5-2 所示,可分为以下几组。

图 5-2 "**文件**"**选项卡界面**

（1）"镜头文件"组。包括所有的 Windows 文件管理任务。例如,"打开"和"保存文件"等。该软件的文件存储为.ZMX 格式的文件,另外还有关联的.CFG 文件(包含配置设置)和.SES文件(包含在文件保存时打开的所有窗口的设置数据)。

（2）"存档文件"组。可以创建和打开 Zemax OpticStudio 存档的文件。这些文件以.ZAR 的格式存储,并包含在另一台安装了 Zemax OpticStudio 的计算机上打开该文件所需的全部文件。镜头设计使用的所有 Zemax OpticStudio 数据、玻璃库、膜层、CAD 文件和 SolidWorks 文件等，都被压缩到单个存档文件中，让设计者能够在设计过程中轻松创建设计备份，或将设计转移到其他计算机上。

（3）"导出"组。可访问 Zemax OpticStudio 的所有导出功能，包括导出 STEP、IGES、SAT 和 STL 格式的 CAD 文件，以及导出 DXF 和 IGES 格式的图元文件。使用"OpticStudio 黑盒"功能，可在镜头数据表格中对一系列表面进行加密，这些表格可以提供给其他 Zemax OpticStudio 用户，而不透露设计本身的详细信息。这让设计者能够根据需要为客户或同事提供完全光线可追迹文件，由该文件提供光线追迹的准确结果，而不会泄露设计处理信息。

（4）"加密膜层文件"组。该功能是针对薄膜层的功能，其能够以加密格式导出薄膜层的完整处理信息，从而实现精确的光线追迹，而不提供设计本身。

（5）"转换文件"组。可在 Zemax OpticStudio 的序列（镜头设计）和非序列（系统设计）模式之间进行转换，还可将各种格式的文件（如 .MAT、.INT 和 .f3d 格式的数据）在原始格式和 Zemax OpticStudio 格式之间进行转换。

2. "设置"选项卡

此选项卡在启动每个设计项目时使用，在初始设计之后很少使用该选项卡，其界面如图 5-3 所示，可分为以下几组。

图 5-3 "设置"选项卡界面

（1）"系统"组。将基本系统设置的所有相关功能都集中在一个位置。使用"配置选项"，可自定义 Zemax OpticStudio 的安装、文件夹位置、快速访问工具栏等，并将这些设置保存到项目配置文件。为满足不同国家的设计人员的操作需求，在设置（Setup）→配置选项（Project Preferences）→常规项（General）中选择"语言（Language）"，本文选择"中文"。故后面的所有实例均以中文界面出现，如图 5-4 所示。

图 5-4 语言设置界面

（2）"模式"组。可选择序列模式或非序列模式，几乎所有成像系统设计都在序列模式下完成。

（3）"编辑器"组。可访问用于逐个面或逐个对象地定义光学系统的表格。

（4）"视图"组。可用于查看光学系统自身的布局图，包括 2D 视图、3D 视图及实体模型。

（5）"诊断"组。可检查 Zemax OpticStudio 文件。使用"系统检查"实用工具，可发现很多常见的设置错误。

（6）"窗口控制"组。用于定义窗口在 Zemax OpticStudio 工作区中的行为。窗口可以布局、自由浮动、平铺和层叠等。

（7）"结构"组。在具有多个版本的设计中使用，通常用于变焦镜头，扫描镜头和带有移动部件的镜头，还可用于在温度范围内对镜头进行热分析。如果定义了多个结构，则"结构"组显示在所有功能区上，可调出"多重结构编辑器"。

3. "分析"选项卡

1）"序列模式分析"选项卡

此选项卡可实现对 Zemax OpticStudio 在序列模式下的所有分析功能的访问。分析功能可提供涉及众多要求的详细性能数据。分析功能从不更改底层设计，而是提供有关设计的诊断数据，以指导所需的任何更改，其界面如图 5-5 所示，可分为以下几组。

图 5-5 "序列模式分析"选项卡界面

（1）"视图"组。可访问用于查看光学系统自身的布局图，与"设置"选项卡中的"视图"组一样。

（2）"像质分析"组。可访问在成像和无焦系统的设计中使用的所有分析，包括光线追迹、像差数据、波前、点扩散函数等。

（3）"激光与光纤"组。可访问特定于激光系统的功能，例如简单高斯光束分析、物理光学和光纤耦合计算。

（4）"偏振与表面物理"组。用于计算各个表面上的薄膜层的性能及系统整体性能（作为偏振的函数），以及表面矢高、相位和曲率的绘图。

（5）"报告"组。提供基于文本的分析，用于演示。

（6）"通用绘图工具"组。可根据需要创建自己的分析功能。

（7）"应用分析"组。显示特定于应用的分析功能，例如双目镜系统分析、自由曲面及渐进多焦透镜分析，还提供对 Zemax OpticStudio 的完全非序列功能的访问。如果镜头使用了多重结构，则还显示"结构"组（"设置"选项卡中有提及）。

2）"非序列模式分析"选项卡

当在"设置"选项卡的"模式"组中选择"非序列"模式，则在此模式下的分析选项卡，如图 5-6 所示，常用功能集中在以下几组。

图 5-6 "非序列模式分析"选项卡界面

（1）"视图"组。可访问用于查看光学系统自身的布局图，与"设置"选项卡中的"视图"组一样。

（2）"光线追迹"组。可使用全面的非序列光线追迹引擎来启动光线追迹，或者使用名为"Lightning 追迹"的更快的近似方法来进行光线追迹，如果光源无法近似为点光源，则后一种方法非常有用。

（3）"探测器"组和"光线追迹分析"组。提供对以前执行的光线追迹的广泛分析。

（4）"偏振"组。用于计算对象的各个表面上的薄膜层的性能。

（5）"通用绘图工具"组。可根据需要创建自己的分析功能。

（6）"应用分析"组。显示特定于应用的分析功能，例如道路照明分析。

4．"优化"选项卡

此选项卡可以控制 Zemax OpticStudio 的优化功能，其界面如图 5-7 所示，可分为以下几组。

图 5-7 "优化"选项卡界面

（1）"手动调整"组。包含一系列功能，可手动调整设计以达到期望的性能。此组仅在序列模式下可用。

（2）"自动优化"组。可访问评价函数编辑器，通过这种方式在 Zemax OpticStudio 中定义系统的性能规格。使用"优化向导"，可以基于最常见要求（最小的光斑、最佳波前差、最小的角度偏离）来快速生成评价函数，然后根据设计的准确要求，对该函数进行编辑。

（3）"全局优化"组。在两种主要场景下使用：设计过程开始时，旨在生成设计表以便进一步分析；初始优化后，旨在充分改进当前设计。

（4）"优化工具"组。用于执行一系列优化后的功能，例如查找最佳平面，以便将库光学元件的当前设计球面化或更换镜头。此组仅在序列模式下可用。

5．"公差"选项卡

此选项卡界面如图 5-8 所示，可分为以下几组。

图 5-8 "公差"选项卡界面

（1）"加工支持"组。其中"成本估计"是用于估算加工镜头成本的工具。

（2）"公差分析"组。可在"公差数据编辑器"中输入每个参数的期望公差。公差向导可以快速设置一组公差，让设计者能够随后进行编辑。

（3）"加工图纸与数据"组。可以创建 ISO 10110 格式和 Zemax OpticStudio 专用格式的加工图纸，并将有关表面的数据导出，进行重复检查加工设置。此组仅在序列模式下可用。

(4)"面型数据"组。提供可在加工公差中使用的表面数据。

6. "数据库"选项卡

此选项卡提供对 Zemax OpticStudio 在出厂时内置的所有数据库的访问,数据库中包含关于光学材料、薄膜层、光源的大量数据,还允许使用者自行添加数据。其界面如图 5-9 所示,可分为以下几组。

图 5-9 "数据库"选项卡界面

(1)"光学材料"组。可以访问玻璃库、塑料库、双折射材料库等。

(2)"库存镜头"组。保存了 Zemax OpticStudio 中的所有供应商的镜头库,使用者可以快速搜索这些库,以查找适合需求的合适镜头。

(3)"膜层"组。包含了用于设计薄膜层并将其涂到光学材料上的数据和工具。

(4)"散射"组。可以访问表面散射库和散射查看器。其中"IS 库"包含一系列光学表面涂层的测量数据。

⑤"光源"组。可以访问 RSMX 光源数据和 IES 光源数据。

⑥"光源查看"组。包括用于为光源配光曲线和光谱建模的工具。

7. "零件设计"选项卡

此选项卡是一种先进的几何体创建工具,能够创建可在软件中优化的参数对象。该选项卡仅在非序列模式下可用,其界面如图 5-10 所示。

图 5-10 "零件设计"选项卡界面

8. "编程"选项卡

虽然 Zemax OpticStudio 提供了大量的功能和分析选项,但总会存在一些特殊功能或要求。因此,该软件内置了编程接口,其界面如图 5-11 所示,常用功能集中在以下几组。

图 5-11 "编程"选项卡界面

(1)"ZPL 宏编程"组。ZEMAX 编程语言(ZPL)是一种非常易学的脚本语言,类似于 Basic。使用 ZPL,可以轻松地执行特殊计算,可通过不同方式显示数据,自动执行重复键盘任务等。

(2)"扩展编程"组。扩展编程是能够控制 Zemax OpticStudio,指示其执行分析并从其中提取数据的外部程序。Matlab 和 Python 是适用于 Zemax OpticStudio 的两个最常用的程序,另外设计者也可编写自己的程序,这些程序能够使用面向应用程序编程人员的软件开发工具包(SDK)。从 Zemax OpticStudio 15 开始,扩展编程应仅用于遗留代码,ZOS-APINET 编程应用于编写新的代码。

(3)"ZOS-APINET 接口"组。该接口可以应用在. NET 环境中,可使用 C♯ 或其他任何支持 . NET 的语言。此外,ZOS-APINET 还可应用在 . COM 环境中,可使用 C++ 或其他任何支持 . COM 的语言。

9."帮助"选项卡

"帮助"选项卡可提供帮助文件的链接,以及基于 Web 的知识库、网站和用户论坛的链接,其界面如图 5-12 所示。

图 5-12 "帮助"选项卡界面

在下文中,我们将通过实例来熟悉和巩固 Zemax OpticStudio 16 SP2 的界面及各项功能的基本操作要点。

5.2 实训项目 1

【实训目的】

(1)熟悉 Zemax OpticStudio 16 SP2 的操作界面。

(2)练习如何在"系统选项"中设定视场和工作波长。

(3)练习如何在"镜头数据编辑器"中输入初始结构参数。

(4)初步接触并掌握求解功能。

(5)初步了解"分析"及"优化"功能区的特点及使用。

【实训要求】

建立一个焦距为 100 mm、入瞳直径为 25 mm 的单透镜系统,该透镜中心厚度为 4 mm,其两个面的曲率半径分别为 100 mm、−100 mm,全视场 $2\omega = 10°$。该系统在可见光下工作,采用 BK7 玻璃,光阑设置在入射光线遇到的透镜的第一个光学表面。

【实训预备知识】

单透镜是 ZEMAX 所能仿真的最简单的成像系统。单透镜的结构简单,这种简单成像系统的设计过程,有助于我们认识 ZEMAX 的界面、学习基本的设计理念和策略、初步掌握 ZEMAX 的基本分析工具。

正确输入镜头数据信息是光学设计的第一步,也是最基本、最重要的步骤之一。对于光学设计软件 ZEMAX 来说,我们将用输入无限像距的例子加以说明。在 ZEMAX 中,对镜头参数输入有如下约定。

(1)透镜表面个数(面数)。在 ZEMAX 中,一个光学系统中的一束光线连续地通过该系统的一组镜片表面,光从左到右透过该系统,其中物平面被指定为第 0 个面。在顺序系统中,镜片表面按光线或其延长线穿过的顺序依次计数,最后一面称为像面。在 ZEMAX 中,正确的透镜表面顺序对于透镜数据输入来说是极为重要的。和面数相关的一些参数(比如曲率半径等)都带有面的序号。和透镜表面之间的空间相关的参数还有折射率、厚度等,它们在透镜数据编辑表中都被指定在同一个面数据行中。

(2)符号规则。和应用光学中共轴光学系统的符号规则相同,ZEMAX 规定了曲率半径、厚度和折射率的正负号,共轴光学系统的符号规则如表 5-1 所示。

表 5-1　共轴光学系统的符号规则

曲率半径	若曲率中心位于镜片表面右侧,则曲率半径为正;反之为负
厚度	如下一表面位于当前表面的右侧,则两表面之间的厚度为正;反之为负
折射率	所有的折射率均为正

使用 ZEMAX 进行光学设计的基本操作应按下列步骤进行。

(1)新建镜头(或系统)。这一步骤的关键是正确输入拟设计镜头(或系统)的光学性能参数和初始结构参数。

(2)调用镜头(或系统)。从储存于 ZEMAX 软件包内的透镜数据库中调用合适的镜头数据,作为需要设计镜头的初始结构。从透镜数据库中调用镜头数据的操作最为简便。

(3)光路计算与优化计算。对于 ZEMAX 来说,只要正确输入设计参数,程序就可以计算出结果,并显示在相应的编辑表中,优化计算同样如此。

(4)像质评价。像质评价可以从 ZEMAX 报告图中直观显示,如需要准确的数值,可调出相应的文本编辑表进行详细分析。

【上机实训步骤】

1. 输入光学特性参数

(1)在"系统选项"中选择"孔径类型",然后在"孔径值"中输入 25.0,如图 5-13 所示。当然,根据系统的不同特性可以选择不同的孔径类型。ZEMAX 系统的孔径类型有:入瞳直径、像方空间 F/♯、物方空间 NA、光阑尺寸浮动、近轴工作 F/♯ 和物方锥角。

(2)在"系统选项"中选择"视场"并选择"角度",该视场角为半视场的角度。因全视场 $2\omega=10°$,则分别输入 0.7 视场角度 3.5° 和最大视场角度 5°。如同孔径类型一样,视场数据有不同的描述,如图 5-14 所示。

(3)在"系统选项"中选择"波长",可直接输入波长值,也可使用列表中的项目,可直接单击"选为当前"按钮选中。本例直接选择"F,d,C(可见)",单击"选为当前"即可默认我们所需的波长值,如图 5-15 所示。

2. 输入面数据

面数据主要有曲率半径、厚度、玻璃种类、孔径半径。

(1)曲率半径。在键入曲率半径时,首先是光阑面,其默认值为第 1 面,本例将使用默认值。当光阑不位于第 1 面时,要重新设置规定的面(如改变第 2 面为光阑面)。具体操作为:在第 2 面的"表面:类型"处双击左键,或将表头的"表面 2 属性"下拉菜单展开,将出现一个对话框,勾选"使此表面为光阑"即可确定光阑面。

图 5-13 孔径类型及输入

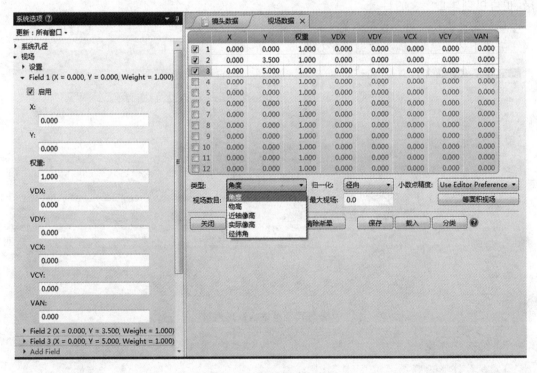

图 5-14 视场类型及输入

（2）厚度。按面与面间隔键入。最后一个面到像面的距离一般通过求解功能中的"边缘光线高度"自动求出，此时会在第 2 面的"厚度"栏中的相应位置出现"M"记号。

（3）玻璃种类。在"材料"输入栏中直接键入所选用玻璃。ZEMAX 提供了几个标准的目

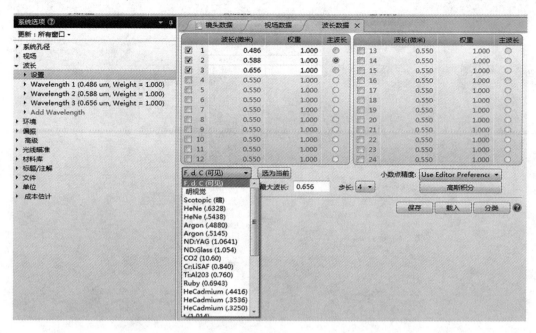

图 5-15　波长类型及输入

录,也可以创建自定义的目录。

（4）孔径半径。可不设置。在 ZEMAX 中,各镜表面的通光孔的半径数值将自动生成。

完成上述编辑后,镜头数据表格如图 5-16 所示。

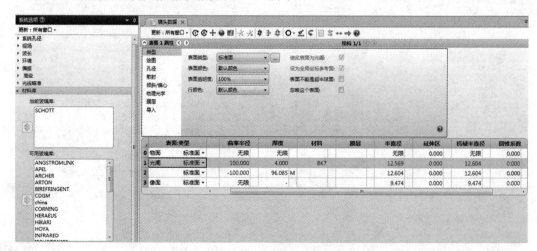

图 5-16　单透镜数据编辑

3．镜头优化设计

1）查看外形轮廓图

在"分析"选项卡中,单击"2D 视图",如图 5-17 所示,可出现透镜组的平面剖面图。单击"3D 视图",会出现透镜组的三维立体图。

2）像质评价报告图

（1）观察主要的分析。单击"分析"选项卡中"像差分析"中的"光线像差图"和"光程差图"

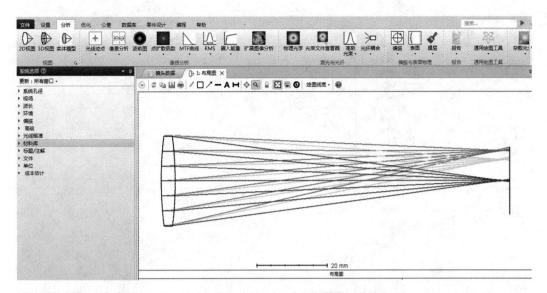

图 5-17 单透镜的二维视图

分析像质,如图 5-18 和图 5-19 所示。从图中可看出,得到的像质不够好,有待进一步优化。

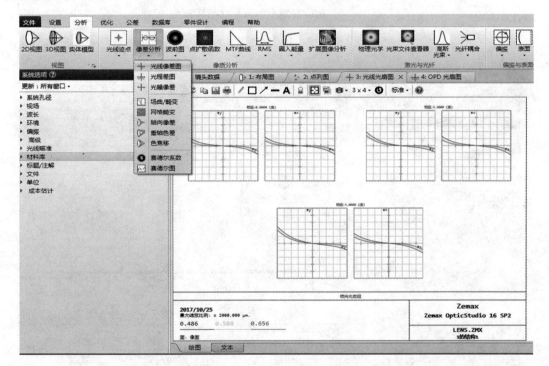

图 5-18 单透镜的光线像差图

(2)光学传递函数(MTF)分析。单击"分析"选项卡中"MTF 曲线"中的"FFT MTF",如图 5-20 所示,发现"取样太低,数据不准确!"的提示,说明单透镜的 FFT MTF 值不合理,需要优化。

(3)点列图分析。单击"分析"选项卡中"光线迹点"中的"标准点列图",可看到不同视场的点列图分布,如图 5-21 所示。

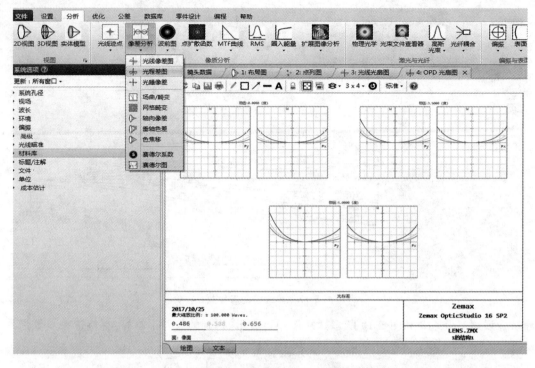

图 5-19　单透镜的光程差图

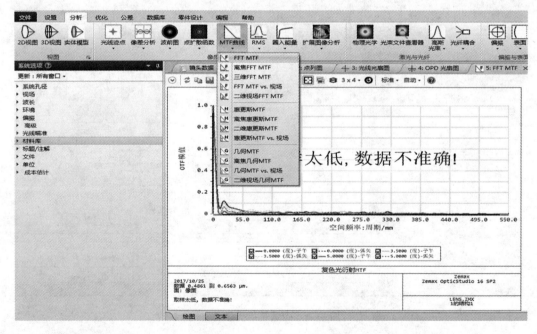

图 5-20　单透镜的 MTF 曲线

3) 优化

（1）确定优化变量。一般来说，透镜组的全部结构参数都可以作为优化变量参与优化。此例中，有 3 个参数适合被改变以进行优化，包括两个表面的曲率半径和透镜到像面的距离。

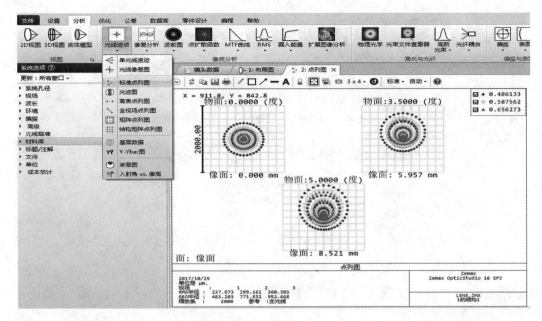

图 5-21 单透镜的点列图

只要将鼠标移至第 1 面及第 2 面的"曲率半径"栏处,以及第 2 面的"厚度"栏处,并按"Ctrl+Z"或单击鼠标左键,在求解类型中选择"变量"选项,则各个选项之后将出现"V"的字样,说明变量已设定,如图 5-22 所示。

表面:类型		标注	曲率半径	厚度	材料	膜层	半直径	延伸区	机械半直径	圆椎
0 物面	标准面 ▾		无限	无限			无限	0.000	无限	0
1 光阑	标准面 ▾		100.000 V	4.000	BK7		12.569	0.000	12.604	
2	标准面 ▾		-100.000 V	96.085 V			12.604	0.000	12.604	
3 像面	标准面 ▾		无限				9.474	0.000	9.474	

图 5-22 确定优化变量

(2)建立优化函数。单击"优化"选项卡中的"优化向导",可调出"评价函数编辑器",选择"RMS"中的"波前优化"作为系统的最终优化目标,根据系统对称性要求,可在评价函数编辑器中自动生成一系列光程差操作数,其窗口图形参见第 4 章的图 4-14。

(3)增加限制条件。在评价函数编辑器中,修正绩效函数,包括对系统焦距的需求。将鼠标移在"MFE"的第一列并单击,按键盘的"Insert"键来产生新的一行,在此行的"类型"栏上键入"EFFL",或在下拉菜单中选择"EFFL"。在此例中,一般默认第 2 波长为参考波长,所以在第一列的"Wav#"栏中键入 2。在"目标"栏里键入 100,将"权重"设为 1,再按"Enter"键,最后将此窗口关闭。如果还有其他各种要求,均可插入相应的行,输入需要控制的参数即可。

(4)运行优化。单击"执行优化"按钮,选择"自动"迭代算法,单击"开始",运算后的初始评价函数从 8.563351462 降到 3.077654435,如图 5-23 所示。

(5)优化后的结果分析。执行优化运算后的三维结构图、像差曲线图(光线光扇图)、光程差图(OPD 光扇图)和点列图,如图 5-24 所示。这些图形由"分析"选项卡中的"报告"生成,选

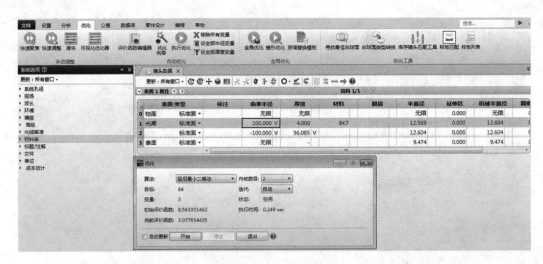

图 5-23　自动优化窗口

择下拉菜单中的"2×2 报告图",通过"设置"下拉菜单,可以选择显示不同的图形,如图 5-25所示。

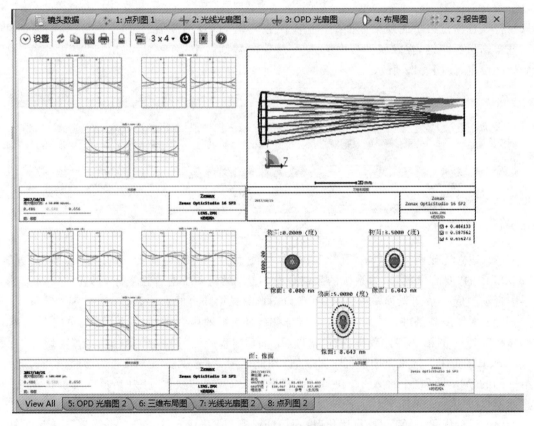

图 5-24　单透镜优化后的结果

4. 设计结果保存

单击"文件"→"另存为",在弹出的窗口中,选择要保存的路径并将文件命名(这里命名为

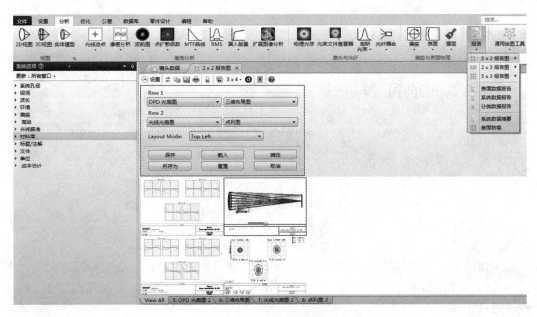

图 5-25　设计报告的设置

"实训项目 1——单透镜.zmx")后，单击"保存"按钮即可，如图 5-26 所示。

图 5-26　保存设计结果

【实训小结及思考】

（1）从优化结果可以看出，像差曲线图和光程差图的最大比例尺缩小到了初始结构的 1/4，点列图的比例也缩小了很多，说明像差得到了明显的改善。但从优化后的像差曲线图也可以看出，单透镜的像差依然很大，从 0°视场的像差曲线图可以看出，球差和色差依然存在，这是由单透镜自身性质所决定的。故对此单透镜需要做进一步的优化。

（2）要想进一步改善像质，必须使系统复杂化，如改变初始选型，将单透镜改成双胶合的型式，或者对单透镜采用特殊曲面处理。

5.3　实训项目 2

【实训目的】

（1）巩固 Zemax OpticStudio 16 SP2 的操作界面。

（2）了解衍射光学元件及其特性。

（3）了解 ZEMAX 二元光学元件的设计及评价。

（4）比较采用二元面的单透镜与普通球面单透镜的像质。

【实训要求】

在实训项目 1 中的单透镜优化结果的基础上，将透镜表面 1 的面型由"标准面"改为衍射表面中的"二元面 2"，并进一步优化，从而设计出一个消色差单透镜，体会二元面对轴上球差和色差的校正效果。

【实训预备知识】

衍射光学元件（diffractive optical element，DOE）是基于光波的衍射理论设计的，类似于全息图和衍射光栅，其是表面带有阶梯状的小沟槽或线等衍射结构的光学元件，通过整个光学表面能产生波前相位变换。

由于衍射光学元件具有负的色散系数，与常规材料色散系数的符号正好相反，因此利用该特性可校正光学系统的色差和二级光谱。也就是说，衍射光学元件具有消色差特性。衍射光学元件还具有消热差特性，衍射透镜的热差特性与大多数光学材料的热差特性相反，因此衍射光学元件可以补偿折射透镜引起的热形变。这一特性可应用于无热化红外混合光学系统的设计。此外，衍射光学元件还具有较高的衍射效率，因此衍射光学元件既可提高像质，又可缩短筒长，减轻重量，其已广泛应用于光学成像领域。

在进行光学系统设计时，衍射光学元件可以看作是一种非常薄的、可以改变出射波前相位的器件。其最简单的类型就是二元光学元件（binary optical element，BOE）。二元光学的概念是在 20 世纪 80 年代中期，由美国麻省理工学院的林肯实验室率先提出的。二元光学元件是基于光波的衍射理论，在传统光学元件表面刻蚀产生具有两个或多个台阶深度的浮雕结构，形成纯相位、同轴再现、具有极高衍射效率的一类衍射光学元件。这类衍射表面可以施加到 1 片透镜上，从而有助于校正色差和其他像差，其近轴光焦度是波长的线性函数。

在 ZEMAX 软件中，对于旋转对称的表面，采用二元面 2，对二元光学衍射面建模有：

$$\varphi = M\sum_{i=1}^{N} A_i \rho^{2i} \tag{5-1}$$

式中：φ 为相位；M 为衍射级，通常取 1；N 为多项式系数的个数；A_i 为第 i 个扩展多项式系数（单位为弧度）；ρ 为归一化后的径向孔径极坐标。

ZEMAX 中的二元面除了有二元面 2，还有二元面 1，两者的区别仅仅是系数不同，二元面 2 的多项式的系数是偶次的（常用），而二元面 1 的多项式的系数是奇次的，二者都可用于球面、平面、圆锥面和高次多项式非球面。

【上机实训步骤】

（1）输入镜头数据。单击"文件"、"打开"，选择保存的"实训项目 1——单透镜.zmx"文件，如图 5-27 所示，可获得实训项目 1 中普通单透镜优化后的数据。

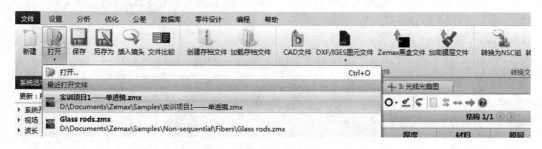

图 5-27　打开文件

（2）选择设置二元光学表面的面以及二元面的类型。此例中，选择将二元光学表面设在第 1 个面上。将鼠标移至表面 1 的"表面：类型"栏，单击其下拉菜单，选择"二元面 2"，如图 5-28所示。

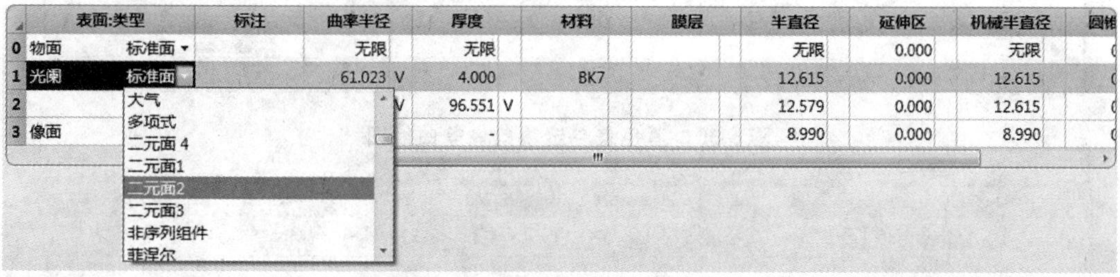

图 5-28　单透镜中二元面的选择

（3）设置衍射参数。拖动"镜头数据"下方的滑动条到最右端，将表面 1 的二元面系数项的最大项数设置为 2，说明多项式系数仅有 2 项，则设置"p^2 的系数"与"p^4 的系数"为变量，如图 5-29 所示。

图 5-29　衍射参数的设置

（4）优化。操作步骤与实训项目 1 的优化操作步骤大致相同，单击"优化"→"优化向导"，调出"评价函数编辑器"，其参数设置与实训项目 1 一致，单击"执行优化"按钮，评价函数由最初的 3.077654424 降到 1.854947565。

（5）系统性能的评估。再次观察优化后的像差曲线图（见图 5-30）、光程差图（见图 5-31），以及点列图（见图 5-32），发现最大比例尺都大大缩小，说明像差有明显改善。

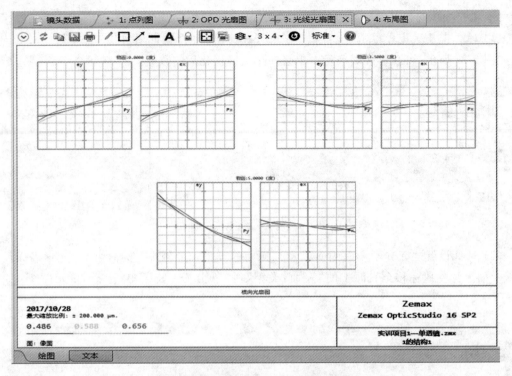

图 5-30　消色差单透镜的像差曲线图

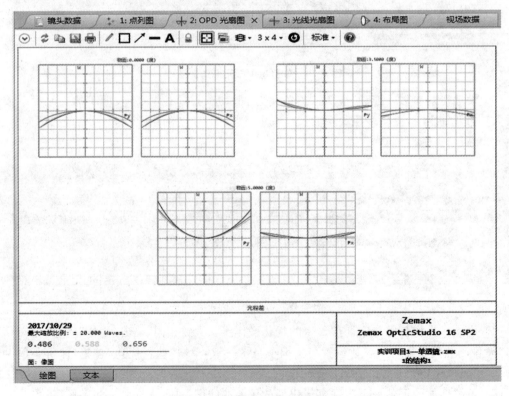

图 5-31　消色差单透镜的光程差图

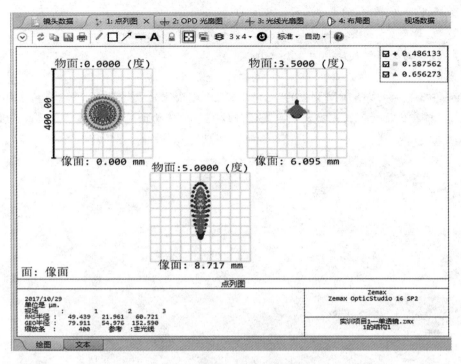

图 5-32　消色差单透镜的点列图

【实训小结及思考】

（1）若需要具体分析二元面对轴上点球差和色差的校正效果，可只选择 0°视场进行优化，比较该视场在优化前与优化后的各像差图形。

（2）光学系统中既包含传统光学器件又包含衍射光学器件，这样的新型光学成像系统通常称为混合光学成像系统。它不仅可以增加光学设计的自由度，而且能够在一定程度上突破传统光学系统的许多局限性，在改善系统像质、减小体积和降低成本等方面都表现出优势。但值得注意的是，在可见光谱中使用的衍射光学元件是非常难制造的，而且还带有比常规光学系统更严重的散射损失。因此，一般情况下，我们采取使用两片具有相反光焦度和具有不同色散特性的玻璃来校正轴上点球差和色差。

思 考 题

（1）请利用所学知识，在实训项目 1 的基础上增加一片玻璃，与之前的单透镜构成一个双胶合透镜，新增玻璃的材料为 F2，曲率半径为－100 mm，厚度为 4 mm，该双胶合透镜的有效焦距 EFFL 仍然要求为 100 mm，试分析比较该系统优化前后的像差曲线图、光程差图、点列图，并与采用二元光学表面的消色差单透镜进行比较。

（2）请模拟光线通过一个透镜，遇到一个反射镜后反射回来，再次通过这个透镜的结构。具体要求如下。

① 物距：100 mm。

② 孔径：NA＝0.1。

③ 视场：物高为 10 mm，采用一个视场点。

④ 光源波长：0.55 μm。

⑤ 透镜：厚度为 10 mm，玻璃选 BK7，二个面的曲率半径分别为 100 mm 和 −100 mm，且都是变量，透镜到反射镜的距离为 100 mm。

⑥ 光阑：设置在反射镜上。

提示：在优化时，选择"RMS"中的"光斑半径"作为系统的最终优化目标；采用求解中的拾取功能来保持在优化时入射光线及反射光线经过同一玻璃曲面时曲率、厚度变化的同步性。

第 6 章　望远物镜设计训练

6.1　望远物镜设计的特点

　　望远系统是用于观察远距离目标的一种光学系统,相应的目视仪器称为望远镜。由于通过望远光学系统所成的像对眼睛的张角大于物体本身对眼睛的直观张角,因此给人一种"物体被拉近了"的感觉。那么其视觉放大率可由下式求取:

$$\Gamma=\frac{\tan\omega'}{\tan\omega}=-\frac{f'_\mathrm{o}}{f'_\mathrm{e}}=-\frac{D_\mathrm{入}}{D'_\mathrm{出}} \tag{6-1}$$

　　望远系统一般是由物镜和目镜组成的,有时为了获得正像,需要在物镜和目镜之间加一棱镜式或透镜式转像系统。其特点是物镜的像方焦点与目镜的物方焦点重合,光学间隔 $\Delta=0$,因此平行光入射望远系统后,仍以平行光出射。

　　由式(6-1)可看出望远系统的视觉放大率与仪器结构尺寸的关系。当目镜的焦距确定时,望远物镜的焦距随视觉放大率的增大而加大;当目镜所要求的出瞳直径确定时,望远物镜的直径随视觉放大率的增大而加大。这种关系在军用望远镜设计中显得非常重要。体积和重量过大往往是军用仪器增大视觉放大率的障碍。但用作天文望远镜时,望远物镜口径的增大增加了聚光能力。人眼的瞳孔在黑暗中能扩大到 7 mm 左右,望远系统相当于给人配了个大口径瞳孔,且聚光倍数是两者面积之比。

　　图 6-1 展示了一种常见的望远系统——开普勒望远系统的光路图。这种望远系统没有专门设置孔径光阑,物镜框就是孔径光阑,也是入射光瞳。出射光瞳位于目镜像方焦点之外,观察者就在此处观察物体的成像情况。系统的视场光阑设在物镜的像平面处,即物镜和目镜的公共焦点处。

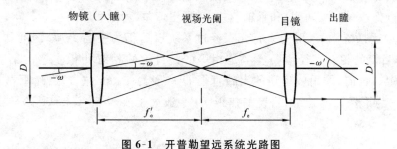

图 6-1　开普勒望远系统光路图

　　望远物镜是望远系统的一个组成部分。望远系统的放大率越高,是否意味着系统的分辨率越高,性能就越好? 实际上,如果望远物镜的分辨率不够,放大率再大,图像也是模糊的。因此需要讨论望远系统的有效放大率及工作放大率。由于人眼是望远系统最终的接收器,望远系统属于目视仪器,所以必须考虑人眼的作用。人眼的极限分辨角为 $60''$,为了令所设计的系统能够对物体分辨的细节也同样能为人眼所分辨,故望远系统的分辨角必须与人眼的分辨角相匹配。根据衍射理论,望远系统的极限分辨角为

$$\varphi = \frac{1.22\lambda}{D} = \frac{140''}{D} \tag{6-2}$$

其中:$\lambda = 0.55 \times 10^{-3}$ mm。

与人眼匹配后得

$$\left.\begin{array}{r} \varphi\Gamma = 60'' \Rightarrow \varphi = \dfrac{60''}{\Gamma} \\[2mm] \Gamma = \dfrac{140''}{D_\text{人}} \end{array}\right\} \Rightarrow \Gamma = \frac{D_\text{人}}{2.3} \tag{6-3}$$

满足分辨率要求的最小视觉放大率称为有效放大率,也称为正常放大率。为了减轻操作人员的疲劳,设计望远镜时宜用大于正常放大率的值,即将工作放大率作为望远镜的视觉放大率,使望远镜所能分辨的极限角以大于 $60''$ 的视角成像在眼前。工作放大率通常为正常放大率的 $1.5\sim 2$ 倍。

由于人眼的光瞳一般为 $2\sim 8$ mm,出于"光瞳衔接"原则,望远系统的出瞳直径也为 $2\sim 8$ mm,这是确定的。另外,目镜的类型是比较固定的,其结构和特性参数也比较确定,故其像方视场角 $2\omega'$ 也是确定的,目前常用目镜的视场 $2\omega'$ 大多在 $70°$ 以下,这就限制了物镜的视场不可能太大。根据式(6-1)可知,望远物镜的口径(入瞳直径 $D_\text{人}$)越大,视觉放大率(Γ)越大,物方视场角(2ω)越小。望远物镜的视场角 ω 和目镜的视场角 ω',以及系统的视觉放大率 Γ 之间有以下关系:

$$\tan\omega = \frac{\tan\omega'}{\Gamma} \tag{6-4}$$

选取望远系统的视觉放大率需要考虑具体的使用条件。若视觉放大率太大,则物方视场较小,微小的抖动都可能引起景物的抖动,影响成像的清晰度。例如,地面观测瞄准仪器的视觉放大率通常都得小于 $30^\times$ 或 $40^\times$。处于抖动状态使用的望远镜,其视觉放大率更小,手持望远镜的视觉放大率不超过 $8^\times$,超过 $8^\times$ 的需要使用支架固定。对于一个 $8^\times$ 的望远镜,由上式可求得物方视场角 $2\omega \approx 10°$。通常望远物镜的视场不大于 $10°$。由于望远物镜视场较小,同时视场边缘的成像质量一般允许适当降低,因此望远物镜中都不校正对应像高的二次方以上的各种单色像差(像散、场曲、畸变)和垂轴色差,只校正球差、彗差和轴向色差。

此外,在望远系统中,入射的平行光束经过系统以后仍为平行光束,因此物镜的相对孔径($D/f'_\text{物}$)和目镜的相对孔径($D'/f'_\text{目}$)是相等的。目镜的相对孔径主要由出瞳直径 D' 和出瞳距 l'_z 决定。目前,军用望远镜的出瞳直径 D' 一般为 4 mm 左右,出瞳距 l'_z 一般要求为 20 mm 左右。为了保证出瞳距,目镜的焦距 $f'_\text{目}$ 一般大于或等于 25 mm。这样,目镜的相对孔径约为

$$\frac{D'}{f'_\text{目}} = \frac{4}{25} \approx \frac{1}{6} \tag{6-5}$$

所以,望远物镜的相对孔径 $D/f'_\text{物}$ 一般小于 $1/5$。

综合上述分析,望远物镜的光学特性具有以下两个特点:

(1) 望远物镜的视场较小;

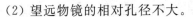

(2) 望远物镜的相对孔径不大。

因此望远物镜只需校正和孔径相关的像差(球差、正弦差和轴向色差),而无需校正与视场相关的像差。

由于望远物镜要和目镜、棱镜或透镜式转像系统配合使用,因此在设计物镜时应当考虑到它和其他部分的像差补偿。在物镜光路中有棱镜的情况下,物镜的像差应当和棱镜的像差互相补偿。棱镜中的反射面不产生像差,棱镜的像差等于展开以后的玻璃平板的像差。由于玻璃平板的像差和它的位置无关,因此不论物镜光路中有几块棱镜,也不论它们的相对位置如何,只要它们所用的材料相同,都可以合成一块玻璃平板来计算像差。另外,目镜中通常有少量剩余球差和轴向色差,需要物镜给予补偿,所以物镜的像差常常不是真正校正到零,而是要求它等于指定的数值。在系统装有分划板的情况下,由于要求通过系统能够同时看清目标和分划板上的分划线,因此分划板前后两部分系统应当尽可能分别消像差。

6.2 折射式望远物镜的设计

望远物镜一般分为折射式、反射式和折反射式三种。其中折射式望远物镜与反射式望远物镜相比,口径小,视场大,便于搜寻目标,但折射容易产生色差,导致其无法进行精细观测。折射式物镜包括双胶合物镜、双分离物镜、双单和单双物镜、三分离物镜、摄远物镜、对称式物镜和内调焦物镜。高级的折射式望远物镜会引入低折射率镜片、复消色差技术,还会采用镀增透膜技术来尽量全面地收集光线。折射镜需要用到高级玻璃加工技术,导致成本很高,且玻璃片做大了也很沉,使用不方便。

牛顿发明了利用金属凹面镜反射光线来聚焦成像的反射式望远镜。它不需要昂贵的玻璃片,也没有折射时产生的色差问题。反射式望远镜也有存在造成图像不清的彗差等其他问题,但比起折射镜来说,反射镜的镜面材料比透镜的材料容易制造,特别对于大口径零件更是如此,同样的成本,反射镜的口径能大好多。而口径越大,分辨率越高,聚光能力也越强,所以在某些特殊领域中使用的光学仪器仍然必须用反射镜。但口径越大,视场越小,会使搜寻目标变得困难。另外,反射式望远镜的体积大,属于开放式结构,需定期镀反射膜,不易保养。反射式望远镜包括牛顿系统、格里高里系统和卡塞格林系统。

折反射式望远镜兼顾了折射和反射两种望远镜的优点,应用最广泛的有施密特望远镜、施密特-卡塞格林望远镜、马克苏托夫望远镜等。

上节已经介绍过,望远物镜的相对孔径和视场都不大,要求校正的像差也比较少,所以它们的结构一般比较简单,多数采用薄透镜组或薄透镜系统。它们的设计方法大多建立在薄透镜系统初级像差理论的基础上,因此其设计理论比较完善。

1. 双胶合物镜

望远物镜要求校正的像差主要是轴向色差、球差和彗差。由薄透镜系统的初级像差理论可知:一个薄透镜组除了校正色差外,还能校正两种单色像差,正好符合望远物镜校正像差的需要,因此望远物镜一般由薄透镜组构成。最简单的薄透镜组就是双胶合透镜组。如果恰当地选择玻璃组合,则双胶合物镜可以达到校正三种像差的目的。所以,双胶合物镜是最常用的望远物镜。

由于双胶合物镜无法校正像散、场曲,因此它的可用视场受到了限制,一般不超过 $10°$。如果物镜后面有具有较长光路的棱镜,则由于棱镜和物镜的像散符号相反,因而可以抵消一部分物镜的像散,视场可达 $15°$,甚至 $20°$。双胶合物镜无法控制孔径高级球差,因此它的可用相对孔径也受到了限制。不同焦距时,双胶合物镜可能得到具有满意成像质量的相对孔径,如表 6-1 所示。

表 6-1 双胶合物镜的焦距与相对孔径的对应关系表

f'	50	100	150	200	300	500	1000
D'/f'	1:3	1:3.5	1:4	1:5	1:6	1:8	1:10

一般双胶合物镜的最大口径不能超过 100 mm,这是因为当口径过大时,会使透镜的重量过大而胶合不牢固,同时当温度改变时,胶合面上容易产生应力,使成像质量变坏,严重时可能脱胶。所以,对于口径过大的双胶合透镜组,往往不进行胶合,而是中间用很薄的空气层隔开,空气层两边的曲率半径仍然相等。这种物镜从像差的性质上来说与双胶合物镜完全相同。

2. 双分离物镜

由于双胶合物镜受到孔径高级球差的限制,它的相对孔径只能达到 1/4。如果我们使双胶合物镜的正负透镜之间有一定间隙,则有可能减小孔径高级球差,使相对孔径可以增加到 1/3。双分离物镜对玻璃组合的要求不像双胶合物镜那样严格,一般采用折射率差和色散差都较大的玻璃,这样有利于增大半径,减小孔径高级球差。但是,这种物镜的色球差并不比双胶合物镜的小。另外,空气间隙的大小和两个透镜的同心度对成像质量影响很大,所以装配调整比较困难。由于上述原因,其目前使用不多。

3. 双单和单双物镜

如果物镜的相对孔径大于 1/3,则一般将一个双胶合透镜组和一个单透镜组合起来。根据它们前后位置的不同,可分为双单和单双两种,如图 6-2 所示。

如果双胶合透镜组和单透镜之间的光焦度分配合适,双胶合透镜组的玻璃选择恰当,孔径高级球差和色球差都比较小,则相对孔径最大可达 1/2。这是目前采用较多的大相对孔径的望远物镜。

4. 三分离物镜

这种物镜的结构如图 6-3 所示。它能够很好地控制孔径高级球差和色球差,相对孔径可达 1/2。这种物镜的缺点是装配调整困难,光能损失和杂光都较大。

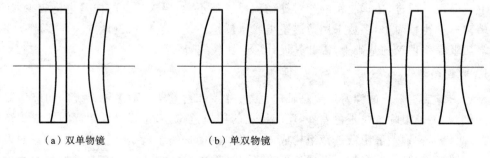

(a) 双单物镜　　　　　(b) 单双物镜

图 6-2　双单和单双物镜　　　　　　　　图 6-3　三分离物镜

5. 摄远物镜

一般物镜长度(物镜第一面顶点到像面的距离)都大于物镜的焦距,在某些高倍率的望远镜中,由于物镜的焦距比较长,为了减小仪器的体积和重量,希望减小物镜系统的长度,这种物镜一般由一个正透镜组和一个负透镜组构成,称为摄远物镜,其原理图如图 6-4 所示。

摄远物镜的优点有以下两点。

(1) 系统的长度 L 小于物镜的焦距 f',一般为焦距的 $2/3\sim3/4$。

(2) 由于整个系统有两个薄透镜组,因此有可能校正四种单色像差,除了球差、彗差外,还可能校正场曲和像散。因此,它的视场角比较大,同时可以充分利用它的校正像差的能力来补偿目镜的像差,使目镜的结构简化或提高整个系统的成像质量。

这种物镜的缺点是系统的相对孔径比较小,因为前组的相对孔径一般都要比整个系统的相对孔径大一倍以上。如果前组采用双胶合透镜组,双胶合透镜组的相对孔径大约为 $1/4$,则整个系统的相对孔径一般在 $1/8$ 左右。要增大整个系统的相对孔径,就必须使前组复杂化,以提高它的相对孔径,例如采用双分离或者双单、单双的结构。

6. 对称式物镜

对于焦距比较短而视场角比较大的望远物镜($2\omega>20°$),一般采用由两个双胶合透镜组构成的结构,如图 6-5 所示。这种物镜实际上和对称式目镜相似,它的视场可以达到 $30°$。

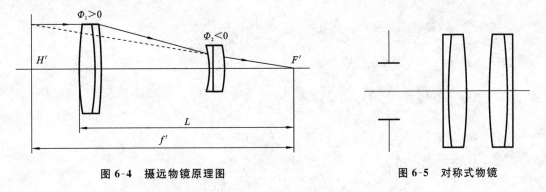

图 6-4　摄远物镜原理图　　　　　　图 6-5　对称式物镜

6.3　实训项目 3

【实训目的】

(1) 掌握利用初级像差理论求解双胶合望远物镜结构参数的方法。

(2) 加深对光学设计过程的理解。

(3) 进一步熟悉 ZEMAX 软件的各项功能。

【实训要求】

采用 PW 法设计一个焦距为 120 mm,相对孔径 $D/f'=1/4$,视场角 $2\omega=8°$ 的双胶合望远物镜,将求解得到的双胶合望远物镜的初始结构参数作为原始系统,并用 ZEMAX 软件中的阻尼最小二乘法光学自动设计功能设计双胶合望远物镜。

【实训预备知识】

1. PW 法的含义和作用

应用初级像差理论求解光学系统的初始结构参数,需把以前那些便于实际计算初级像差系数的基本公式做必要的变换,以使它们能与透镜或透镜组的结构参数联系起来,而用 P、W 表示的初级像差系数表示式是解决这一实际问题所需的较好形式。

在初级像差系数的公式中引入符号 P、W,则

$$\left.\begin{array}{l} P=ni(i-i')(i'-u) \\ W=(i-i')(i'-u) \end{array}\right\} \tag{6-6}$$

得到 PW 形式下的赛德尔和数:

$$\left.\begin{array}{l} \sum_{i=1}^{k}S_{\mathrm{I}}=\sum_{i=1}^{k}hP \\[2mm] \sum_{i=1}^{k}S_{\mathrm{II}}=\sum_{i=1}^{k}h_{z}P+J\sum_{i=1}^{k}W \\[2mm] \sum_{i=1}^{k}S_{\mathrm{III}}=\sum_{i=1}^{k}\frac{h_{z}^{2}}{h}P+2J\sum_{i=1}^{k}\frac{h_{z}}{h}W+J^{2}\sum_{i=1}^{k}\frac{1}{h}\Delta\frac{u}{n} \\[2mm] \sum_{i=1}^{k}S_{\mathrm{IV}}=J^{2}\sum_{i=1}^{k}\frac{n'-n}{n'nr} \\[2mm] \sum_{i=1}^{k}S_{\mathrm{V}}=\sum_{i=1}^{k}\frac{h_{z}^{2}}{h^{2}}P+3J\sum_{i=1}^{k}\frac{h_{z}^{2}}{h^{2}}W+J^{2}\sum_{i=1}^{k}\frac{h_{z}}{h}\left(\frac{3}{h}\Delta\frac{u}{n}+\frac{n'-n}{n'nr}\right)-J^{2}\sum_{i=1}^{k}\frac{1}{h^{2}}\Delta\frac{1}{n^{2}} \end{array}\right\} \tag{6-7}$$

薄透镜系统的初级像差的 PW 形式为

$$\left.\begin{array}{l} -2n'u'^{2}\delta L'=\sum_{i=1}^{k}S_{\mathrm{I}}=\sum_{j=1}^{N}h_{j}P_{j} \\[2mm] -2n'u'K'_{s}=\sum_{i=1}^{k}S_{\mathrm{II}}=\sum_{j=1}^{N}h_{zj}P_{j}+J\sum_{j=1}^{N}W_{j} \\[2mm] -n'u'^{2}x'_{ts}=\sum_{i=1}^{k}S_{\mathrm{III}}=\sum_{j=1}^{N}\frac{h_{zj}^{2}}{h_{j}}P_{j}+2J\sum_{j=1}^{N}\frac{h_{zj}}{h_{j}}W_{j}+J^{2}\sum_{j=1}^{N}\Phi_{j} \\[2mm] -2n'u'^{2}x'_{p}=\sum_{i=1}^{k}S_{\mathrm{IV}}=J^{2}\sum_{j=1}^{N}\mu\Phi_{j} \\[2mm] -2n'u'\delta Y'_{z}=\sum_{i=1}^{k}S_{\mathrm{V}}=\sum_{j=1}^{N}\frac{h_{zj}^{3}}{h_{j}^{2}}P_{j}+3J\sum_{j=1}^{N}\frac{h_{zj}^{2}}{h_{j}^{2}}W_{j}+J^{2}\sum_{j=1}^{N}\frac{h_{zj}}{h_{j}}\Phi_{j}(3+\mu) \end{array}\right\} \tag{6-8}$$

若系统为密接薄透镜系统,则 h 和 h_z 可从 $\sum_{j=1}^{N}$ 中提出。

针对本次设计,还有两个特殊情况可以利用,以简化计算。

1) 单组元薄透镜系统

此种情况下,$N=1$,此时有

$$\left.\begin{array}{l} h_{1}=h_{2}=h_{3}=h \\ h_{z1}=h_{z2}=h_{z3}=h_{z} \end{array}\right\} \tag{6-9}$$

所以

$$\sum_{i=1}^{k} S_{\mathrm{I}} = hP$$

$$\sum_{i=1}^{k} S_{\mathrm{II}} = h_z p + JW$$

$$\sum_{i=1}^{k} S_{\mathrm{III}} = \frac{h_z^2}{h} P + 2J \frac{h_z}{h} W + J^2 \Phi \tag{6-10}$$

$$\sum_{i=1}^{k} S_{\mathrm{IV}} = J^2 \mu \Phi = J^2 \sum_{m=1}^{M} \frac{\Phi_m}{n_m}$$

$$\sum_{i=1}^{k} S_{\mathrm{V}} = \frac{h_z^3}{h^2} P + 3J \frac{h_z^2}{h^2} W + J^2 \frac{h_z}{h} \Phi (3 + \mu)$$

2) 孔径光阑与物镜框重合

此种情况下，$h_z = 0$，所以

$$\sum_{i=1}^{k} S_{\mathrm{I}} = hP$$

$$\sum_{i=1}^{k} S_{\mathrm{II}} = JW$$

$$\sum_{i=1}^{k} S_{\mathrm{III}} = J^2 \Phi \tag{6-11}$$

$$\sum_{i=1}^{k} S_{\mathrm{IV}} = J^2 \mu \Phi = J^2 \sum_{m=1}^{M} \frac{\varphi_m}{n_m}$$

$$\sum_{i=1}^{k} S_{\mathrm{V}} = 0$$

式(6-11)更简洁，式中 $J = nuy$ 为拉赫不变量，该情况下，P 为球差，W 为彗差。

2. P、W 的归一化（指将 P、W 参量标准化）

为使由 P、W 值求解光组结构参数方便，将式中与内部参量有关的量和与物体位置有关的量分离开来。具体的做法是以某一特定位置，即物在无穷远时的 P、W 值来作为薄透镜组的基本像差参量，并记之为 $\overline{P}^{\infty}$ 和 $\overline{W}^{\infty}$，再建立起任意物体位置时的 P、W 值与 $\overline{P}^{\infty}$、$\overline{W}^{\infty}$ 之间的关系。

1) 物体在有限距离时的 P、W 归一化

由薄透镜的焦距公式可知，将各个折射面的曲率半径除以 f'，则系统的焦距便归一化为 1，再取 $h=1$，将计算出的薄透镜系统的像差参量用 $\overline{P}$、$\overline{W}$ 表示，现在求 P、W 和 $\overline{P}$、$\overline{W}$ 之间的关系。

由高斯公式得

$$u' - u = h\Phi \tag{6-12}$$

将上式同时两边除以 $h\Phi$ 得

$$\frac{u'}{h\Phi} - \frac{u}{h\Phi} = 1 \tag{6-13}$$

设 $\overline{u'} = \dfrac{u'}{h\Phi}$，$\overline{u} = \dfrac{u}{h\Phi}$，代入上式得到 $\overline{u'} - \overline{u} = 1$。

从以上关系得知：当 $f'=1, h=1$ 时，$\bar{u}'$、$\bar{u}$ 的值分别为原来的 u'、u 乘以 $1/(h\Phi)$ 的值。此外，考虑到 P 和 u'、u 的三次方成比例，W 和 u'、u 的平方成比例，故进行归一化时有如下关系：

$$\left.\begin{array}{l} \bar{u}=\dfrac{u}{h\Phi} \\[2mm] \bar{P}=\dfrac{P}{(h\Phi)^3} \\[2mm] \bar{W}=\dfrac{W}{(h\Phi)^2} \end{array}\right\} \tag{6-14}$$

根据相关公式可知，当焦距归一化后其放大率不变，即物像的相对位置不变。

2）对物体位置的归一化

在实际光学系统中，物体可能处于不同的位置，当物体的位置发生改变时，$\bar{P}$、$\bar{W}$ 值也将发生变化。当物体位于无穷远处时，其归一化的 $\bar{P}$、$\bar{W}$ 值可用 $\bar{P}^\infty$、$\bar{W}^\infty$ 加以表示，即

$$\left.\begin{array}{l} \bar{P}=\bar{P}^\infty+\bar{u_1}(4\bar{W}^\infty-1)+\bar{u_1}^2(3+2\mu) \\[2mm] \bar{W}=\bar{W}^\infty+\bar{u_1}(2+\mu) \end{array}\right\} \tag{6-15}$$

式中：$\mu=\dfrac{1}{\Phi}\sum\dfrac{\varphi}{n}$，为平均折射率 n 的倒数，约等于 0.7。

3）薄透镜组的基本像差参量

我们所关注的问题：如何从 $\bar{P}^\infty$、$\bar{W}^\infty$ 得到一般透镜组的 P、W。

将上述 P、W 归一化的步骤综合如下。

第一步：依据 $\left.\begin{array}{l} \bar{u}=\dfrac{u}{h\Phi} \\[2mm] \bar{P}=\dfrac{P}{(h\Phi)^3} \\[2mm] \bar{W}=\dfrac{W}{(h\Phi)^2} \end{array}\right\}$，将 P、W 归一化为 $\bar{P}$、$\bar{W}$。

第二步：根据式（6-15）将 $\bar{P}$、$\bar{W}$ 转化为 $\bar{P}^\infty$、$\bar{W}^\infty$，此时这两个值只与光组内部参数有关，而与外部参数无直接联系，即

$$\left.\begin{array}{l} \bar{P}^\infty=\bar{P}-\bar{u_1}(4\bar{W}-1)+\bar{u_1}^2(5+2\mu) \\[2mm] \bar{W}^\infty=\bar{W}-\bar{u_1}(2+\mu) \end{array}\right\} \tag{6-16}$$

最后一步：由 $\bar{P}$、$\bar{W}$ 反推得到 P、W。

另外，当密接薄透镜系统在空气中时，在归一化条件下，存在位置色差系数为

$$\Delta l'_{FC}=-\frac{1}{n'u'^2}\sum_1^k C_{\mathrm{I}}=-\sum_1^k \bar{C}_{\mathrm{I}} \tag{6-17}$$

式中：$\sum_1^k \bar{C}_{\mathrm{I}}=\sum_1^k \dfrac{\bar{\varphi}}{\nu}$，$\bar{\varphi}$ 为当薄透镜组的总光焦度 $\Phi=1$ 时，各个薄透镜的光焦度。故在归一化条件下，密接薄透镜组的位置色差等于它的负值位置色差系数 $-\sum_1^k \bar{C}_{\mathrm{I}}$。

归一化和不归一化的密接薄透镜系统的位置色差系数有如下关系：

$$\sum_1^k C_{\mathrm{I}}=h^2\Phi\sum_1^k \bar{C}_{\mathrm{I}} \tag{6-18}$$

式中：$\Phi=\sum\limits_1^k\varphi$ 为薄透镜组的实际光焦度；$\sum\limits_1^k\overline{C}_I$ 为归一化色差，习惯上用 $\overline{C}_I$ 来表示，与 $\overline{P}^\infty$、$\overline{W}^\infty$ 一样，它也是薄透镜组的基本像差参量之一。

同理可得倍率色差系数 $\sum\limits_1^k C_{II}$ 与归一化位置色差系数 $\sum\limits_1^k\overline{C}_I$ 的关系为

$$\sum_1^k C_{II}=hh_z\Phi\sum_1^k\overline{C}_I \tag{6-19}$$

4）用 $\overline{P}$、$\overline{W}$、$\overline{C}_I$ 表示的初级像差系数

用 $\overline{P}$、$\overline{W}$、$\overline{C}_I$ 表示的初级像差系数的公式如下。

$$\left.\begin{aligned}
\sum_1^k S_I &= \sum_1^k h^4\Phi^3\overline{P}\\
\sum_1^k S_{II} &= \sum_1^k h^3 h_z\Phi^3\overline{P}+J\sum_1^k h^2\Phi^2\overline{W}\\
\sum_1^k S_{III} &= \sum_1^k h^2 h_z^2\Phi^3\overline{P}+2J\sum_1^k hh_z\Phi^2\overline{W}+J^2\sum_1^k\Phi\\
\sum_1^k S_{IV} &= J^2\sum_1^k\mu\Phi\\
\sum_1^k S_V &= \sum_1^k hh_z^3\Phi^3\overline{P}+3J\sum_1^k h_z^2\Phi^2\overline{W}+J^2\sum_1^k\frac{h_z}{h}\Phi(3+\mu)\\
\sum_1^k C_I &= h^2\Phi\sum_1^k\overline{C}_I\\
\sum_1^k C_{II} &= hh_z\Phi\sum_1^k\overline{C}_I
\end{aligned}\right\} \tag{6-20}$$

由式(6-20)，根据设计时实际要求的初级像差系数可解得各薄透镜组的 P、W 值，它们就是各光组在归一化条件下的 $\overline{P}^\infty$、$\overline{W}^\infty$ 值。

3. 双胶合薄透镜组的 $\overline{P}^\infty$、$\overline{W}^\infty$、$\overline{C}_I$ 与结构参数的关系

1）双胶合薄透镜组的独立结构参数及球面曲率半径的公式

薄透镜组中用得较多的是双胶合透镜组，它是能满足 P、W、C_I 要求的最简单的形式。当设计一个给定 f'、h 和 P、W、C_I 的双胶合透镜组时，首先利用上文的归一化公式求出相应的 $\overline{P}^\infty$、$\overline{W}^\infty$、$\overline{C}_I$，再求解透镜组的结构参数。本节重点讨论由 $\overline{P}^\infty$、$\overline{W}^\infty$、$\overline{C}_I$ 来求解双胶合透镜组的结构参数。

双胶合薄透镜组的结构参数包括三个折射球面的曲率半径(r_1、r_2、r_3)，两种玻璃材料的折射率(n_1、n_2)和平均色散(ν_1、ν_2)。在归一化条件下，双胶合薄透镜的 $f'=1$，则有 $\Phi=\varphi_1+\varphi_2=1$，显然，$\varphi_1$、$\varphi_2$ 中只有一个独立变数，现取 φ_1 作为独立变数。

若假设玻璃材料已选定，光焦度也确定，只要确定三个折射球面中任一面的曲率半径，其余两个也就确定了。因此，三个半径也只有一个独立变数，故双胶合薄透镜组以 r_2 或 $\rho_2=1/r_2$ 为独立变数，并以阿贝不变量 Q 来表示：

$$Q=n\left(\frac{1}{r}-\frac{1}{l}\right)=n'\left(\frac{1}{r}-\frac{1}{l'}\right)\quad\Rightarrow\quad Q=\frac{1}{r_2}-\varphi_1=\rho_2-\varphi_1 \tag{6-21}$$

透镜弯曲的形状由 Q 决定,所以 Q 称为形状系数。

综上所述,用以表示双胶合薄透镜组的全部独立结构参数为 n_1、ν_1、n_2、ν_2、φ_1、Q。至于球面半径或其曲率,可由下式求得:

$$
\left.\begin{array}{l}
\varphi_1=(n_1-1)(\rho_1-\rho_2)\\
\varphi_2=1-\varphi_1=(n_2-1)(\rho_2-\rho_3)
\end{array}\right\}
\Rightarrow
\left.\begin{array}{l}
\dfrac{1}{r_2}=\rho_2=\varphi_1+Q\\[2mm]
\dfrac{1}{r_1}=\rho_1=\dfrac{\varphi_1}{n_1-1}+\dfrac{1}{r_2}=\dfrac{n_1\varphi_1}{n_1-1}+Q\\[2mm]
\dfrac{1}{r_3}=\rho_3=\dfrac{1}{r_2}-\dfrac{1-\varphi_1}{n_2-1}=\dfrac{n_2}{n_2-1}\varphi_1+Q-\dfrac{1}{n_2-1}
\end{array}\right\}
$$

$$(6\text{-}22)$$

2) $\overline{P}^{\infty}$、$\overline{W}^{\infty}$ 与结构参数的关系

$\overline{P}^{\infty}$、$\overline{W}^{\infty}$ 除了与玻璃折射率 n_1、n_2 有关,还与第一近轴光线和光轴的夹角 u、u' 有关,为此可将 u、u' 表示为结构参数的函数。经过展开、化简、整理可得

$$
\left.\begin{array}{l}
\overline{P}^{\infty}=AQ^2+BQ+C\\
\overline{W}^{\infty}=-KQ-L
\end{array}\right\}
\tag{6-23}
$$

式中,A、B、C、K、L 是与 n_1、n_2、φ_1、φ_2 有关的系数,即

$$
\left.\begin{array}{l}
A=1+a_1\varphi_1+a_2\varphi_2\\
B=b_1\varphi_1^2-b_2\varphi_2^2-2\varphi_2\\
C=c_1\varphi_1^3+c_2\varphi_2^3+(l_2+1)\varphi_2^2\\
K=\dfrac{A+1}{2}\\
L=\dfrac{B-\varphi_2}{3}
\end{array}\right\}
\tag{6-24}
$$

式(6-24)中所涉及的各个系数,均是与折射率有关的量,这里就不一一介绍了。

如果将 $\overline{P}^{\infty}$ 对 Q 配方,则有:

$$
\left.\begin{array}{l}
\overline{P}^{\infty}=A(Q-Q_0)^2+P_0\\
\overline{W}^{\infty}=-K(Q-Q_0)+W_0
\end{array}\right\}
\tag{6-25}
$$

其中:

$$
\left.\begin{array}{l}
P_0=C-\dfrac{B^2}{4A}\\[2mm]
Q_0=-\dfrac{B}{2A}\\[2mm]
W_0=\dfrac{1-\varphi_1}{3}-\dfrac{3-a}{6}Q_0
\end{array}\right\}
\tag{6-26}
$$

为了讨论 $\overline{P}^{\infty}$、$\overline{W}^{\infty}$ 与玻璃材料的关系,从式(6-25)中消去与形状有关的因子 $(Q-Q_0)$,得到:

$$
\overline{P}^{\infty}=P_0+\dfrac{4A}{(A+1)^2}(\overline{W}^{\infty}-W_0)^2
\tag{6-27}
$$

将光学玻璃进行组合,并按不同的 $\overline{C}_{\mathrm{I}}$ 值计算 A 值时,A 值的变化范围不大,其平均值 $A\approx$ 2.35,则 $\dfrac{4A}{(A+1)^2}\approx0.84\%$。$W_0$ 的变化范围很小,当冕牌玻璃在前时,$W_0=0.1$;当火石玻璃

在前时，$W_0 = 0.2$。将这些近似值代入式(6-27)得

$$\left.\begin{array}{l} \bar{P}^{\infty} = P_0 + 0.85(\bar{W}^{\infty} - 0.1)^2 \\ \bar{P}^{\infty} = P_0 + 0.85(\bar{W}^{\infty} - 0.2)^2 \end{array}\right\} \tag{6-28}$$

从上式可知，对于不同的玻璃组合和不同的 $\bar{C}_I$ 值，将有不同的 P_0 值。由于 $\bar{P}^{\infty}$、$\bar{W}^{\infty}$ 是抛物线函数关系，故当材料及 $\bar{C}_I$ 改变时，抛物线的形状不变，只是位置上下移动，P_0 即为 $\bar{P}^{\infty}$ 的极小值。

为了便于根据不同的 P_0 值和 $\bar{C}_I$ 值找到满足设计要求的玻璃组合，《光学仪器设计手册(上)》(国防工业出版社 1971 年出版)对常用的玻璃按冕牌玻璃在前和火石玻璃在前的两种组合方式计算并列出了有关值，表中分别按七个不同的 $\bar{C}_I$ 值计算出了 P_0 以及它们的各个系数，见附录 C 和附录 D。

3) 计算双胶合透镜组的结构参数的步骤

(1) 由 $\bar{P}^{\infty}$、$\bar{W}^{\infty}$ 按式(6-28)求得 P_0。

(2) 根据 P_0 和 $\bar{C}_I$ 查附录 C，找出需要的玻璃组合，再查附录 D 按所选玻璃组合找出 φ_1、Q_0、P_0、W_0。

(3) 按下式求 Q：

$$\left.\begin{array}{l} Q = Q_0 \pm \sqrt{\dfrac{\bar{P}^{\infty} - P_0}{A}} \\ Q = Q_0 - \dfrac{\bar{W}^{\infty} - W_0}{K} \end{array}\right\} \tag{6-29}$$

根据式(6-29)可求得三个 Q 值，从三个 Q 值中取接近的两个值，再以这二者的平均值作为要求的 Q 值。

(4) 根据求得的 Q 值求折射球面的曲率 ρ_1、ρ_2、ρ_3。

(5) 由上面求得的曲率是在总焦距为 1 的归一化条件下得到的曲率，从薄透镜的焦距公式可知，如果实际焦距为 f'，则半径与 f' 成正比，即有：

$$\left.\begin{array}{l} r_1 = \dfrac{f'}{\rho_1} \\ r_2 = \dfrac{f'}{\rho_2} \\ r_3 = \dfrac{f'}{\rho_3} \end{array}\right\} \tag{6-30}$$

由此可得到初始结构参数。

4. 利用 PW 法求解双胶合透镜组计算实例

1) 求解基本像差参量

根据设计要求，设双胶合透镜的初级像差为 0，即双胶合像差 $S_I = 0$、$S_{II} = 0$、$C_I = 0$，又可得基本像差参量为 $\bar{P}^{\infty} = 0$、$\bar{W}^{\infty} = 0$、$\bar{C}_I = 0$。

2) 求 P_0

暂按冕牌玻璃在前进行计算，则 $P_0 = \bar{P}^{\infty} - 0.85(\bar{W}^{\infty} - 0.1)^2 = -0.0085$。

3) 查表，选玻璃对

根据 $C_I = 0$ 与 P_0 的值查附录 C，可知 K9-ZF2 玻璃对在 $C_I = 0$ 时，$P_0 = 0.038$，与计算结

果接近,也有其他玻璃对(如 K7-ZF3 组合),其值也与计算的 $P_0 = -0.0085$ 接近,但由于 K9 玻璃性能好且熔炼成本低,故优先选用 K9-ZF2 玻璃对。

查 K9-ZF2 玻璃对的详细信息知:$P_0 = 0.038319, Q_0 = -4.284074, W_0 = -0.06099, \varphi_1 = 2.009404, A = 2.443344, K = 1.721672, n_1 = 1.5163, n_2 = 1.6725$。

4)求形状系数 Q

将上述数据代入式(6-29),因 $\bar{P}^\infty < P_0$,不存在严格消像差解,但因 P_0 与 $\bar{P}^\infty$ 接近,故可认为 $\sqrt{\dfrac{\bar{P}^\infty - P_0}{A}} \approx 0$,可得 $Q = Q_0 = -4.284074, \bar{W}^\infty = W_0 = -0.06099$。

5)求归一化后的透镜各面曲率半径

归一化后的透镜各面曲率半径为

$$\left.\begin{array}{l} \rho_1 = Q + \dfrac{n_1 \varphi_1}{n_1 - 1} \approx 1.61726 \\[2mm] \rho_2 = Q + \varphi_1 = -2.27467 \\[2mm] \rho_3 = Q + \dfrac{n_2 \varphi_1}{n_2 - 1} - \dfrac{1}{n_2 - 1} \approx -0.77370 \end{array}\right\} \tag{6-31}$$

注意这是归一化后的,所以

$$\left.\begin{array}{l} r_1 = \dfrac{f'}{\rho_1} = \dfrac{120 \text{ mm}}{1.61726} \approx 74.200 \text{ mm} \\[2mm] r_2 = \dfrac{f'}{\rho_2} = \dfrac{120 \text{ mm}}{-2.27467} \approx -52.755 \text{ mm} \\[2mm] r_3 = \dfrac{f'}{\rho_3} = \dfrac{120 \text{ mm}}{-0.77370} \approx -155.099 \text{ mm} \end{array}\right\} \tag{6-32}$$

6)求厚透镜的厚度和口径

为了计算方便,在进行初始计算时,把透镜看成薄透镜计算,实际上任何透镜都有一定的厚度,因此在经过初始计算得到结果后,需要将薄透镜换成厚透镜。具体公式要看图写出,双胶合透镜中心厚度图如图 6-6 所示。

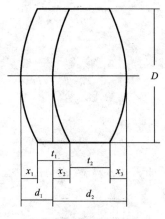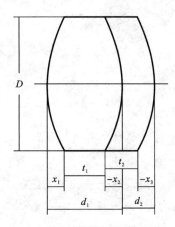

（a）凹透镜在前,凸透镜在后　　　　　（b）凸透镜在前,凹透镜在后

图 6-6　双胶合透镜中心厚度图

（1）光学零件口径的确定。根据设计要求，$f' = 120$ mm，$\dfrac{D}{f'} = \dfrac{1}{4}$，可得 $D = 30$ mm。物镜用压圈固定，其所需余量由《光学设计手册》查得为 2 mm，由此可得物镜的口径为 32 mm。

（2）光学零件的中心厚度及边缘最小厚度的确定。为了使透镜在加工过程中不易变形，其中心厚度与边缘最小厚度以及透镜口径之间必须满足一定的比例关系。

① 对于凸透镜。高精度：$3d + 7t \geqslant D$；中精度：$6d + 14t \geqslant D$。式中：d 为中心厚度，t 为边缘厚度，还必须满足 $d > 0.05D$。

② 对于凹透镜。高精度：$8d + 2t \geqslant D$，且 $d \geqslant 0.05D$；中精度：$16d + 4t \geqslant D$，且 $d \geqslant 0.03D$。

根据上面条件，取高精度，可求出凸透镜和凹透镜的厚度。根据计算结果，本例的双胶合透镜结构如图 6-6(b) 所示。

对于凸透镜，有 $3d + 7t = D$，因此

$$t_1 = \frac{D - 3(|x_1| + |x_2|)}{10} \tag{6-33}$$

式中：x_1、x_2 为球面矢高。

x 可由下式求得：

$$x = r \pm \sqrt{r^2 - \left(\frac{D}{2}\right)^2} \tag{6-34}$$

式中：D 为透镜外径；r 为折射球面半径，当 $r > 0$ 时取负号，当 $r < 0$ 时取正号。

将已知数据代入，可求得 $|x_1| = 1.746$，$|x_2| = 2.485$，代入式(6-33)得凸透镜最小边缘厚度 $t_1 = 1.9307$。根据图 6-6(b) 可得凸透镜的最小中心厚度为

$$d_1 = t_1 + |x_1| + |x_2| = 1.9307 + 1.746 + 2.485 \approx 6.162 \ (\text{mm}) \tag{6-35}$$

同理，对于凹透镜有

$$t_2 = \frac{D + 8(|x_2| - |x_3|)}{10} \tag{6-36}$$

$|x_2|$、$|x_3|$ 的求法同上，将已知数代入式(6-34)得 $|x_3| = 0.827$，将其代入式(6-36)可求得凹透镜最小边缘厚度 $t_2 = 4.526$。根据图 6-6(b) 可得凹透镜的最小中心厚度为

$$d_2 = t_2 - |x_2| + |x_3| = 4.526 - 2.485 + 0.827 \ \text{mm} = 2.868 \ (\text{mm}) \tag{6-37}$$

根据上述计算，已基本得到了双胶合物镜的初始结构参数如下。

① 物距：∞。

② 半视场角：4°。

③ 入瞳直径：30 mm。

④ 工作波长：可见光。

⑤ 折射面数：3 个，曲率半径分别是 $r_1 = 74.2$ mm、$r_2 = -52.755$ mm、$r_3 = -155.099$ mm；另外有 $d_1 = 6.162$ mm、$d_2 = 2.868$ mm；同时有 $n_1 = 1.5163$(K9)、$n_2 = 1.6725$(ZF2)。

⑥ 因为入瞳在物镜上，所以第一面为 STO 面。

7）像差容限

根据第 3.10 节中的像差公差可知，对于本例的像差要求如下。

（1）球差。根据瑞利判据，系统所产生的最大波像差由焦深决定。令其小于或等于 1/4 波长，即可得到边光球差的容限公式为 $\delta L'_m \leqslant \dfrac{4\lambda}{n'u'^2_m}$。对边光校正好球差后，0.707 带的光线具

有最大的剩余球差。即 $\delta L'_m = 0$ 时的带光球差容限为 $\delta L'_{0.707} \leqslant \dfrac{6\lambda}{n'u'^2_m} = 0.2262$ mm。实际上，边光球差未必正好校正到零，需控制在焦深范围内，故此时边光球差的容限为 1 倍焦深，即 $\delta L'_m \leqslant \dfrac{\lambda}{n'u'^2_m} = 0.0377$ mm $\left(u_m = u' = \dfrac{h}{f'} = 0.125\right)$。

（2）位置色差。$\Delta L'_{FC} \leqslant \dfrac{\lambda}{n'u'^2_{iii}} = 0.0377$ mm。若放宽要求，则全孔径范围都小于 0.1 即可。

（3）彗差。用彗差代替正弦差，使 SC $\leqslant 0.0025$，即弧矢彗差 $K'_s = SC' \times y' = 0.0025 \times 8.3912 \approx 0.02$，即小于 0.02。

上机后使焦距为 119.5～120.5 mm，合格。修改 r_1、r_2、r_3，达到以上像差容限要求即可。

【上机实训步骤】

1. 输入光学特性参数

启动 ZEMAX 软件，进入 ZEMAX 界面，在"系统选项"中分别输入入瞳直径为 30.0；输入视场角 0、1.2、2、2.8、3.4、4，分别对应 0、0.3、0.5、0.7、0.85、1 视场，如图 6-7 所示。单击"波长"菜单，选择"F,d,C(可见)"。在输入玻璃时，必须保证在 ZEMAX 中存放的玻璃库有中国玻璃库。需要注意的是，中国玻璃库和国外玻璃库中的玻璃有时会出现重名的情况，因此使用者应该在"当前玻璃库"下，去除别的玻璃库，只保留中国玻璃库，如图 6-8 所示。

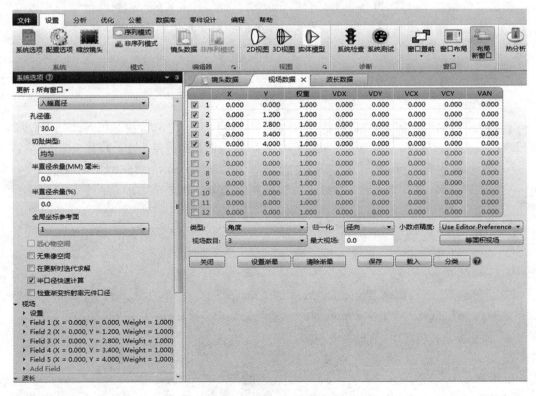

图 6-7　双胶合望远物镜的入瞳、视场设置

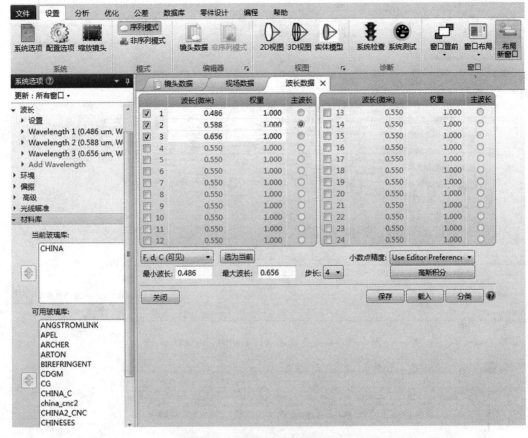

图 6-8　系统波长及玻璃库的选择

2. 输入初始结构参数

在"镜头数据"编辑界面，单击"Insert"键，插入 3 行，在"曲率半径"和"厚度"相应的列中输入上文求出的玻璃的半径、厚度。最后一个面到像面的距离，即系统的理想像距未知，可利用 ZEMAX 软件中的求解功能"边缘光线高度"自动算出，如图 6-9 所示，其相应的初始二维结构图如图 6-10 所示。

表面:类型	标注	曲率半径	厚度	材料	膜层	半直径	延伸区	机械半直径	圆锥系数
0 物面 标准面 ▼		无限	无限			无限	0.000	无限	0.000
1 光阑 标准面 ▼		74.200	6.162	K9		15.109	0.000	15.109	0.000
2 标准面 ▼		-52.755	2.868	ZF2		15.049	0.000	15.109	0.000
3 标准面 ▼		-155.099	116.739 M			15.073	0.000	15.109	0.000
4 像面 标准面 ▼		无限	-			8.566	0.000	8.566	0.000

图 6-9　双胶合望远物镜的初始结构参数

3. 像质评价

单击"分析"选项卡→"光线迹点"→"标准点列图"和"像差分析"→"光线像差图"，可对系

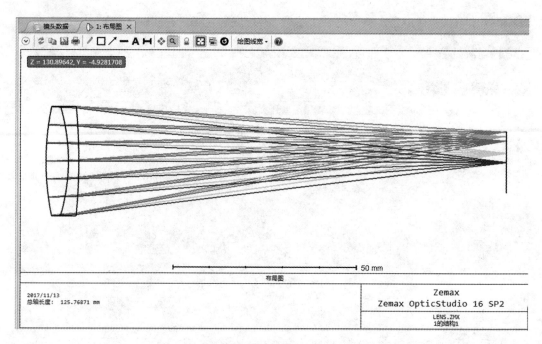

图 6-10　双胶合望远物镜的初始二维结构图

统的像质进行大致评价,如图 6-11、图 6-12 所示。

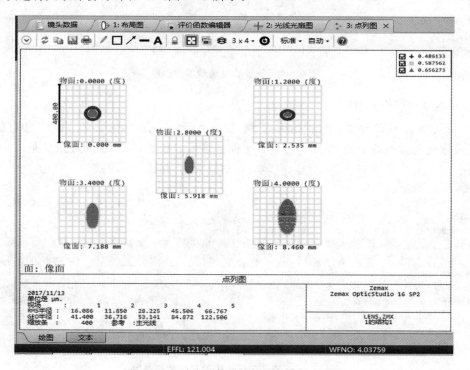

图 6-11　双胶合望远物镜初始系统的点列图

　　从状态栏参数中可以看出,系统的焦距为 121.004 mm,与要求的 120 mm 非常接近,系统的像差也不大,系统的图形非常正常,这说明利用初级像差方程式来求解双胶合望远物镜是非

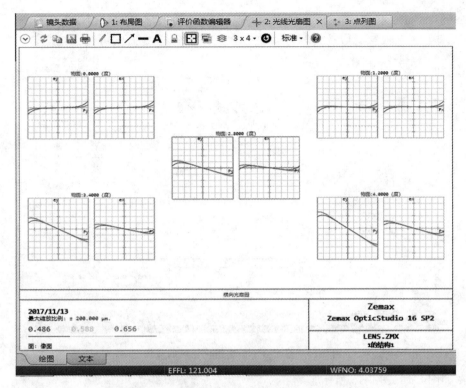

图 6-12 双胶合望远物镜初始系统的光线光扇图

常有效的,所求解的结构参数与理想状态相差不大,利用这个初始结构来进行优化很容易就达到最佳状态。

4. 对系统进行优化设计

1) 确定自变量

一般来说,半径厚度或间隔,以及玻璃材料都可以作为自变量,但对每一个系统需要具体情况具体分析。对于双胶合透镜,厚度对校正像差基本不起作用,因此不选择厚度作为自变量。玻璃材料一般在利用初级像差方程式求解结构参数时已经确定,因此也不能选作自变量,因此只有三个半径可作自变量。

2) 建立评价函数

单击"优化"选项卡中的"优化向导",调出"评价函数编辑器",选择"RMS"中的"波前"作为系统的最终优化目标,在评价函数编辑器中自动生成一系列光程差操作数。按"Insert"键新增一行,在"类型"列中输入有效焦距操作数 EFFL,在"目标"项中输入120,在"权重"项中输入1。

3) 执行优化设计功能

单击"执行优化"按钮,选择"自动"迭代算法,单击"开始",程序开始进行优化设计,评价函数稍有下降,从 0.839758689 降到 0.707351561,优化完成。优化完成后的点列图如图 6-13 所示。

我们再调整一下参数,将系统最后一个间隔,即像距选为自变量参与优化,说明系统自动选择最佳像面,实际上几乎任何一个系统都是在最佳像面上成像的。系统的最终点列图及光

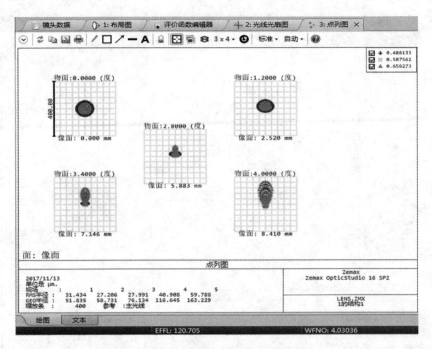

图 6-13　双胶合望远物镜优化后的点列图

线光扇图如图 6-14、图 6-15 所示。

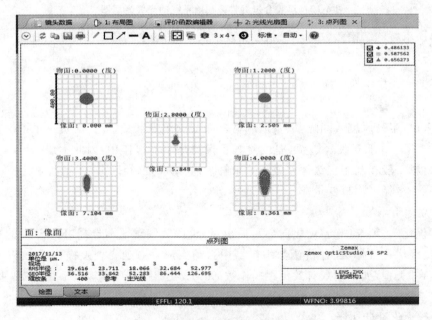

图 6-14　双胶合望远物镜的最终点列图

【实训小结及思考】

（1）经优化后，需要分析双胶合望远物镜的成像质量是否满足设计指标要求，若还不满足，就需进一步优化完善。符合像质要求的光学系统可按照《光学设计手册》中的表面半径数值表，套用标准半径，选取影响最小的标准半径。套用完半径后，保证焦距和像差在合格范围，

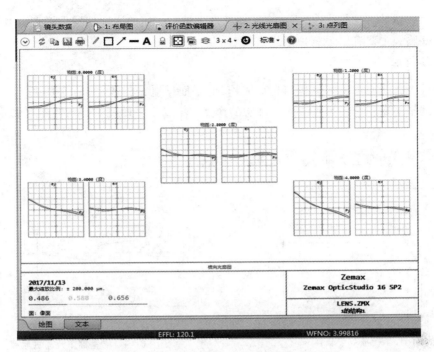

图 6-15　双胶合望远物镜的最终光线光扇图

则达到要求。

（2）若望远系统中有棱镜转像系统，需要将棱镜展开成平行平板，展开的平板会产生像差，所以要用物镜的像差来平衡平板的像差，故双胶合物镜的像差应该与平行平板的像差等值反号，据此提出物镜像差。

（3）光学系统初始结构计算除了采用 PW 法外，还可根据已有光学技术资料或专利获得（缩放法），该方法可给设计者节省大量时间，并容易获得成功，尤其适用于高性能复杂物镜的设计。

（4）初级像差理论在双胶合透镜的设计过程中仍有重要指导意义，三种像差的选定是根据初级像差分析确定的，它们和自变量（球面曲率）之间的关系近似为线性关系，这才保证用 3 个自变量校正像差能够很快完成。如果完全靠 ZEMAX 软件来解决，将有很多困难，因此使用光学设计软件进行设计，需要加上像差理论的正确指导，才能使光学设计完成得又快又好。

6.4　反射式望远物镜的设计

除了用透镜成像外，反射镜也能用于成像。在消色差物镜发明以前，绝大部分天文望远镜都是由反射镜构成的。目前，虽然在大多数场合，反射镜已被透镜所代替，但是反射镜和透镜相比，其在某些方面具有优越性，因此在有些仪器中仍然必须使用反射镜。

反射镜的主要优点如下。

（1）完全没有色差，各种波长的光线所成的像是严格一致、完全重合的。

（2）可以在紫外到红外的很大波长范围内工作。

（3）反射镜的镜面材料比透镜的材料容易制造，特别对大口径零件更是如此。

由于反射镜具有这些优点,因此在某些特殊领域中使用的光学仪器仍然必须用反射镜。反射式物镜主要有以下三种型式。

1. 牛顿系统

它由一个抛物面主镜和一块与光轴成 $45°$ 的平面反射镜构成,如图 6-16 所示。抛物面能把无限远的轴上点在它的焦点成一个理想的像点。第二个平面反射镜同样能理想成像。

2. 格里高里系统

它由一个抛物面主镜和一个椭球面副镜构成,如图 6-17 所示。

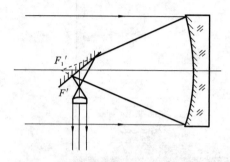

图 6-16　牛顿反射式物镜

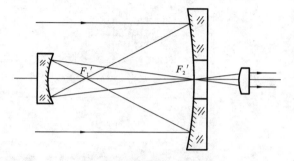

图 6-17　格里高里反射式物镜

抛物面的焦点和椭球面的一个焦点 F_1' 重合。无限远轴上点经抛物面理想成像于 F_1',F_1' 又经椭球面理想成像于另一个焦点 F_2'。

3. 卡塞格林系统

它由一个抛物面主镜和一个双曲面副镜构成,如图 6-18 所示。抛物面的焦点和双曲面的虚焦点 F_1' 重合,F_1' 经双曲面理想成像于实焦点 F_2'。

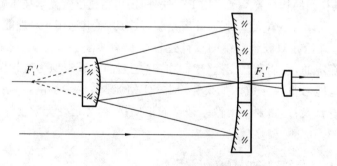

图 6-18　卡塞格林反射式物镜

由于卡塞格林系统的长度短,同时主镜和副镜的场曲符号相反,有利于扩大视场,因此目前大多数光学系统均采用卡塞格林系统。

上述反射系统对轴上点来说,满足等光程条件,成像符合理想情况。但就轴外点而言,它们的彗差和像散却很大,因此可用的视场十分有限。例如,对抛物面来说,如果要求彗差引起的弥散斑直径小于 $1''$,当相对孔径 $D/f' = 1/5$ 时,视场只有 $±2.2'$,当相对孔径 $D/f' = 1/3$ 时,视场为 $±0.8'$。

为了扩大系统的可用视场,可以把主镜和副镜做成高次曲面,代替原来的二次曲面。这种系统的缺点是主镜焦面不能独立使用,因为主镜焦点的像差没有单独校正,而是和副镜一起校正的，同时，也不能用更换副镜的方法来改变系统的组合焦距。这种高次非球面系统目前被广泛地用于远红外激光的发射和接收系统，其可以获得较大的视场。

另一种扩大系统视场的方法为：在像面附近加入透镜式的视场校正器，用以校正反射系统的彗差和像散。

6.5 实训项目 4

【实训目的】

(1) 掌握牛顿式望远物镜的结构特点。

(2) 掌握 ZEMAX 软件中的坐标变换功能，尤其是转折面镜的设置。

(3) 了解非球面像差及其数学模型。

(4) 了解 ZEMAX 中的非球面参数设置功能。

(5) 掌握与挡板和通光孔相关的知识。

【实训要求】

用 ZEMAX 软件模拟设计一个焦距 $f'=1000$ mm，$D/f'=1/5$，入瞳直径为 200 mm 的牛顿式望远物镜。

【实训预备知识】

反射式望远物镜属于反射光学系统，其特点是无色差、中心遮拦、需要非球面、元件数量少、质量轻、杂散光易感性等。

在球面光学系统中，为获得高性能、高像质系统，往往采用相当复杂的多片球面透镜结构，致使有些系统体积庞大，而且也极大增加了成本。非球面在光学系统中能够很好地校正像差，提高光学特性，改善像质，提高系统分辨能力。同时，一个非球面镜甚至可以取代多个球面镜，从而简化仪器结构，减少装配工作量，降低成本并有效减轻仪器重量。由于反射光学系统可以有效使用的表面数量有限，所以很少像折射系统那样有足够的表面来考虑像差的最小化。在 17 世纪后期，非球面被用来校正反射望远系统的球差。下面将简要介绍有关非球面的相关知识。

从广义上讲，除了球面和平面，其他类型的表面都可以称为非球面。非球面包括各种各样的面型，其中有旋转对称的非球面和非旋转对称的非球面，有排列有规律的微结构阵列，有衍射结构的光学表面，还有形状各异的自由曲面等。在实际应用中，非球面主要是指轴对称二次非球面，即旋转对称的非球面，其通常由一条二次曲线或高次曲线绕其对称轴旋转而成。采用直角坐标系描述非球面面型，设 z 轴是光轴，直角坐标系的原点与非球面表面的原点重合，且旋转轴与系统的光轴重合。通常，轴对称的非球面可表示为

$$\left.\begin{aligned}z&=\frac{cr^2}{1+\sqrt{1-(k+1)c^2r^2}}+a_1r^2+a_2r^4+a_3r^6+\cdots\\c&=1/R_0\\k&=-e^2\end{aligned}\right\} \tag{6-36}$$

式中：$r=\sqrt{x^2+y^2}$ 为光线在非球面上的入射高度；R_0 为顶点处的曲率半径；k 为圆锥系数；e 为偏心率；$a_1,a_2,a_3\cdots$为高次非球面系数。

上述公式中只取第一项，则为严格的二次旋转曲面，此时不同的 k 值代表不同的面型：当

$k<-1$ 时,表示双曲面;当 $k=-1$ 时,表示抛物面;当 $-1<k<0$ 时,表示以椭圆的长轴为对称轴的半椭球面;当 $k=0$ 时,表示球面;当 $k>0$ 时,表示以椭圆的短轴为对称轴的半椭球面。

式(6-36)在二次曲线的基础上加了高次项,容易得到高次非球面偏离二次非球面的程度。在加工检测时,式(6-36)以及衍生出来的各种非球面方程已成为标准形式。式(6-36)为偶次非球面方程。除偶次非球面外,还有奇次非球面,其矢高可表示为

$$z=\frac{cr^2}{1+\sqrt{1-(k+1)c^2r^2}}+\beta_1 r^1+\beta_2 r^2+\beta_3 r^3+\beta_4 r^4+\cdots \tag{6-37}$$

【上机实训步骤】

按照以下步骤进行。

1. 键入系统的孔径、视场、波长

启动 ZEMAX 软件,点击"系统选项"中的"系统孔径"选项,在"孔径类型"中选取"入瞳直径",在"孔径值"中输入入瞳直径 200,然后使用默认的视场角和波长。

2. 键入镜头数据

望远镜需要建构三个序列性描光的面。

(1)对象,定位在无限远处。

(2)镜面表面,定位在光阑的位置,其曲率半径大小为 2000 mm $\left(f'=\frac{r}{2}\right)$。

(3)成像面,定位在镜面的近轴焦点上。

镜面表面需在"材料"一栏中键入 MIRROR。在镜面表面反射后,需改变曲率半径的符号。在"曲率半径"栏内键入 -2000,在"厚度"栏内键入 -1000,如图 6-19 所示。

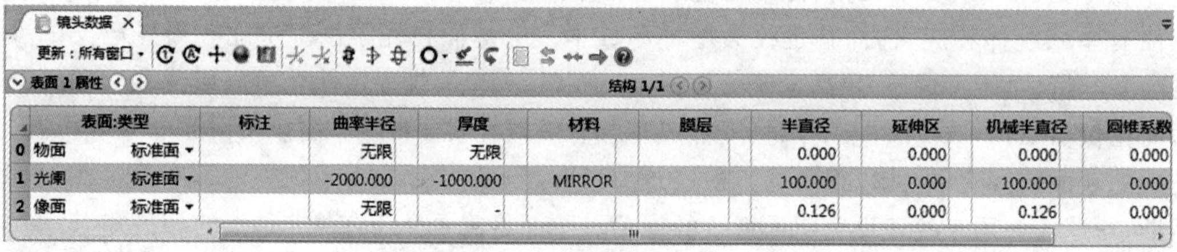

表面:类型		标注	曲率半径	厚度	材料	膜层	半直径	延伸区	机械半直径	圆锥系数
0	物面	标准面 ▼		无限	无限			0.000	0.000	0.000	0.000
1	光阑	标准面 ▼		-2000.000	-1000.000	MIRROR		100.000	0.000	100.000	0.000
2	像面	标准面 ▼		无限	-			0.126	0.000	0.126	0.000

图 6-19 键入镜头数据

3. 抛物面主镜的设置

1)系统性能的评估

开启"分析"中"光线迹点"中的"标准点列图",可将光斑与艾里斑在弥散斑上进行比较。在下拉菜单中选中"显示艾里斑"选项,然后点击"确定",如图 6-20、图 6-21 所示。

RMS 半径为 77.604 μm,艾里斑半径文本输出部分的光斑尺寸值为 3.359 μm。

2)抛物型反射罩

没有满足衍射极限的原因:我们使用的是球面镜面。改变镜面的外型为抛物面,我们需要在表面 1 的"圆锥系数"一栏内键入 -1,如图 6-22 所示。

在改变圆锥系数值后,点击弥散斑,此时 RMS 半径为 0.000,如图 6-23 所示。如此即定义出完美的几何成像点。衍射极限系统是指整体性能趋近于边缘衍射效应,几何像差趋近于零的系统。这样的系统应该使用衍射分析工具。

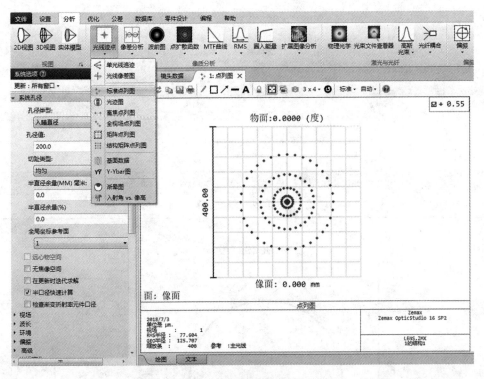

图 6-20　弥散斑设置

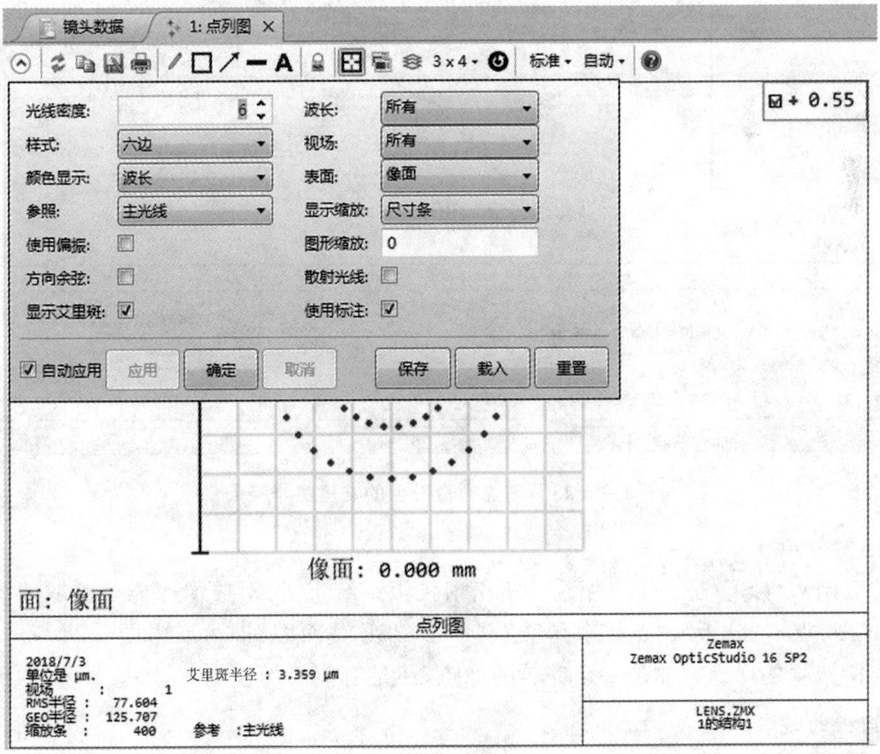

图 6-21　艾里斑设置

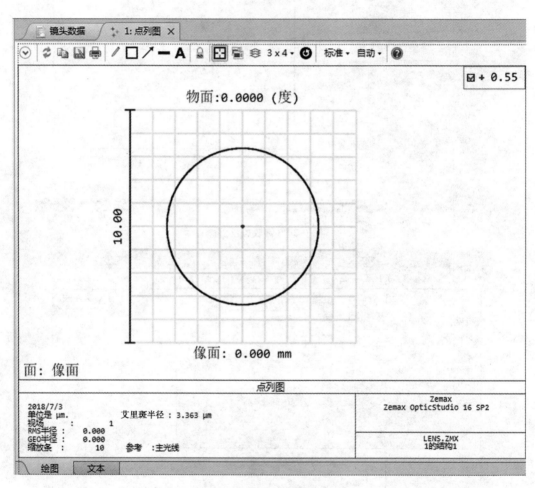

	表面:类型	曲率半径	厚度	材料	膜层	半直径	延伸区	机械半直径	圆锥系数	TCE x 1E-
0	物面 标准面 ▼	无限	无限			0.000	0.000	0.000	0.000	0.000
1	光阑 标准面 ▼	-2000.000	-1000.000	MIRROR		100.000	0.000	100.000	-1.000	0.000
2	像面 标准面 ▼	无限	-			1.421E-14	0.000	1.421E-14	0.000	0.000

图 6-22　抛物面的定义

图 6-23　设置抛物面后的艾里斑半径

3）衍射分析

点扩散函数(PSF)是一个可用在分析衍射极限系统上,针对成像面能量扩散的分析工具。观看 PSF 图,点击"分析"、"点扩散函数"、"FFT PSF 截面图"即可。由图 6-24,我们看到,由衍射效应所产生的影像并非是一个完美的像点,还是有能量的模糊。

4．挡板的设置

观看设计的三维布局图,成像面定位在入射光束的光路上,这个位置上的影像并不容易取得。任何企图在成像面捕捉影像的动作都将会阻挡许多入射的能量。一般常见的解决方法

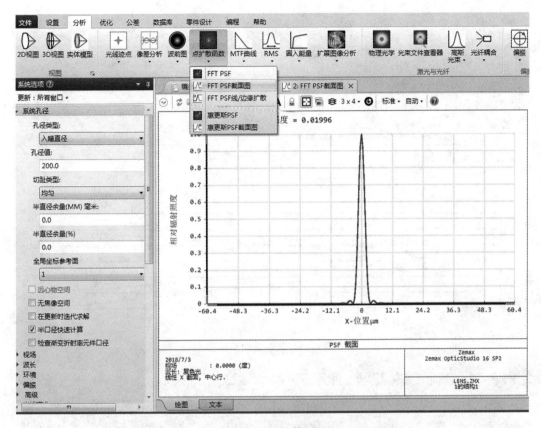

图 6-24　PSF 截面图

为:放置一旋转面镜,且与光轴成 45°角,将成像光线导离光轴。不过旋转面将依旧会遮蔽部分能量。

在光阑前新增一个表面,且两者距离为 1000 mm,可以看到入射光,如图 6-25 所示。

1) 增加转折面镜

欲新增转折面镜,首先我们必须定义面镜的放置位置。面镜的尺寸应该尽可能地小型化而且将影像完全导离光轴。当入射光束的直径为 200 mm 时,成像面至少在光轴上方 100 mm 处,所以,现在设置旋转后的影像在光轴上方 150 mm 处,因此旋转面镜必须距面镜 850 mm (=1000 mm-150 mm)。首先改变面镜的厚度为-850 mm。在面镜与成像面之间插入一个新的表面,键入该表面厚度为-150 mm。这个新增的哑面将会被指定为使用添加反射镜工具的旋转面镜。如此从面镜到成像面的总厚度依旧是 1000 mm。点击添加反射镜图标,设置折转面为 3,然后点击"确定",如图 6-26 所示。如此即可新增旋转面镜并将成像光束转向。使用"分析"中的"3D 视图"查看三维布局图,如图 6-27 所示。

2) 挡板的设置及效果

旋转面镜对望远镜系统的性能并无影响。弥散斑和 PSF 图并无改变,还有许多的方法可改善性能。注意光线从对象发出,经过旋转面镜到达第一面镜,然后反射回到成像面。在真实系统中,负责引导成像离开光轴的旋转面镜将会遮蔽部分入射光束,因为采用 ZEMAX 的序列性描光,因此后面的表面并不会影响前面的光线追迹。为了定义该遮蔽效应以接近真实状

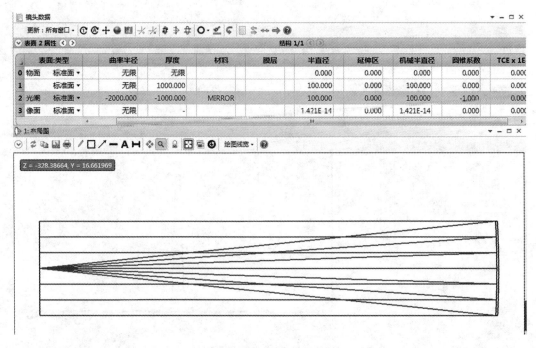

图 6-25　入射光线示意图

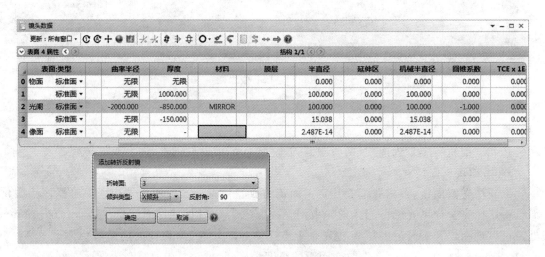

图 6-26　添加折叠反射镜

况,我们必须置入一遮蔽平面至系统中。

我们将使用一哑面来做遮蔽。在表面 1 的类型栏上双击鼠标左键,开启表面 1 的属性对话框。选取"孔径"标签,挑选"孔径类型"为"圆形遮光",并将"最大半径"设为 16.7,如图 6-28 所示。

现在的三维布局图将会显示光线打到旋转面镜所产生的渐晕。使用键盘上的按键"Page Up"或"Page Down"旋转图,来从不同角度观察系统。设置挡板后的三维布局图如图 6-29 所示,模型渲染图如图 6-30 所示。MTF 曲线图及 PSF 图如图 6-31 及图 6-32 所示,注意 MTF 曲线图有细微的扭曲,亦即 PSF 图中的小波瓣代表能量扩散。这是遮蔽所导致的对比度

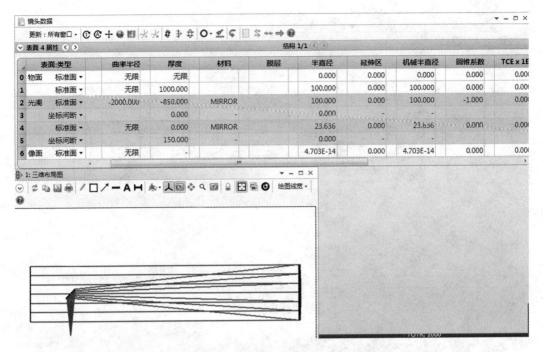

图 6-27 添加折叠反射镜后的三维布局图

图 6-28 遮蔽面的设置

降低。

【实训小结及思考】

（1）在本项目中，新增转折反射镜时直接利用了添加反射镜功能，思考如何利用 ZEMAX 中的坐标变换功能旋转面镜，并实现组件的离轴与倾斜设置。

（2）ZEMAX 在对非球面光学系统进行优化时，设计人员有时会忽视圆锥系数的大小，认为只要像质得到改善，圆锥系数的大小无关紧要。实际上这样的想法存在误区，若某个表面的非球面系数趋近于无穷大，则该非球面便失去了像差校正的意义。在将某非球面的圆锥系数项设置为变量的同时，可将该表面半径也设置为变量，同时进行优化。在设计非球面系统时，切忌盲目优化，致使圆锥系数过大。

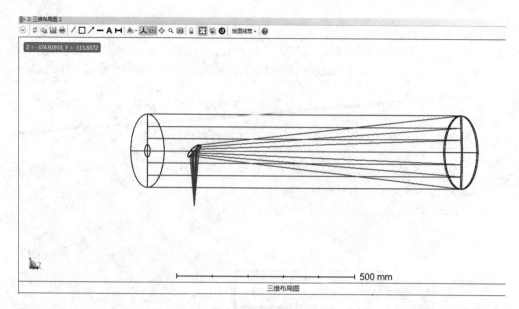

图 6-29　设置挡板后的三维布局图

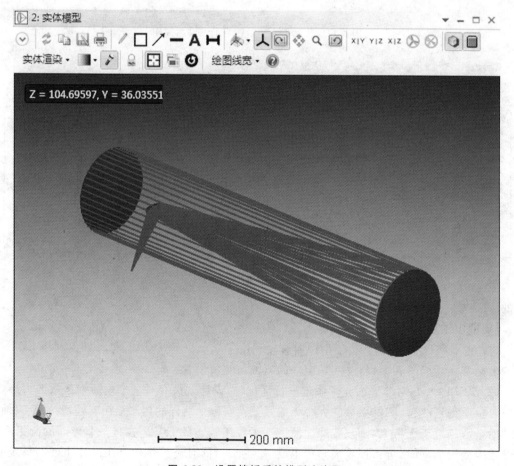

图 6-30　设置挡板后的模型渲染图

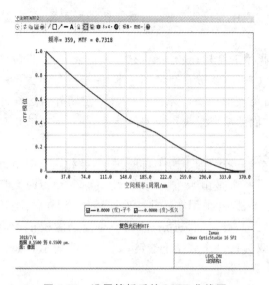
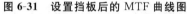

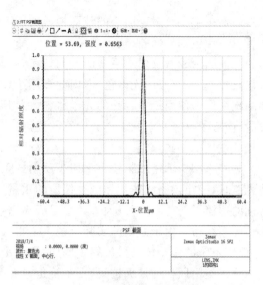

图 6-31　设置挡板后的 MTF 曲线图　　　　图 6-32　设置挡板后的 PSF 图

6.6　折反射式望远物镜的设计

反射式望远物镜和折射式望远物镜各有优劣:反射式望远物镜可以无色差,但校正其他像差困难;折射式望远物镜可以矫正其他像差,但校正色差困难。而折反射式望远物镜综合利用了两者的优势。

折反射式望远物镜是在球面反射镜的基础上,加入用于校正像差的折射元件,既可以避免困难的大型非球面加工,又能获得良好的成像质量。即为了避免非球面的制造困难和改善轴外像质,采用球面反射镜作为主镜,然后用透镜来校正球面镜的像差,这样就形成了折反射系统。最早的校正透镜是施密特校正板,如图 6-33 所示。

在球面反射镜的球心上,放置一块非球面校正板,校正板的近轴光焦度近似为零,用它校正

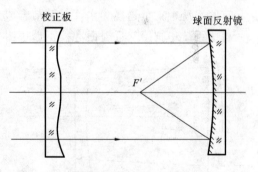

图 6-33　带有施密特校正板的折反射式系统

球面反射镜的球差,并作为整个系统的入瞳,因此球面不产生彗差和像散,校正板也没有轴向色差和垂轴色差,只有少量色球差。这种系统的相对孔径可达到 1/2,甚至达到 1。它的缺点是系统长度比较长,等于主反射镜焦距的两倍。

马克苏托夫发现,利用一块由两个球面构成的弯月形透镜,也能校正球面反射镜的球差和彗差。这种透镜被称为马克苏托夫弯月镜,如图 6-34 所示。

这种系统和带有施密特校正板的系统不同,它不能同时校正整个光束的球差,而是和一般的球面系统一样,只能校正边缘球差,因此存在剩余球差,也有色球差。轴外彗差可以得到校正,但像散不能校正。它的相对孔径一般不大于 1/4。

如果用和主反射镜同心的球面构成的同心透镜作为校正透镜,则既能校正反射面的球差,又可以不产生轴外像差。

上面的两种折反射式系统的共同特点是校正镜的结构比较简单,只有一块玻璃,并且可自行校正色差,没有二级光谱色差,因此多用于较大口径(从数百毫米到一米)的望远镜上。这两种系统还便于使用一些特殊的光学材料,例如石英玻璃,这样,系统还可以用于紫外与远红外波段,保持了反射式系统工作波段宽的优点。它们的缺点是校正像差的能力有限,系统的相对孔径和视场都受到限制。

某些小型望远镜的物镜也采用折反射式系统,一般是为了两个目的:一个是利用反射镜折叠光路,以缩小仪器的体积和减轻仪器的重量;另一个是由于主反射镜没有色差,和相同光学特性的透镜系统比较,可以大大减小二级光谱色差,因此被用在一些相对孔径比较大或焦距特别长的系统中。由于系统的实际口径不是很大,因此有可能采用一些结构更复杂的校正透镜组,以使系统的像差校正得更好。例如,用一个双透镜组作为校正透镜,如图 6-35 所示。如果这两块透镜由同样的玻璃构成,则系统也没有二级光谱色差。

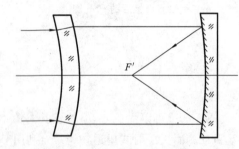

图 6-34　马克苏托夫折反射式系统

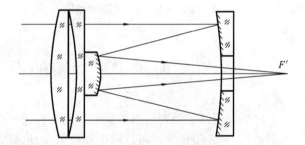

图 6-35　双透镜组作为校正透镜的折反射式系统

有些系统中把负透镜和主反射面结合成一个内反射镜,如图 6-36 所示。

有些系统中把第二反射面和校正透镜组中的一个面结合,如图 6-37 所示。

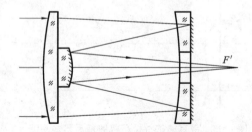

图 6-36　内反射型式的折反射式系统

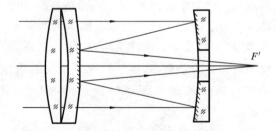

图 6-37　反射面和透射面共面的折反射式系统

6.7　实训项目 5

【实训目的】

(1) 掌握施密特-卡塞格林望远系统的结构特点。

(2) 巩固 ZEMAX 中多项式非球面参数设置功能。

(3) 巩固 ZEMAX 软件中的优化功能。

【实训要求】

用 ZEMAX 软件模拟设计一个带多项式非球面校正的施密特-卡塞格林系统。设计指标为：焦距 $f'=200$ mm，$D/f'=1/4$，全视场为 2°，使用范围为可见光谱。

【实训预备知识】

由前文可知，卡塞格林望远系统是一种经典的反射式望远物镜结构，其主镜和副镜分别由抛物面反射镜和双曲面反射镜构成。将抛物面的焦点与双曲面的两焦点之一重合，进入望远镜的平行光束反射并会聚到抛物面与双曲面的公共焦点处，再由双曲面反射至另一个焦点处成像。

卡塞格林系统没有色差，并满足齐明条件，但只适用于小视场，一般视场不超过 2°，若视场进一步增大，则还需要校正彗差、场曲、像散和畸变，这就要求在像方增加至少由两片透镜组成的校正透镜组。

施密特-卡塞格林系统以球面镜作为主镜，以施密特校正板进行球差校正。主镜与副镜的组合有多种变形情况，如球面与非球面镜组合等。施密特-卡塞格林系统大体可以分为两种主要设计形式，即紧凑型与非紧凑型。紧凑型施密特-卡塞格林系统的校正板靠近或者就处于主镜的焦点上，而非紧凑型施密特-卡塞格林系统的校正板则靠近或处于主镜的曲率中心处。

【上机实训步骤】

1. 系统初始结构的选取

打开 ZEMAX 软件自带的施密特-卡塞格林系统实例，系统结构参数如图 6-38 所示。

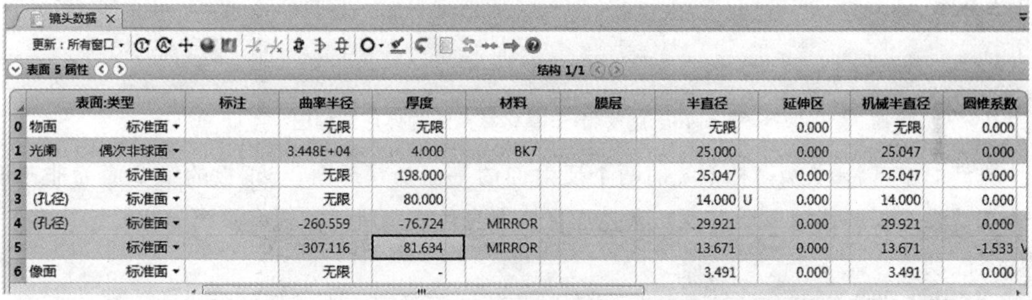

	表面:类型		标注	曲率半径	厚度	材料	膜层	半直径	延伸区	机械半直径	圆锥系数
0	物面	标准面		无限	无限			无限	0.000	无限	0.000
1	光阑	偶次非球面		3.448E+04	4.000	BK7		25.000	0.000	25.047	0.000
2		标准面		无限	198.000			25.047	0.000	25.047	0.000
3	(孔径)	标准面		无限	80.000			14.000 U	0.000	14.000	0.000
4	(孔径)	标准面		-260.559	-76.724	MIRROR		29.921	0.000	29.921	0.000
5		标准面		-307.116	81.634	MIRROR		13.671	0.000	13.671	-1.533 V
6	像面	标准面		无限	-			3.491	0.000	3.491	0.000

图 6-38 施密特-卡塞格林系统初始结构参数

在该系统中，施密特校正板的第 1 面为偶次非球面，其高次非球面系数如图 6-39 所示。第 3 面是虚面，作用是为系统设置挡光板，使被次镜挡住的光不能通过系统参与成像。第 4 面

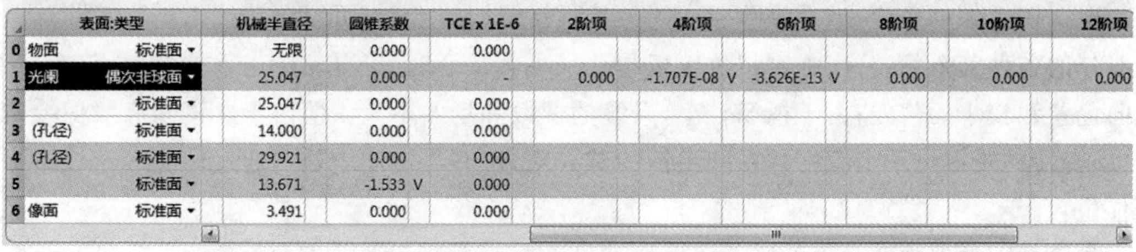

	表面:类型		机械半直径	圆锥系数	TCE x 1E-6	2阶项	4阶项	6阶项	8阶项	10阶项	12阶项
0	物面	标准面	无限	0.000	0.000						
1	光阑	偶次非球面	25.047	0.000	-	0.000	-1.707E-08 V	-3.626E-13 V	0.000	0.000	0.000
2		标准面	25.047	0.000	0.000						
3	(孔径)	标准面	14.000	0.000	0.000						
4	(孔径)	标准面	29.921	0.000	0.000						
5		标准面	13.671	-1.533 V	0.000						
6	像面	标准面	3.491	0.000	0.000						

图 6-39 施密特校正板的高次非球面系数

和第 5 面分别是主反射镜和副反射镜,其中,主反射镜是球面,副反射镜的圆锥系数为
－1.533,为双曲面。其外形结构图及 MTF 曲线图分别如图 6-40、图 6-41 所示。

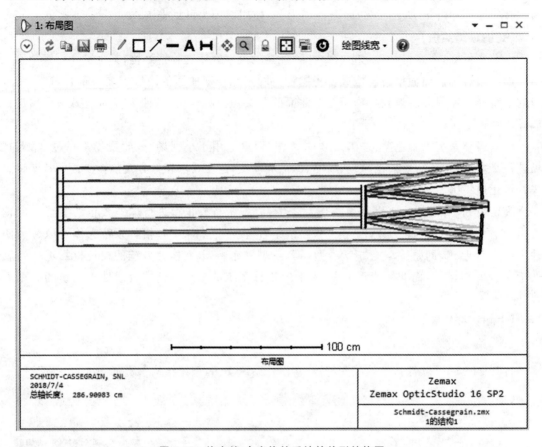

图 6-40　施密特-卡塞格林系统的外形结构图

典型的施密特-卡塞格林系统的两个反射面的基面都是球面,校正板的第 2 面为非球面,
用施密特校正板补偿球面反射镜的球差且自校本身色差。所以需要将系统的初始结构参数进
行如下改动。

(1) 将施密特校正板两面均改为平面,并将第 2 面设为高次项的偶次非球面。

(2) 将第 5 面设为球面,将圆锥系数设为 0。

(3) 重新优化系统。

2. 施密特-卡塞格林系统的优化

根据初级像差理论,当系统孔径光阑与球面镜球心重合时,可以自动校正球面镜除球差和
场曲外的各种其余像差;当施密特校正板与孔径光阑重合时,可自动校正垂轴像差;仅有球差、
纵向色差和较小的彗差;由于视场较小,系统的像散和场曲不大。但由于次镜和高级像差的存
在,施密特校正板位于卡塞格林系统主镜的球心附近(非严格球心处),通过优化确定校正板的
最佳位置。

将第 2 面的偶次非球面的第 2、4 项非球面系数高次项设为变量;将第 4、5 反射球面镜半
径设为变量,将第 2、3 面间的空气间隔设为变量。由于系统存在中心遮拦,将第 3 面设置为挡

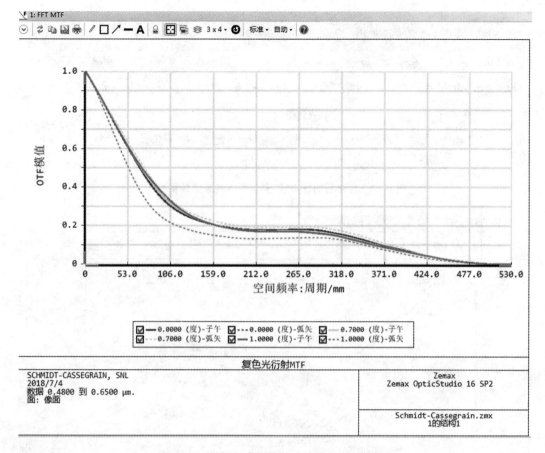

图 6-41　施密特-卡塞格林系统的 MTF 曲线图

光板,靠近第 5 面次镜。如图 6-42、图 6-43 所示,将第 4 面的求解类型设置成"拾取",使第 3、4 面之间的间距恒定为 3.276 mm;为便于在像面位置安装探测器,系统后截距应位于主镜后一定距离处,可将后截距求解类型也改为"拾取",确保第 4、5 面之间的间距恒定为 4.91 mm。

在面4上的厚度解	
求解类型:	拾取 ▼
从表面:	3
缩放因子::	-1
偏移:	3.276
从列:	当前 ▼

在面5上的厚度解	
求解类型:	拾取 ▼
从表面:	4
缩放因子::	-1
偏移:	4.91
从列:	当前 ▼

图 6-42　第 3、4 面间距的设置　　　　　图 6-43　第 4、5 面间距的设置

按上述设计进行优化,并在优化函数中,添加有效焦距操作数 EFFL,将其目标设置为 200 mm,单击"执行优化"按钮完成优化。经优化后的施密特-卡塞格林系统的结构参数如图 6-44 所示,点列图如图 6-45 所示,MTF 曲线图如图 6-46 所示。

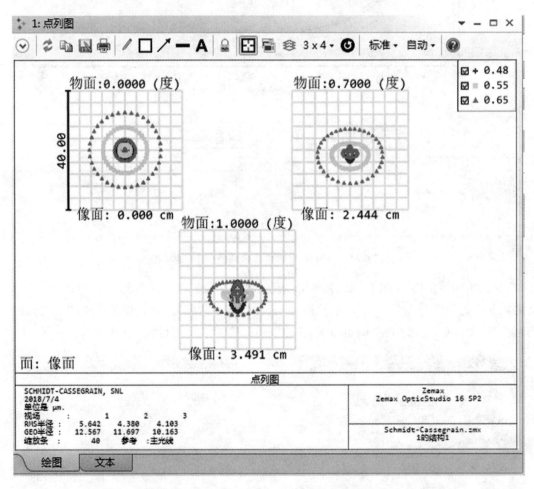

图 6-44　优化后的施密特-卡塞格林系统的结构参数

图 6-45　优化后的施密特-卡塞格林系统的点列图

【实训小结及思考】

（1）优化后的艾里斑半径为 2.684 μm，0 视场、0.7 视场、全视场的点列图 RMS 半径分别为 5.642 μm、4.380 μm、4.103 μm，即 3 个视场的点列图近似相等，基本校正了彗差，满足等晕条件。

（2）对于优化后的 MTF 曲线图，各色光、各视场的曲线基本与衍射受限曲线重合，像质较

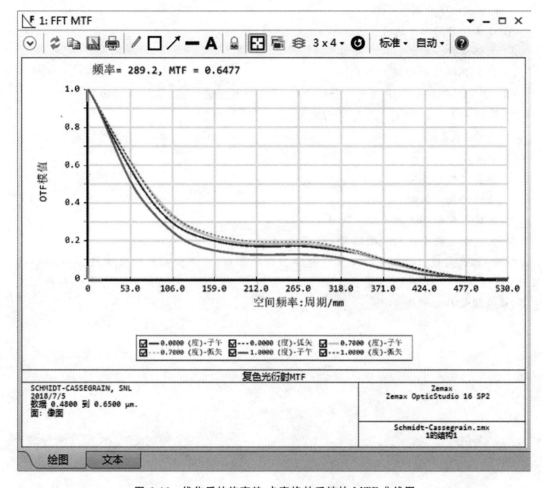

图 6-46　优化后的施密特-卡塞格林系统的 MTF 曲线图

完善,但曲线中部有凹陷,这是由于第 5 面(次镜)的遮拦造成的,该缺陷无法完全消除,但可通过优化在一定程度上降低遮光比。

思　考　题

(1) 设计一个周视瞄准镜的双胶合望远物镜(加棱镜),技术要求如下。

① 视觉放大率:$3.7^{\times}$。

② 出瞳直径:$D'=4$ mm。

③ 出瞳距离:大于等于 20 mm。

④ 全视场角:$2\omega=8°$。

⑤ 物镜焦距:$f'=85$ mm。

⑥ 棱镜材料:K9。

⑦ 棱镜展开长度:31 mm。

⑧ 棱镜与物镜的距离:40 mm。

⑨ 孔径光阑位于物镜前 35 mm。

要求完成以下步骤。

① 计算棱镜的初级像差。

② 求解双胶合望远物镜的初级像差。

③ 用 ZEMAX 软件进行优化设计。

(2) 在 ZEMAX 软件中构造一个施密特-卡塞格林望远系统,基本参数如下。

① 入瞳:10 英寸(1 英寸＝2.54 厘米)。

② 波长:可见光。

③ 后焦距:10 英寸。

④ 施密特校正板厚度:1 英寸。

⑤ 施密特校正板材料:BK7。

⑥ 主反射镜曲率半径:－60 英寸。

⑦ 主反射镜与副反射镜的距离:18 英寸。

提示:副反射镜的曲率半径可用评价函数自动算出,在评价函数设置中将环(rings)改为 5,它决定了光线采样密度,这里要求大于 3。将校正板的第 1 个面设为偶次非球面用以改善球差,请在优化后分析像差。

第7章 显微物镜设计训练

7.1 显微物镜设计的特点

显微镜是用来帮助人眼观察近距离物体微小细节的一种目视光学仪器。它由物镜和目镜组合而成。其成像原理如图 7-1 所示。

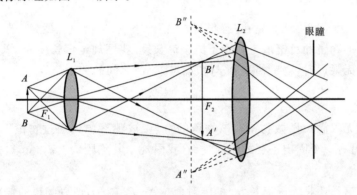

图 7-1 显微镜成像原理图

图中为方便计算,把物镜 L_1 和目镜 L_2 均以单块透镜表示。物体 AB 位于物镜前方一倍焦距外、两倍焦距内,故物体 AB 经物镜以后,必然形成一个倒立放大的实像 $A'B'$。该实像位于目镜的物方焦点 F_2 上,或者在很靠近 F_2 的位置上,再经目镜放大为虚像 $A''B''$ 后供人眼观察。若 $A'B'$ 位于 F_2 上,则像 $A''B''$ 在无限远处供人观察;若 $A'B'$ 位于 F_2 的右侧,则像 $A''B''$ 可以在观察者的明视距离处被观察到。

由于显微镜成像是经过物镜和目镜的两次放大,因此显微镜总的放大率 Γ 应该是物镜放大率 β_o 和目镜放大率 Γ_e 的乘积,其公式为

$$\Gamma = \beta_o \Gamma_e = -\frac{250\Delta}{f'_o f'_e} = -\frac{250}{f'} \tag{7-1}$$

式中:f' 为整个显微镜的总焦距。该式与放大镜的放大率公式具有完全相同的形式。可见,显微镜实质上就是一个复杂化了的放大镜。由单组放大镜发展成为由一组物镜和一组目镜组合起来的显微镜,与单组放大镜相比,可以具有高得多的放大率。一架显微镜上通常都配有若干个不同倍率的物镜和目镜供互换使用,并且通过更换不同放大率的目镜和物镜,能方便地改变显微镜的放大率。常用的物镜倍率有 $4^\times$、$10^\times$、$40^\times$ 和 $100^\times$,常用的目镜倍率有 $5^\times$、$10^\times$ 和 $15^\times$。为保证物镜的互换性,要求不同倍率的显微物镜的共轭距离(物平面与像平面之间的距离)相等。各国生产的通用显微物镜的共轭距离大约为 190 mm,我国国家标准规定其为 195 mm。

由于在显微镜中存在着中间实像,故可以在物镜的实像平面上放置分划板,从而可以对被

观察物体进行测量,并且在该处还可以设置视场光阑,消除渐晕现象。

7.1.1 显微物镜的光学特性

显微物镜的光学特性主要有衍射分辨率和视放大率。由于显微镜的物镜决定了物点能够进入系统成像的光束大小,因此显微镜的光学特性主要是由它的物镜决定,本章将着重介绍与显微物镜的设计有关的问题。

1. 显微物镜的放大率 $\beta_\circ$

显微物镜的放大率是指物镜的垂轴放大率 $\beta_\circ$,由于显微物镜是将实物成实像,因此 $\beta_\circ$ 为负值,但一般用 $\beta_\circ$ 的绝对值(正值)代表物镜倍率。在共轭距 $L(L=195\ \text{mm})$ 一定的条件下,$\beta_\circ$ 与物镜焦距 $f'_\circ$ 存在以下关系:

$$f'_\circ = -\frac{\beta_\circ}{(1-\beta_\circ)^2}L \tag{7--2}$$

式中:$\beta_\circ$ 取负值。上式也可认为是在"有限筒长"情况下 $\beta_\circ$ 与物镜焦距 $f'_\circ$ 的关系式。机械筒长就是把显微镜的物镜和目镜取走后剩下的镜筒长度,我国规定该长度为 160 mm。

当共轭距为无限远时,物镜倍率 $\beta_\circ$ 与物镜焦距 $f'_\circ$ 之间的关系为

$$\beta_\circ = -\frac{250}{f'_\circ} \tag{7-3}$$

此时也称为无限筒长显微物镜。该物镜的特点:被观察物体通过物镜以后,成像在无限远,在物镜后面另有一个固定不变的镜筒透镜(我国规定其焦距为 250 mm),再把像成在目镜焦面上。

无论是有限筒长还是无限筒长,$\beta_\circ$ 的绝对值越大,$f'_\circ$ 越短,所以物镜的倍率决定了物镜的焦距。以无限筒长物镜为例,$100^\times$ 的物镜的焦距只有 2.5 mm。所以显微物镜的焦距一般比望远物镜的短得多,因此焦距短是显微物镜的一个特点。

2. 显微物镜的数值孔径 NA

数值孔径 $\text{NA}=n\sin U$ 是显微物镜最主要的光学特性,它决定了物镜的衍射分辨率。显微物镜的衍射分辨率公式为

$$\sigma = \frac{0.61\lambda}{\text{NA}} \tag{7-4}$$

式中:σ 为显微物镜的分辨率,表示显微物镜能分辨的两点间的最小距离;λ 为观测时所用光线的波长,对目视光学仪器来说一般取平均波长为 555 nm;NA 为显微物镜的数值孔径。上式表示显微物镜对两个自发光亮点的分辨率,称为瑞利判据分辨率标准。对于不能自发光的物点,根据照明情况不同,分辨率是不同的。阿贝在这方面做了很多研究,当被观察物体不发光,而被其他光源照明时,分辨率为

$$\sigma = \frac{\lambda}{\text{NA}} \tag{7-5}$$

当斜入射照明时,分辨率为

$$\sigma = \frac{0.5\lambda}{\text{NA}} \tag{7-6}$$

式(7-6)称为道威判断分辨率标准。瑞利判据分辨率标准是比较保守的,因此通常以道

威判断给出的分辨率值作为光学系统的目视衍射分辨率,或称为理想分辨率。

可见,显微镜的分辨率决定于数值孔径 NA,数值孔径越大,分辨率越高。但是提高数值孔径的方法是有限的,一般采用增大孔径角,或增大介质折射率的方法(如阿贝浸液物镜,其 NA>1)。

由于显微镜属于目视仪器,是由人眼来接收的,而人眼具有分辨极限,为人眼舒适起见,可取 $2'\sim4'$(用角值表示),如果把它化为线值,则设人眼所观察的物体在明视距离处,因此,人眼通过显微镜所能分辨的距离 σ' 为

$$250\times2\times0.00029\leqslant\sigma'\leqslant250\times4\times0.00029 \tag{7-7}$$

式中:$\sigma'=\dfrac{0.5\lambda}{NA}\cdot\Gamma$,为微小物体经显微镜成像后像的大小。将它代入式(7-7),结合波长 $\lambda=555$ nm,得到显微镜的有效放大率近似为

$$500\ NA\leqslant\Gamma\leqslant1000\ NA \tag{7-8}$$

一般浸液物镜的 NA 最大为 1.5,所以光学显微镜的最大有效放大率不超过 $1500\times$。显微镜能有多大的放大率,取决于物镜的分辨率或数值孔径。当有效放大率小于下限时,显微镜能分辨但人眼不能分辨(小于分辨极限),称为放大不足。如果盲目取用高倍目镜得到比有效放大率上限更大的放大率,由于 NA 不够大,即使放大再多也不能看清更多细节,称为无效放大。

显微物镜的垂轴放大率 $\beta_\circ$、数值孔径 NA、显微目镜焦距 f'_e 和系统出瞳直径 $D'_出$ 之间满足以下关系:

$$D'_出=\frac{NA}{\beta_\circ}f'_e=\frac{NA\cdot250}{\beta_\circ\Gamma_e} \tag{7-9}$$

式中:目镜视觉放大率 $\Gamma_e=\dfrac{250}{f'_e}$。为保证人眼观察的主观光亮度,出瞳直径最好不小于 1 mm,显微目镜的标准倍率 $\Gamma_e=10\times$,将 $D'_出=1$ mm 代入式(7-9)可得

$$NA=\frac{\beta_\circ}{25} \tag{7-10}$$

由上式可看出,显微物镜放大率越高,要求物镜的数值孔径 NA 越大。两者关系已匹配成系列,如表 7-1 所示。

表 7-1 显微物镜放大率与数值孔径匹配表

显微物镜的垂轴放大率 $\beta_\circ$	100 倍	63 倍	40 倍	10 倍	3 倍
数值孔径 NA	1.25	0.85	0.65	0.25	0.10

此外,数值孔径 NA 与相对孔径 $\dfrac{D_入}{f'_\circ}$ 之间近似符合以下关系:

$$\frac{D_入}{f'_\circ}=2NA \tag{7-11}$$

对于 NA=0.25 的显微物镜,其相对孔径 $\dfrac{D_入}{f'_\circ}=\dfrac{1}{2}$,高倍率显微物镜(不含浸液物镜)的数值孔径最大可能达到 0.95。

3. 显微镜的光束限制及显微物镜的视场

1) 显微镜的出瞳及入瞳

在显微镜中,孔径光阑按如下的方式设置:① 单组低倍显微镜以物镜框为孔径光阑;

② 结构复杂的物镜以最后一组透镜的镜框为孔径光阑;③ 测量用显微镜为了提高测量精度,把孔径光阑放置在物镜的像方焦面上,以形成物方远心光路,减小因视差所造成的测量误差。

用显微镜观察物体的时候,眼瞳应该与出射光瞳相重合,否则会出现渐晕现象。通常远心物镜显微镜的出瞳与显微镜整体像方焦面基本重合。

显微镜的出瞳直径为

$$D'_{出} = \frac{500\mathrm{NA}}{\Gamma} \ (\mathrm{mm}) \tag{7-12}$$

由上式可见,当已知显微镜放大率 Γ 及物镜的数值孔径 NA 时,可求得出瞳直径。三者关系如表 7-2 所示。

表 7-2　显微镜放大率 Γ 和数值孔径 NA 及出瞳直径 $D'_{出}$ 之间的关系表

显微镜放大率 Γ	$1500^\times$	$600^\times$	$50^\times$
数值孔径 NA	1.25	0.65	0.25
出瞳直径 $D'_{出}/\mathrm{mm}$	0.42	0.54	2.50

由上表数据可以看出,显微镜的出瞳很小,一般小于眼瞳直径,只有当放大率较低时,才能达到眼瞳的大小。

2) 显微物镜的视场

显微物镜的线视场取决于放在目镜物方焦平面上的视场光阑的大小,物体经物镜成像在视场光阑上。设视场光阑直径为 D,则显微物镜的线视场为

$$2y = \frac{D}{\beta_0} \tag{7-13}$$

为保证在这个视场内得到最优质的像,视场光阑的大小应与目镜的视场角一致,即

$$D = 2f'_e \tan\omega' \tag{7-14}$$

将 $f'_e = \frac{250}{\Gamma_e}$ 代入上式,则 $D = \frac{500\tan\omega'}{\Gamma_e}$,再将其代入式(7-13),最终可得显微物镜的线视场为

$$2y = \frac{500\tan\omega'}{\beta\Gamma_e} = \frac{500\tan\omega'}{\Gamma} \ (\mathrm{mm}) \tag{7-15}$$

由此可见,在选定目镜后,显微物镜的视觉放大率越大,其在物空间的线视场越小。

可以认为,显微物镜的视场是由目镜的视场决定的。一般显微物镜的线视场 $2y$ 不大于 20 mm,对于无限筒长的显微物镜来说,镜筒透镜($f'_筒 = 250$ mm)的物方视场角即为显微物镜的像方视场角:

$$\tan\omega = \frac{y}{f'_筒} = \frac{10}{250} = 0.04 \Rightarrow \omega = 2.3° \tag{7-16}$$

因此,显微物镜的视场角一般不大于 5°,对于有限筒长的显微物镜来说,大致相当。

综上所述,显微物镜的特点是焦距短、视场小、相对孔径大。

7.1.2　显微物镜设计中应校正的像差

由于显微镜属于目视光学仪器,因此设计显微物镜时,需要对 F 光和 C 光消色差,对 d 光校正单色像差。此外,根据显微物镜光学特性的特点,它视场小、焦距短,因此设计显微物镜主

要校正轴上点的像差和小视场像差：球差、轴向色差和正弦差，与望远物镜相似。

对于较高倍率的显微物镜，由于数值孔径加大，相对孔径比望远物镜大得多，因此除了校正这三种像差的边缘像差之外，还必须同时校正它们的孔径高级像差，如高级球差、色球差和正弦差等。对于轴外像差，如像散、垂轴色差等，由于视场比较小，而且一般允许视场边缘的像质下降，因此在设计中，只有在优先保证前三种像差校正的前提下，才能在可能的条件下加以考虑。

若是用于显微照相、显微摄影等特殊用途的物镜，为了保证清晰的视场，除了校正近轴区的三种像差外，还要求校正场曲、像散、垂轴色差，以及二级光谱色差，这类显微物镜称为平像场物镜。

7.2 显微物镜的类型

显微物镜根据它们校正像差情况的不同，通常可分为消色差物镜、复消色差物镜、平像场物镜三大类。

7.2.1 消色差物镜

消色差物镜是一种结构相对来说比较简单、应用最多的一类显微物镜。在这类物镜中，只校正球差、正弦差，以及轴向色差，而不需要校正二级光谱色差，所以称为消色差物镜。这类物镜根据它们的倍率和数值孔径不同又可分为低倍、中倍、高倍消色差物镜，以及浸液物镜四类。

1. 低倍消色差物镜

低倍消色差物镜的倍率为 $3^\times \sim 6^\times$，数值孔径为 $0.1 \sim 0.15$，对应的相对孔径为 $1/4 \sim 1/3$。由于相对孔径不大，视场又比较小，只要求校正球差、彗差和轴向色差，因此这些物镜一般都采用最简单的双胶合组，如图 7-2 所示。它的设计方法和一般的双胶合望远物镜的设计方法十分相似，不同的只是物体不位于无限远处，而位于有限距离处。

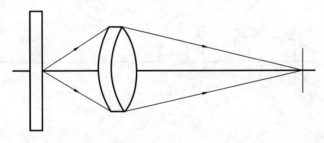

图 7-2　低倍消色差显微物镜

2. 中倍消色差物镜

中倍消色差物镜的倍率为 $8^\times \sim 12^\times$，数值孔径为 $0.25 \sim 0.3$。由于物镜的数值孔径加大，对应的相对孔径也增加，孔径高级球差和色球差将大大增加，因此采用一个双胶合组已不能符合要求，为减小孔径高级球差，这类物镜一般采用两个双胶合组，如图 7-3 所示。对每个双胶合组分别消色差，对整个物镜同时校正轴向色差和垂轴色差。两个透镜组之间通常有较大的空气间隔，这是因为如果两透镜组密接，则整个物镜组和一个密接薄透镜组相当，仍然只能校正两种单色像差;如果两透镜组分离,则相当于由两个分离薄透镜组构成的薄透镜系统,最多可能校正四种单色像差,这就增加了系统校正像差的可能性。因此,除了显微物镜中必须校正的球差和彗差外,还有可能在某种程度上校正像散,以提高轴外物点的成像质量。这种物镜也称为里斯特型显微物镜。

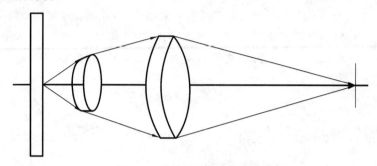

图 7-3　中倍消色差显微物镜

3. 高倍消色差物镜

高倍消色差物镜的倍率为 $40^\times \sim 60^\times$,数值孔径为 0.6～0.8。这种物镜可以看作是在里斯特型显微物镜的基础上,加上一个或两个单透镜构成的。这些透镜(称为前片)是利用齐明点的特性制成的,基本上不产生球差和彗差,但可增大孔径角以提高系统的数值孔径和倍率。图 7-4 所示的为一个典型的高倍消色差显微物镜的结构,其前片是由一个齐明面和一个平面构成的,齐明面不产生球差和彗差,如果把物平面和前片的第 1 面重合,则相当于物平面位于球面顶点,也不产生球差和彗差。但是,为了工作方便,实际物镜和物平面之间一般需要留有一定间隙,这样物镜的第 1 面就将产生少量的球差和彗差,它们可以由后面的两个双胶合组进行补偿。前片的色差也同样由后面的两个双胶合组进行校正。这种结构的物镜也称为阿米西型显微物镜。设计时,在前片玻璃和结构确定以后,其产生的色差、球差和正弦差均为已知,这些像差可以通过中组和后组来补偿。

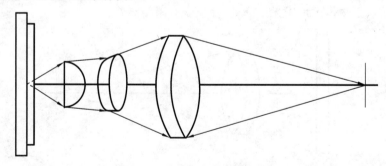

图 7-4　高倍消色差显微物镜

4. 浸液物镜

在前面介绍的几种物镜中,成像物体都位于空气中,物空间介质的折射率 $n=1$,因此它们的数值孔径($NA = n\sin u$)不可能大于 1,目前这种物镜的数值孔径最大为 0.95。为进一步增大数值孔径,我们把成像物体浸在液体中,这时物空间介质的折射率等于液体的折射率,因而可以大大增大物镜的数值孔径。这样的物镜称为浸液物镜,也叫阿贝型物镜。这类物镜的数值孔径为 1.2～1.4,最大倍率可以达到 $100^\times$,其结构如图 7-5 所示。采用浸液方式除了可以提高物镜的数值孔径外,还可以使第 1 面几乎不产生像差,使光能损失较小。

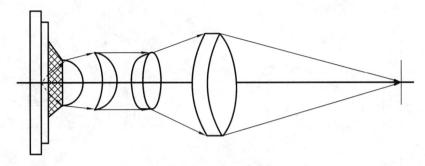

图 7-5　浸液显微物镜

7.2.2　复消色差物镜

复消色差物镜主要用于高分辨率显微照相和对成像质量要求较高的显微系统。这种物镜可以严格地校正轴上点的色差、球差和正弦差,并能校正二级光谱色差,但是不能完全校正倍率色差,因此,在使用复消色差物镜时,常常用目镜来补偿倍率色差。设计复消色差物镜时,为了校正二级光谱色差,通常采用特殊的光学材料作为部分透镜材料,最常用的是萤石($\nu=95.5$、$P=0.76$、$n=1.433$),它和一般重冕牌玻璃有相同的部分相对色散,同时具有足够的色散差和折射率差。复消色差物镜的结构一般比相同数值孔径的消色差物镜复杂,因为它要求孔径高级球差和色球差也得到很好的校正。图 7-6 为复消色差显微物镜的结构图,图中标有斜线的透镜就是由萤石做成的。由于萤石的工艺性和化学稳定性不好,同时晶体内部存在应力,目前已很少采用,而改用 FK 类玻璃做正透镜,用 TF 类玻璃做负透镜,但结构往往很复杂。

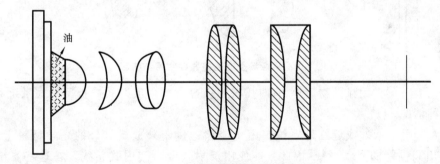

图 7-6　复消色差显微物镜结构图

7.2.3　平像场物镜

1. 平像场消色差物镜

对于某些特殊用途的显微系统,如显微照相、显微摄影、显微投影等,除了要求校正轴上点像差(如球差、轴向色差、正弦差),以及二级光谱色差外,还必须严格校正场曲,以获得较大的清晰视场。前面介绍的几种物镜中都没有很好地校正场曲,因此,为了满足实际使用的要求,出现了校正场曲的平像场物镜。平像场物镜又分为平像场消色差物镜和平像场复消色差物镜,前者的倍率色差不大,不必用特殊目镜补偿,而后者必须用目镜来补偿它的倍率色差。这种物镜虽然能使场曲和像散都得到很好的校正,但是结构非常复杂,往往是依靠若干个弯月形厚透镜来达到校正场曲的目的,物镜的孔径角越大,需要加入的凹透镜数量越多。图 7-7 为平像场消色差显微物镜的结构图。

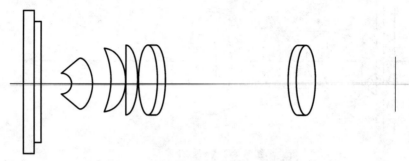

图 7-7　平像场消色差显微物镜结构图

2. 平像场复消色差物镜

在研究用高级显微镜中,既对成像质量的要求较高,又要求整个视场清晰。平像场复消色差物镜就是为了满足上述要求而发展起来的。它的结构型式基本上和平像场消色差物镜的相似,但必须在系统中使用特殊光学材料,以校正二级光谱色差,这点与复消色差物镜类似。其结构如图 7-8 所示,图中标有斜线的透镜就是用如萤石之类的特殊光学材料做成的。平像场复消色差物镜是当前显微物镜的发展方向。

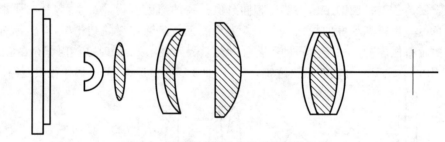

图 7-8　平像场复消色差显微物镜结构图

除了以上三类常用显微物镜外,有时显微物镜也会使用反射式或折反射式系统。主要用于以下两种情况。

(1) 为了用于紫外或近红外系统。由于能够透过紫外或近红外的光学材料十分有限,无法设计出高性能的光学系统,因此只能使用反射式或折反射式系统。在这些系统中起会聚作用的主要是反射镜,为了补偿反射面的像差,往往加入一定数量的补偿透镜,构成折反射式系统。

(2) 为了增加显微镜的工作距离。由于反射镜能折叠光路,因此能构成一种工作距离长、倍率高而筒长和一般显微物镜相同的系统。

7.3　实训项目 6

【实训目的】

(1) 巩固利用初级像差理论求解双胶合透镜组结构参数的方法。

（2）加深对低倍消色差显微物镜像差的理解。

（3）进一步巩固 ZEMAX 软件的各项操作功能。

【实训要求】

设计一个垂轴放大率 $\beta = -3^{\times}$、数值孔径 NA＝0.1、共轭距 $L=195$ mm 的低倍消色差显微物镜。依然采用 PW 法求解双胶合透镜组的初始结构参数，并用 ZEMAX 软件中的阻尼最小二乘法自动设计功能进行自动设计。

【实训预备知识】

低倍消色差显微物镜一般采用单个双胶合透镜组，其设计方法与双胶合望远物镜类似，区别在于物平面不在无限远，而是在有限距离。本实训项目将通过已知条件计算出所设计显微物镜的相关光学特性参数，并通过 PW 法求出双胶合透镜组的初始结构参数。

1. 光学特性参数求解

设计要求共轭距为 195 mm，考虑到实际透镜组有一定的主面间隔，此处取 $L=190$ mm；将垂轴放大率 $\beta = -3^{\times}$ 代入式（7-2），可求出物镜的焦距、物距和像距。具体计算如下。

$$f'_{\circ} = -\frac{\beta_{\circ}}{(1-\beta_{\circ})^2}L = -\frac{-3}{[1-(-3)]^2} \times 190 = 35.625 \text{ (mm)} \tag{7-17}$$

物距 l 和像距 l' 分别为

$$l = -f'_{\circ}\left(1-\frac{1}{\beta_{\circ}}\right) = -35.625 \times \left(1+\frac{1}{3}\right) = -47.5 \text{ (mm)} \tag{7-18}$$

$$l' = \beta_{\circ} \cdot l = -3 \times (-47.5) = 142.5 \text{ (mm)} \tag{7-19}$$

2. PW 法求初始结构参数

1）根据像差要求，求出 P、W、C_{I}

由于显微镜的物镜和目镜都要互换使用，因此设计显微镜的物镜和目镜时，一般不考虑它们之间像差的相互补偿，而采取分别独立校正，所以低倍显微镜双胶合物镜的球差、正弦差和轴向色差都要为零，即要满足：

$$\left.\begin{array}{l}S_{\mathrm{I}}=0\\S_{\mathrm{II}}=0\\C_{\mathrm{I}}=0\end{array}\right\} \Rightarrow \left.\begin{array}{l}P=\dfrac{S_{\mathrm{I}}}{h}=0\\[2mm]W=-\dfrac{S_{\mathrm{II}}}{J}=0\\[2mm]S_{\mathrm{II}}=h_z P - JW\\[2mm]h_z=0\end{array}\right\} \tag{7-20}$$

2）将 P、W、C_{I} 归一化为 $\bar{P}^{\infty}$、$\bar{W}^{\infty}$、$\bar{C}_{\mathrm{I}}$
要满足

$$\left.\begin{array}{l}\bar{P}=\dfrac{P}{(h\varphi)^3}=0\\[3mm]\bar{W}=\dfrac{W}{(h\varphi)^2}=0\\[3mm]\bar{C}_{\mathrm{I}}=\dfrac{C_{\mathrm{I}}}{h^2\varphi}=0\end{array}\right\} \tag{7-21}$$

由于物在有限距离处，根据式（6-16）将 $\bar{P}$、$\bar{W}$ 对物面位置进行归化，具体公式如下：

$$\left.\begin{array}{l}\overline{P}^{\infty}=\overline{P}-\overline{u}_1(4\overline{W}-1)+\overline{u}_1^2(5+2\mu)\\\overline{W}^{\infty}=\overline{W}-\overline{u}_1(2+\mu)\end{array}\right\}\tag{7-22}$$

式中：$\overline{u}_1=\dfrac{u_1}{h\varphi}=\dfrac{h/l}{h/f'_\circ}=\dfrac{f'_\circ}{l}=\dfrac{35.625}{-47.5}=-0.75$；$\overline{P}=0$；$\overline{W}=0$；$\mu=0.7$。代入式(7-22)得 $\overline{P}^{\infty}=2.85$，$\overline{W}^{\infty}=2.025$。

3）求 P_0，根据 P_0、$\overline{C}_{\mathrm{I}}$ 选择玻璃

实际上 W^{∞} 的数值与透镜弯曲有关，对于平凸透镜而言，若凸面在前，则 $\overline{W}^{\infty}=0$；若平面在前，则 $\overline{W}^{\infty}=3$。因此，$\overline{W}^{\infty}=2.025$ 对应的是一个前面半径大、后面半径小的双凸透镜，故取火石玻璃在前较为有利，这样可使胶合面半径较大，一方面便于加工，另一方面可以减小高级像差。

火石玻璃在前，根据式(6-28)得 $P_0=\overline{P}^{\infty}-0.85(\overline{W}^{\infty}-0.2)^2\approx0.02$。

根据 $\overline{C}_{\mathrm{I}}=0$，查附录 C，可知 ZF1-K9 玻璃对在 $\overline{C}_{\mathrm{I}}=0$ 时，$P_0=0.062$，与计算结果接近，根据附录 D 等资料可得该玻璃对的详细信息：$P_0=0.062170$，$Q_0=5.044111$，$W_0=-0.234123$，$\varphi_1=-1.122516$，$A=2.436906$，$K=1.71844$，$n_1=1.6475$，$n_2=1.5163$。

4）求透镜组半径

（1）求形状系数 Q。

$$Q=Q_0\pm\sqrt{\frac{\overline{P}^{\infty}-P_0}{A}}=5.044111\pm\sqrt{\frac{2.85-0.062170}{2.436906}}\approx\begin{cases}6.114\\3.975\end{cases}$$

$$Q=Q_0-\frac{\overline{W}^{\infty}-W_0}{K}=5.044111-\frac{2.025-(-0.234123)}{1.71844}\approx3.73$$

上述三个数值中取较接近的数值，故取 $Q\approx3.8525$。

（2）求归一化后的透镜各面的曲率半径。

$$\left.\begin{array}{l}\rho_2=Q+\varphi_1=3.8525-1.122516\approx2.730\\\rho_1=\rho_2+\dfrac{\varphi_1}{n_1-1}=2.730+\dfrac{-1.122516}{1.6475-1}\approx0.996\\\rho_3=\rho_2-\dfrac{1-\varphi_1}{n_2-1}=2.730-\dfrac{1-(-1.122516)}{1.5163-1}\approx-1.381\end{array}\right\}$$

（3）按焦距 $f'_\circ=35.625$ mm 缩放半径。

$$\left.\begin{array}{l}r_1=\dfrac{f'_\circ}{\rho_1}\approx35.768\ \mathrm{mm}\\r_2=\dfrac{f'_\circ}{\rho_2}\approx13.049\ \mathrm{mm}\\r_3=\dfrac{f'_\circ}{\rho_3}\approx-25.797\ \mathrm{mm}\end{array}\right\}$$

根据求得的半径及通光口径要求，将所求半径代入厚度计算公式中，可确定两个透镜的厚度为：$d_1=1$ mm，$d_2=3.5$ mm。

由于显微物镜的像距远大于物距，即 $|\beta|>1$，若修改系统结构会导致物距 l 发生改变，则垂轴放大率（$\beta=\dfrac{l'}{l}$）和沿轴放大率（$\alpha=\beta^2$）都会发生改变，尤其是沿轴放大率的改变更大，将偏离物镜的光学特性要求。因此显微物镜的设计通常采用逆光路方式，即把像方的量当作物方

的量来处理，此时$|\beta|<1$，物距的改变引起的共轭距和倍率的变化都很小。按反向光路计算系统的光学特性参数为：$l=-142.5$ mm，$l'=47.5$ mm，$\beta=-\dfrac{1}{3}\approx-0.333$，NA$=-0.333\times0.1=-0.0333$，$y=10$ mm，$l_z=0$。

初始结构参数为：$r_1=25.797$ mm，$r_2=-13.049$ mm，$r_3=-35.768$ mm，$d_1=3.5$ mm，$d_2=1$ mm，注意此处的距离及厚度符号不能为负号，除非有反射面的存在。

【上机实训步骤】

1. 输入系统初始结构

(1) 启动 ZEMAX 软件，进入 ZEMAX 界面，在“镜头数据”界面新插入 2 行，在“曲率半径”“厚度”“材料”相应列中输入上文求解的半径、厚度和玻璃，如图 7-9 所示。注意：在输入玻璃时，必须保证在 ZEMAX 中存放的玻璃库有中国玻璃库。

	表面:类型		标注	曲率半径	厚度	材料	膜层	半直径	延伸区	机械半直径	圆锥系数	TCI
0	物面	标准面		无限	142.500			10.127	0.000	10.127	0.000	
1	光阑	标准面		25.797	3.500	K9		4.795	0.000	4.857	0.000	
2		标准面		-13.049	1.000	ZF1		4.803	0.000	4.857	0.000	
3		标准面		-35.768	47.500			4.857	0.000	4.857	0.000	
4	像面	标准面		无限	-			3.581	0.000	3.581	0.000	

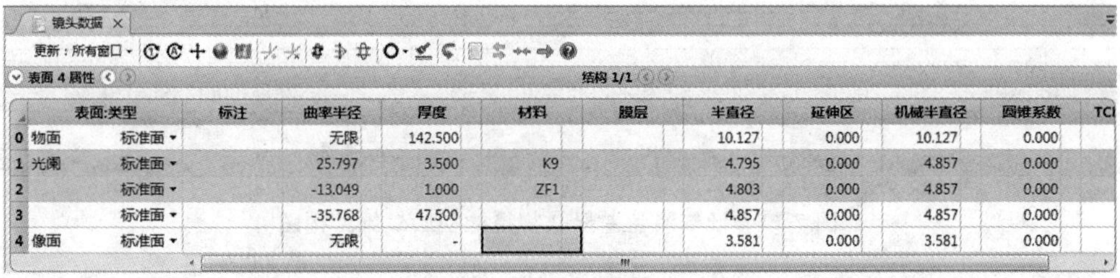

图 7-9 低倍消色差显微物镜的初始结构参数

(2) 输完半径、厚度和玻璃后，单击“系统选项”按钮，在“孔径类型”项中选取“物方空间 NA”，在“孔径值”中输入物方孔径 NA 为 0.0333。单击“视场”，将视场类型选择为“物高”，设置 0、5、7、10 分别对应 0、0.5、0.7、1 视场。单击“波长”，将“F，d，C(可见)”选为当前，如图 7-10 所示。至此，低倍消色差显微物镜的初始系统参数输入完成。其对应的初始二维结构图，如图 7-11 所示。

	X	Y	权重	VDX	VDY	VCX	VCY	VAN
1	0.000	0.000	1.000	0.000	0.000	0.000	0.000	0.000
2	0.000	5.063	1.000	0.000	0.000	0.000	0.000	0.000
3	0.000	7.089	1.000	0.000	0.000	0.000	0.000	0.000
4	0.000	10.127	1.000	0.000	0.000	0.000	0.000	0.000
5	0.000	0.000	1.000	0.000	0.000	0.000	0.000	0.000
6	0.000	0.000	1.000	0.000	0.000	0.000	0.000	0.000
7	0.000	0.000	1.000	0.000	0.000	0.000	0.000	0.000
8	0.000	0.000	1.000	0.000	0.000	0.000	0.000	0.000
9	0.000	0.000	1.000	0.000	0.000	0.000	0.000	0.000
10	0.000	0.000	1.000	0.000	0.000	0.000	0.000	0.000
11	0.000	0.000	1.000	0.000	0.000	0.000	0.000	0.000
12	0.000	0.000	1.000	0.000	0.000	0.000	0.000	0.000

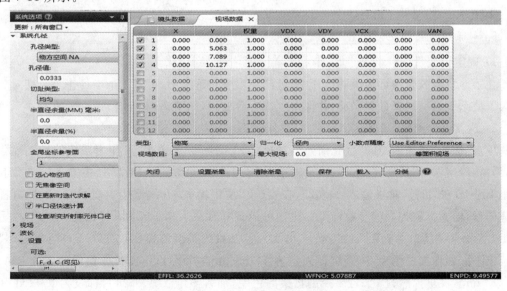

图 7-10 孔径、视场、波长的设置

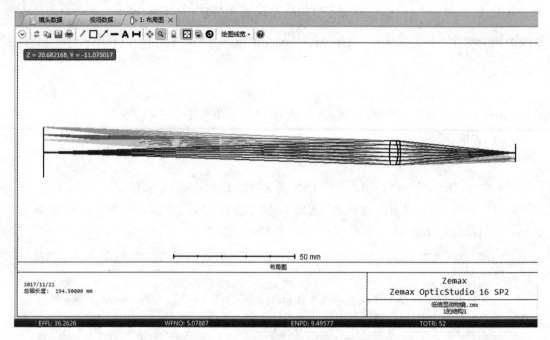

Z = 20.682168, Y = -11.075017

50 mm

布局图

2017/11/22
总轴长度: 194.50000 mm

Zemax
Zemax OpticStudio 16 SP2

低倍显微物镜.zmx
1的结构1

EFFL: 36.2626　　WFNO: 5.07887　　ENPD: 9.49577　　TOTR: 52

图 7-11　低倍消色差显微物镜的初始二维结构图

从图 7-11 的状态栏中可以看出,系统的焦距为 36.2626 mm,与要求的 35.625 mm 非常接近。系统总轴长度为 194.5000 mm,与设计要求的共轭距 195 mm 很接近。此外,系统的图形非常正常,这说明利用初级像差方程式来求解低倍消色差显微物镜是非常有效的,求解所选的玻璃也很适合,利用这个初始结构来进行优化会很容易达到最佳状态。

2. 像质评价

单击"分析"选项卡→"光线迹点"→"标准点列图",可对系统的像质进行大致评价,如图 7-12 所示。

3. 对系统进行优化设计

1) 确定自变量

在第 6 章双胶合望远物镜的设计中,已知在双胶合透镜中,可将三个半径作为自变量。并且为了使系统自动选择最佳像面,将像距也选为自变量,如图 7-13 所示。

2) 建立评价函数

单击"优化"选项卡中的"优化向导",选择"RMS"中的"光斑半径"作为系统的最终优化目标,单击"确定"。然后在评价函数编辑器中,插入 1 行操作数,在"类型"列中输入操作数有效焦距 EFFL,在"目标"项中输入 35.625,在"权重"项中输入 1。若还有其他的要求,均可插入相应的行,输入需要控制的参数即可。比如可设置垂轴放大率 PMAG,目标为 0.333,权重也为 1。为保证物镜的共轭距为 195 mm,可加入控制系统长度的操作数 TOTR,此操作数代表系统第 1 面到像面的距离,由于物距固定为 142.5 mm,所以 TOTR 目标值设为 195−142.5＝52.5 mm,权重依然为 1。若要控制物镜的色差,加入操作数 AXCL,目标设为 0,权重为 1,操作数的设置如图 7-14 所示。

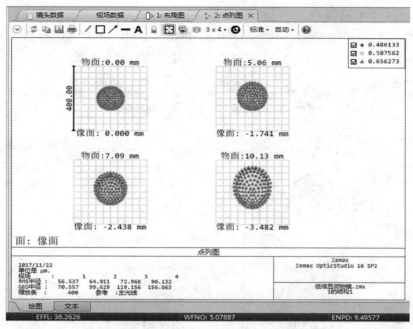

图 7-12　低倍消色差显微物镜的初始点列图

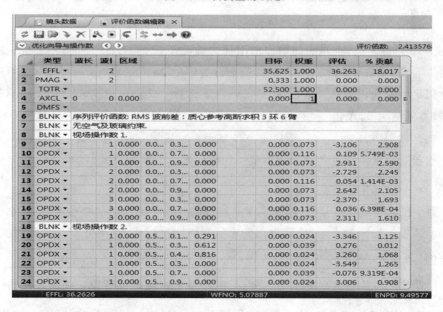

图 7-13　自变量的设定

图 7-14　操作数的设置

3）执行优化设计功能

单击"执行优化"按钮，选择"自动"迭代算法，单击"开始"，程序开始进行优化设计，评价函数有所下降，从 1.710171524 降到 0.537364200，优化完成后的点列图如图 7-15 所示。

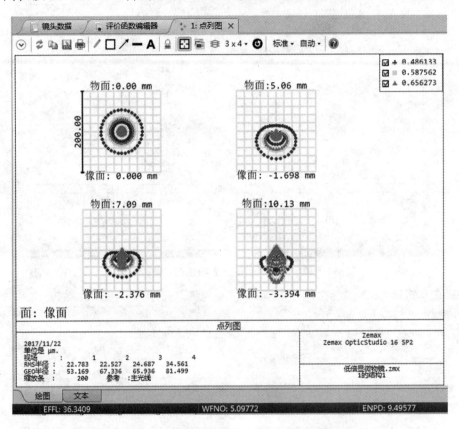

图 7-15　低倍消色差显微物镜优化后的点列图

由图 7-15 可以看出，点列图的均方根半径大幅减小，说明系统像差得到了校正。但从状态栏中可以看到，有效焦距 36.3409 mm 与设计要求的 35.625 mm 还有差距，需要进一步优化。因此以第一次优化结果为基础，在评价函数编辑器中只输入有效焦距 EFFL，目标依然是 35.625，权重依然为 1，单击"执行优化"按钮后，评价函数稍有下降，从 0.594984034 下降到 0.417404181，如图 7-16 所示。从图中下方的状态栏可以看到，有效焦距达到 35.6438 mm，与设计目标很接近。低倍消色差显微物镜最终优化后的点列图如图 7-17 所示。

4. 验算共轭距，进行缩放

（1）为了保证显微镜的互换性，要求所有物镜的共轭距都应该严格相等，因此在像差校正以后必须验算一下实际共轭距，然后根据要求的共轭距进行缩放，上述结果的实际共轭距为：

$$L = -l + d_1 + d_2 + l' = 142.5 + 3.5 + 1 + 45.670 = 192.67 \text{(mm)}.$$

（2）根据预定的共轭距和实际共轭距，需要将整个系统进行缩放。缩放比例为 $\frac{195}{192.67} \approx$ 1.0120932，在 ZEMAX 软件中，单击"设置"、"缩放镜头"，在"因子缩放"中输入缩放比例，如图 7-18 所示，得到的新系统结构参数如图 7-19 所示。

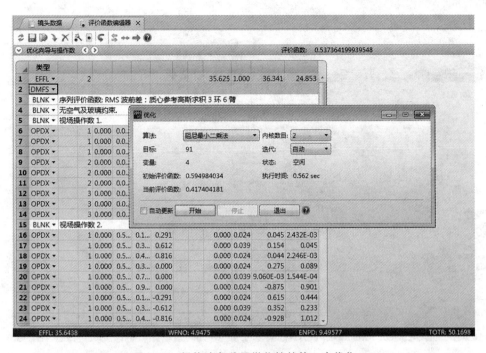

图 7-16 低倍消色差显微物镜的第二次优化

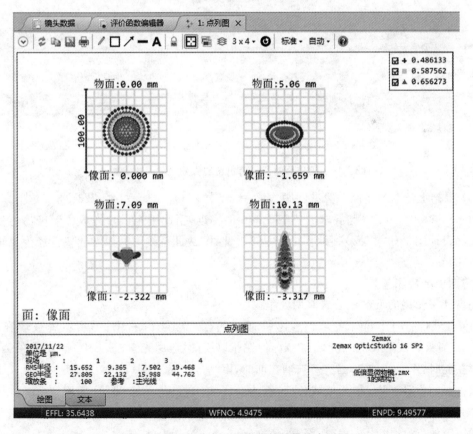

图 7-17 低倍消色差显微物镜的最终点列图

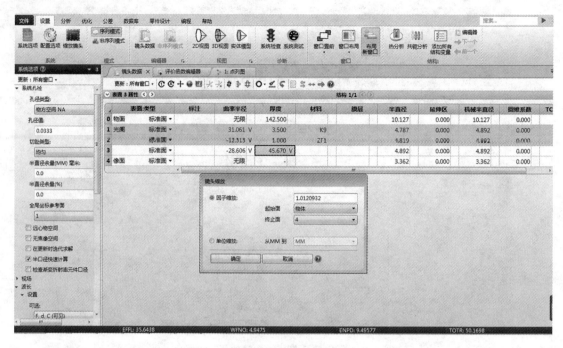

图 7-18 镜头缩放

	表面:类型		标注	曲率半径	厚度	材料	膜层	半直径	延伸区	机械半直径	圆锥系数
0	物面	标准面		无限	144.223			10.249	0.000	10.249	0.000
1	光阑	标准面		31.437 V	3.542	K9		4.844	0.000	4.951	0.000
2		标准面		-12.462 V	1.012	ZF1		4.877	0.000	4.951	0.000
3		标准面		-28.952 V	46.222 V			4.951	0.000	4.951	0.000
4	像面	标准面		无限	-			3.402	0.000	3.402	0.000

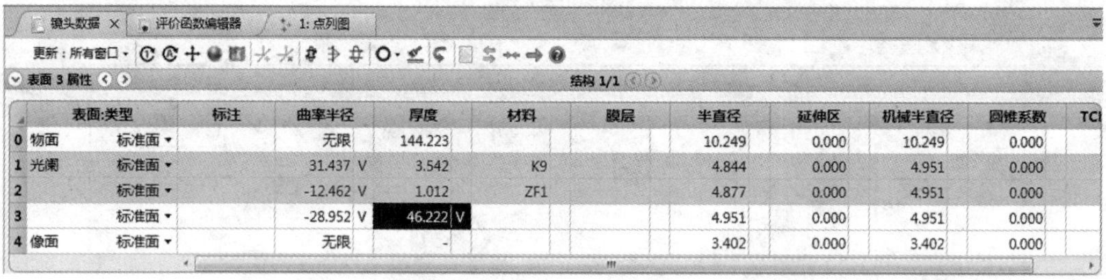

图 7-19 缩放后的低倍消色差显微物镜的结构参数

(3) 根据上述参数重新验算共轭距为：$L=-l+d_1+d_2+l'=144.223+3.542+1.012+46.222=194.999$(mm)。与要求的值 195 mm 很接近，至此整个设计完成。低倍消色差显微物镜最终设计结果如图 7-20 所示。由于是追迹光线，故此系统中的像方数值孔径为要求设计的数值孔径。

【实训小结及思考】

此设计中使用的 PW 法公式有两处争议。

(1) 在式(6-27)中，W_0 的取值参考袁旭沧的《光学设计》一书，即当冕牌玻璃在前时，$W_0=0.1$；当火石玻璃在前时，$W_0=0.2$。但在张以谟的《应用光学》一书中，W_0 的取值为：当冕牌玻璃在前时，$W_0=-0.1$；当火石玻璃在前时，$W_0=-0.2$。若 $\overline{W}^{\infty}=0$(如实训项目 3 中双胶合望远物镜的设计)，W_0 取正值或负值，都不会影响 P_0 的计算结果，但当 $\overline{W}^{\infty}\neq 0$ 时(如本例中 $\overline{W}^{\infty}=2.025$)，取值的不同会影响 P_0 的值，进而影响双胶合玻璃对的选择。经过分析，本书采用袁旭沧的《光学设计》一书中 W_0 的值。

(2) 在求形状系数 Q，即式(6-29)时，袁旭沧的《光学设计》一书中，将公式中的 A 和 K 认

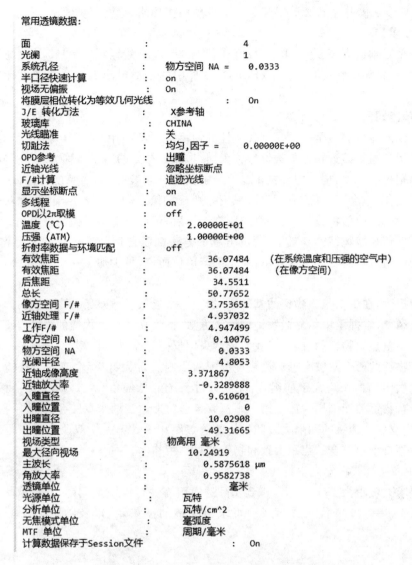

常用透镜数据：

面	:	4
光阑	:	1
系统孔径	:	物方空间 NA = 0.0333
半口径快速计算	:	on
视场无偏振	:	On
将膜层相位转化为等效几何光线	:	On
J/E 转化方法	:	X参考轴
玻璃库	:	CHINA
光线瞄准	:	关
切趾法	:	均匀, 因子 = 0.00000E+00
OPD参考	:	出瞳
近轴光线	:	忽略坐标断点
F/#计算	:	追迹光线
显示坐标断点	:	on
多线程	:	on
OPD以2π取模	:	off
温度 (℃)	:	2.00000E+01
压强 (ATM)	:	1.00000E+00
折射率数据与环境匹配	:	off
有效焦距	:	36.07484 (在系统温度和压强的空气中)
有效焦距	:	36.07484 (在像方空间)
后焦距	:	34.5511
总长	:	50.77652
像方空间 F/#	:	3.753651
近轴处理 F/#	:	4.937032
工作F/#	:	4.947499
像方空间 NA	:	0.10076
物方空间 NA	:	0.0333
光阑半径	:	4.8053
近轴成像高度	:	3.371867
近轴放大率	:	-0.3289888
入瞳直径	:	9.610601
入瞳位置	:	0
出瞳直径	:	10.02908
出瞳位置	:	-49.31665
视场类型	:	物高用 毫米
最大径向视场	:	10.24919
主波长	:	0.5875618 μm
角放大率	:	0.9582738
透镜单位	:	毫米
光源单位	:	瓦特
分析单位	:	瓦特/cm^2
无焦模式单位	:	毫弧度
MTF 单位	:	周期/毫米
计算数据保存于Session文件	:	On

图 7-20   低倍消色差显微物镜设计结果

为是定值, 即 $A=2.35$、$K=1.67$, 而张以谟的《应用光学》一书中的 A 和 K 是通过查已配对的双胶合薄透镜参数表(附录 D)中的参数确定的, 玻璃对不同, 值也随之改变。本书对 A 和 K 的取值方法参考张以谟的《应用光学》一书。实际上, 这两种方法计算出来的结果差距不是很大, 故均可采用。

7.4   实训项目 7

【实训目的】

(1) 进一步巩固和熟悉利用初级像差理论求解双胶合透镜组结构参数的方法。

(2) 加深对中倍消色差显微物镜结构及像差的理解。

（3）进一步巩固并熟悉 ZEMAX 软件的各项操作功能。

【实训要求】

设计一个垂轴放大率 $\beta = -10^\times$、数值孔径 $NA = 0.3$、共轭距 $L = 195$ mm 的中倍消色差显微物镜（里斯特显微物镜）。并用 ZEMAX 软件中的阻尼最小二乘法自动设计功能进行自动设计。

【实训预备知识】

中倍消色差显微物镜是一种具有代表性的物镜结构，通常由两个分离的双胶合透镜组组成，如图 7-3 所示。通常靠近物方的透镜组称为前组，靠近像方的透镜组称为后组。在设计中，前后两组可分别校正像差，也可配合校正。但分别校正利于装配，即当装配时，由于前后两组间的间距略有变化，不会破坏像差。此外，采用分别校正像差的优点还在于：两个双胶合透镜组合在一起则为一个中倍物镜，移去一个双胶合透镜后，可用作低倍显微物镜使用。本例可在实训项目 6 中低倍显微物镜的基础上，用解方程的方法配以合适的变倍组就可得到 $10^\times$ 显微物镜。由于变倍组可随需要放上或拿下，对于生产单位而言，可少加工一个 $3^\times$ 物镜，节省了原材料和工时。

前文中提到，在中倍显微物镜的基础上，加上一个近似无球差、无彗差的前片，则构成高倍显微物镜。因此，掌握了中倍显微物镜的设计方法，也为高倍显微物镜的设计打下了良好的基础。在设计中倍显微物镜的过程中，我们依然采用反向光路进行计算。

里斯特物镜的两个双胶合透镜光焦度分配的原则通常为：使每个双胶合透镜产生的偏角相等或者是后组的偏角略大于前组，若光线通过系统的总偏角 $u=1$，则可取 $u_1=0.45$、$u_2=0.55$。里斯特物镜的光阑通常放在第一个双胶合透镜上。当两个双胶合透镜相互补消球差和彗差时，两个双胶合透镜的间隔大致和物镜的总焦距相等。第一个双胶合的焦距约为物镜焦距的 2 倍。第二个双胶合的焦距大致和物镜的总焦距相等。

1）利用高斯公式求解光学特性参数

设计要求共轭距为 195 mm，考虑到实际透镜组有一定的主面间隔，此处取 $L=190$ mm，将垂轴放大率 $\beta = -10^\times$ 代入式（7-2），可求出物镜的总焦距，以及物距和像距。具体计算如下：

$$f'_\circ = -\frac{\beta_\circ}{(1-\beta_\circ)^2}L = -\frac{-10}{[1-(-10)]^2} \times 190 \approx 15.702 \text{ mm}$$

物距 l 和像距 l' 分别为

$$l = -f'_\circ\left(1-\frac{1}{\beta_\circ}\right) = -15.702 \times \left(1+\frac{1}{10}\right) \approx -17.272 \text{ mm}$$

$$l' = \beta \cdot l = -10 \times (-17.272) = 172.72 \text{ mm}$$

由于第一组双胶合透镜是基于实训项目 6 的 $3^\times$ 显微物镜，故 $f'_1 = 35.625$ mm，$r_1 = 25.797$ mm，$r_2 = -13.049$ mm，$r_3 = -35.768$ mm，$d_1 = 3.5$ mm，$d_2 = 1$ mm。令两双胶合透镜之间的间隔 $d=15.702$ mm，则根据公式 $f'_\circ = -\dfrac{f'_1 f'_2}{d-f'_1-f'_2}$ 计算可得：$f'_2 = 15.702$ mm，与上述结论相符。

2）根据 P、W 法求初始结构参数

根据初级像差要求，第二个透镜组采用 ZK7-ZF2 玻璃对，根据附录 D 中所查到的参数可求半径，方法与前面求解一般双胶合透镜组的半径所用的方法完全相同，所求的归一化半径乘

以焦距 $f'_2 = 15.702$ mm 后得到的最终结果为：$r_1 = 8.966$ mm，$r_2 = -9.060$ mm，$r_3 = -325.817$ mm，$d_1 = 3.5$ mm，$d_2 = 1.5$ mm。

按反向光路计算系统的光学特性参数为：$l = -172.72$ mm，$l' = 17.272$ mm，$\beta = -\dfrac{1}{10} = -0.1$，$\mathrm{NA} = -0.1 \times 0.3 = -0.03$，$y = 10$ mm，$l_z = 0$。

【上机实训步骤】

1. 输入系统初始结构

单击"系统选项"按钮，在"孔径类型"项中选取"物方空间 NA"，在"孔径值"中输入物方孔径 NA 为 0.03；单击"视场"，将视场类型选择为"物高"，设置 0、5、7、10 分别对应 0、0.5、0.7、1 视场。单击"波长"，将"F，d，C(可见)"选为当前，根据上节求解的半径、厚度和玻璃，在镜头数据编辑窗口输入相应参数，如图 7-21 所示。至此，中倍消色差显微物镜的初始系统参数输入完成。其对应的初始二维结构图，如图 7-22 所示。

	表面：类型	标注	曲率半径	厚度	材料	膜层	半直径	延伸区	机械半直径	圆锥系数	TCE x 1E-6
0	物面 标准面 ▼		无限	172.000			7.000	0.000	7.000	0.000	0.000
1	光阑 标准面 ▼		25.797	3.500	K9		5.162	0.000	5.162	0.000	-
2	标准面 ▼		-13.049	1.000	ZF1		5.118	0.000	5.162	0.000	-
3	标准面 ▼		-35.768	15.702			5.139	0.000	5.162	0.000	0.000
4	标准面 ▼		8.966	3.500	ZK7		3.887	0.000	3.887	0.000	-
5	标准面 ▼		-9.060	1.500	ZF2		3.455	0.000	3.887	0.000	-
6	标准面 ▼		-325.817	6.859 M			3.031	0.000	3.887	0.000	0.000
7	像面 标准面 ▼		无限	-			0.701	0.000	0.701	0.000	0.000

图 7-21　中倍消色差显微物镜的初始结构参数

从图 7-22 的状态栏中可以看出，系统的焦距为 16.4104 mm，与要求的 15.702 mm 接近。系统总轴长度为 204.06071 mm，与设计要求的共轭距 195 mm 接近。此外，系统的图形非常正常。

2. 像质评价

单击"分析"选项卡→"光线迹点"→"标准点列图"，可对系统的像质进行大致评价，如图 7-23 所示。

3. 系统的缩放及优化设计

一般来说，在优化时将两组双胶合透镜的六个半径及透镜组的间隔设为自变量，并设定边界条件及像差参数目标值进行优化。从图 7-23 可以看出，此时的像差并不大，初始评价函数也较小，说明采用 PW 法计算出的前组与后组的初始结构参数较合理。一般而言，前后两组透镜的像差都符合设计要求，连起来的像差也不会有很大问题。所以对该初始结构，我们只需进行缩放，使共轭距达到设计要求即可。

从系统二维结构图的系统总轴长度发现，预定的共轭距和实际共轭距有一定差距，需要将整个系统进行缩放。缩放比例为 $\dfrac{195}{204.06071} \approx 0.9556$，在 ZEMAX 软件中，单击"设置"→"缩放镜头"，在"因子缩放"中输入缩放比例，得到的新系统结构参数如图 7-24 所示。

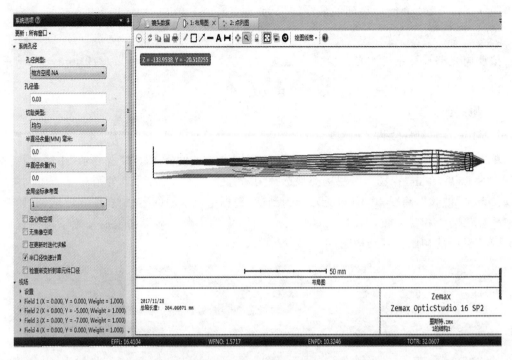

图 7-22　中倍消色差显微物镜的初始二维结构图

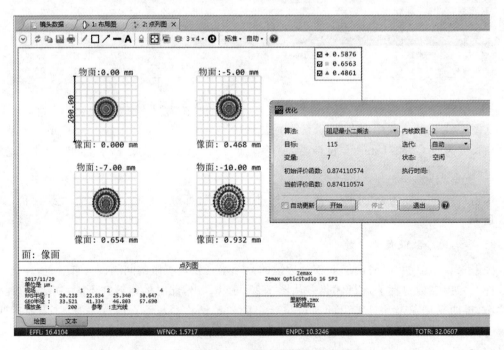

图 7-23　中倍消色差显微物镜的初始点列图

从图 7-24 中可以看出，经缩放后的共轭距为：$L = -l + d_1 + d_2 + d + d_3 + d_4 + l' = 195.001$ mm，与要求的值 195 mm 非常接近，中倍消色差显微物镜的最终设计结果（部分）如图 7-25 所示。

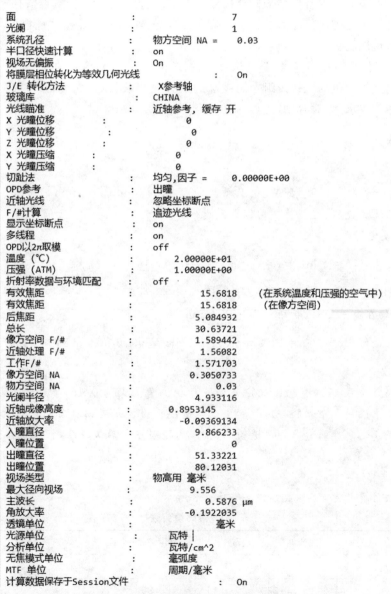

	表面:类型	标注	曲率半径	厚度	材料	膜层	半直径	延伸区	机械半直径	圆锥系数	TCE x 1E-6
0	物面 标准面 ▼		无限	164.363			9.556	0.0...	9.556	0.000	0.000
1	光阑 标准面 ▼		24.652	3.345	K9		4.933	0.0...	4.947	0.000	-
2	标准面 ▼		-12.470	0.956	ZF1		4.911	0.0...	4.947	0.000	-
3	标准面 ▼		-34.180	15.005			4.947	0.0...	4.947	0.000	0.000
4	标准面 ▼		8.568	3.345	ZK7		4.010	0.0...	4.010	0.000	-
5	标准面 ▼		-8.658	1.433	ZF2		3.654	0.0...	4.010	0.000	-
6	标准面 ▼		-311.351	6.554			3.212	0.0...	4.010	0.000	0.000
7	像面 标准面 ▼		无限	-			0.945		0.945	0.000	0.000

图 7-24　缩放后的中倍消色差显微物镜的结构参数

常用透镜数据：

面	:	7
光阑	:	1
系统孔径	:	物方空间 NA = 0.03
半口径快速计算	:	on
视场无偏振	:	On
将膜层相位转化为等效几何光线	:	On
J/E 转化方法	:	X 参考轴
玻璃库	:	CHINA
光线瞄准	:	近轴参考，缓存 开
X 光瞳位移	:	0
Y 光瞳位移	:	0
Z 光瞳位移	:	0
X 光瞳压缩	:	0
Y 光瞳压缩	:	0
切趾法	:	均匀,因子 = 0.00000E+00
OPD参考	:	出瞳
近轴光线	:	忽略坐标断点
F/#计算	:	追踪光线
显示坐标断点	:	on
多线程	:	on
OPD以2π取模	:	off
温度（℃）	:	2.00000E+01
压强（ATM）	:	1.00000E+00
折射率数据与环境匹配	:	off
有效焦距	:	15.6818 （在系统温度和压强的空气中）
有效焦距	:	15.6818 （在像方空间）
后焦距	:	5.084932
总长	:	30.63721
像方空间 F/#	:	1.589442
近轴处理 F/#	:	1.56082
工作F/#	:	1.571703
像方空间 NA	:	0.3050733
物方空间 NA	:	0.03
光阑半径	:	4.933116
近轴成像高度	:	0.8953145
近轴放大率	:	-0.09369134
入瞳直径	:	9.866233
入瞳位置	:	0
出瞳直径	:	51.33221
出瞳位置	:	80.12031
视场类型	:	物高用 毫米
最大径向视场	:	9.556
主波长	:	0.5876 μm
角放大率	:	-0.1922035
透镜单位	:	毫米
光源单位	:	瓦特
分析单位	:	瓦特/cm^2
无焦模式单位	:	毫弧度
MTF 单位	:	周期/毫米
计算数据保存于Session文件	:	On

图 7-25　中倍消色差显微物镜设计结果

从系统数据中可以看出,缩放后的系统有效焦距为 15.6818 mm,与所要求的 15.702 mm 很接近,放大率及数值孔径也与设计要求接近,至此整个设计完成。

【实训小结及思考】

(1)本例设计的是有限筒长中倍显微物镜,若设计的是无限筒长显微物镜,则成像在无限远,反向光路相当于物平面在无限远,与设计望远物镜类似,其焦距应该用式(7-3)求得。按反向光路计算的无限筒长显微物镜的焦距较短,但相对孔径很大,导致透镜厚度与焦距之比较大,厚度影响不能忽略,故不再适合采用薄透镜系统初级像差求解方法计算初始结构,因此可以采用查资料或专利的方法得到初始结构参数,再根据要求进行镜头缩放并进一步优化设计。

(2)物镜是显微镜最重要的光学部件之一,其直接影响成像的质量和各项光学技术参数,是衡量一台显微镜质量的首要标准。现代显微物镜已达到高度完善,其数值孔径已接近极限,视场中心的分辨率与理论值之间的区别已微乎其微,但继续增大显微物镜视场与提高视场边缘成像质量的可能性仍然存在,该研究工作还在进行。

(3)对于高倍显微物镜而言,其结构复杂、制作精密,由于对像差的校正,金属物镜筒内由相隔一定距离并被固定的透镜组组合而成,物镜除了对共轭距、放大率、像差等各种要求外,还有许多具体的要求,如对合轴、齐焦的要求等。

思 考 题

(1)设计一个 $\beta=-25^{\times}$、NA=0.4、共轭距 $L=195$ mm、$l'_F>1$ mm 的中倍平场显微物镜。为有效控制物像共轭距,显微物镜需倒追光线。

① 参数设定。

数值孔径为:$NA=n\sin u\approx u=\dfrac{u'}{\gamma}=u'\beta=\dfrac{0.4}{25}=0.016$。

波段为:d、F、C 光,即普通白光入射。

视场为:物在有限距离,物距为 165.358 mm。

由于物像颠倒,故 $y=\dfrac{y'}{\beta}=12.5$ mm,选择 3 个线视场:0 mm、8.84 mm、12.5 mm。

② 设计理念。

系统总偏角为 0.416,消色差双胶合物镜负担偏角最大为 0.15,单透镜负担偏角最大为 0.2,因此系统中采用 2 个双胶合透镜和 1 个单透镜。为校正场曲并负担一定的正偏角,单透镜采用有一定正光焦度的弯月形厚透镜。同时,为适当增大后工作距,将双胶合透镜分为正负透镜形式,负透镜置后。

③ 设计过程。

经 PW 法计算推导,得到最终镜头如表 7-3 所示。

表 7-3 最终镜头数据

表面(surface)	曲率半径/(r/mm)	厚度/(d/mm)		材 料
物面(object)	∞	165.358		
1	−6.823	0.95		ZF7

表面(surface)	曲率半径/(r/mm)	厚度/(d/mm)		材　料
2	−11.015	2.7		
3	25.29	1.96		ZK3
4	−17.022	7.5		
光阑(Stop)	∞	7.4		
6	11.722	2.38		ZK9
7	−6.546	1.19		ZF7
8	−22.91	0.32		
9	3.597	4.08		ZBaF3
10	2.63	1		
11	∞	0.17		K9
12	∞	0.276789	M	
像面(image)				

④ 优化过程。

将表 7-3 中的数据输入 ZEMAX 软件中,并结合赛德尔系数及评价函数对系统初始结构参数进行优化。

第 8 章　目镜设计训练

8.1　目镜设计的特点

目镜是目视光学系统的重要组成部分。被观察的物体通过望远物镜和显微物镜成像在目镜的物方焦平面处,经目镜系统放大后将其成像在无穷远,供人眼观察。观察时,人眼与目镜的出瞳重合,出瞳的位置在目镜的像方焦点附近。

8.1.1　目镜光学特性的特点

表示目镜光学特性的参数主要有焦距 f'_e、像方视场角 $2\omega'$、工作距离 l_e 及镜目距 p',它们的特点如下。

1. 焦距短

目镜可以看成是一个与物镜相匹配的放大镜,因此,目镜的放大率为

$$\Gamma = \frac{250}{f'_e} \tag{8-1}$$

从上式可以看出,要使目镜有足够大的放大率,必须缩小它的焦距 f'_e。所以,在望远系统中,目镜焦距一般为 10～40 mm。在显微系统中,目镜的焦距更短,甚至是几个毫米。所以,无论是望远镜的目镜还是显微镜的目镜,焦距短是它们的共同特点。

2. 视场角大

目镜的视场一般是指像方视场,对于望远系统,目镜的像方视场角 ω'、物镜的视场角 ω,以及系统的视放大率 Γ 之间有如下关系:

$$\tan\omega' = \Gamma\tan\omega \tag{8-2}$$

由此可以看出,无论是提高系统的视放大率,还是增大物镜的视场角,都会引起目镜视场角的增大。但是,如果增大目镜视场,轴外像差势必增大,这将影响系统的成像质量。因此,望远系统的视放大率和视场主要受目镜视场的限制。

对于显微系统的目镜,其视场角取决于目镜焦距的大小。目镜焦距越短,所对应的视场角就越大,同时可以获得较大的放大率。

目镜的视场一般比较大,普通目镜的视场角为 $40°\sim50°$,广角目镜的视场角为 $60°\sim90°$,超广角目镜的视场角大于 $90°$。视场角大是目镜的一个最突出的特点。

3. 镜目距

镜目距是指出瞳到目镜最后一面顶点的距离,也是观察时眼睛瞳孔的位置。目镜的入瞳一般位于前方的物镜上(远离透镜组),出瞳位于后方一定距离上。镜目距一般不小于 6 mm

或 8 mm,由于军用目视仪器需要加眼罩或防毒面具,因此通常镜目距 $p' \geqslant 20$ mm。对于一定型式的目镜,镜目距与焦距的比值 p'/f'_e(称为相对镜目距)近似地等于常数。

4. 相对孔径小

目镜出瞳的大小受眼瞳限制,大多数仪器的出瞳直径与眼瞳直径相当,即出瞳直径为 2～4 mm,军用仪器的出瞳直径较大,一般为 4 mm 左右。而目镜焦距常用的范围为 15～30 mm,因此目镜的相对孔径比较小,为 $\frac{1}{15} \sim \frac{1}{4}$,相比于望远目镜,显微目镜的相对孔径更小,一般小于 $\frac{1}{10}$。

5. 工作距离

目镜的工作距离是指目镜第一面顶点到物方焦平面的距离,一般物镜的像在目镜的物方焦平面附近。如果显微镜和望远镜不带分划板,可以允许 $l_e > 0$,这样目镜的物方焦平面在目镜内部;如带分划板,则 $l_e < 0$,此时必须使目镜的物方焦平面在外面,否则没有分划板的安置空间。此外,光阑位于系统光组外部,但惠更斯目镜的光阑位于光组中间。

8.1.2 目镜的像差和像差校正的特点

1. 目镜的像差校正

由目镜的光学特性可知,目镜是一种焦距短、视场大、相对孔径较小的光学系统。目镜的光学特性决定了目镜的像差特点。其轴上点像差不大,不用严格校正就可使球差和位置色差满足要求。由于目镜的视场比较大,出瞳又远离透镜组,因此轴外像差,如彗差、像散、场曲、畸变、倍率色差都很大,为了校正这些像差,往往会使目镜的结构比较复杂。在上述五种轴外像差中,彗差、像散、场曲和倍率色差对目镜的成像质量影响最大,是系统像差校正的重点。但受目镜结构限制,目镜的场曲不易校正,可用像散来对场曲做适当补偿,再加上人眼有自动调节能力,所以对场曲的要求可以降低。而由于畸变不影响成像清晰度,一般不做完全校正。

因此,在目镜设计中,主要校正像散、倍率色差和彗差三种像差。初级彗差和光束孔径的平方成比例,由于目镜的出瞳直径较小,彗差不会太大,因此彗差在这三种像差中居于次要地位,故目镜设计中最重要的是校正像散和倍率色差这两种像差。

2. 目镜与物镜像差相互补偿

在设计望远目镜时,需要考虑它与物镜之间的像差补偿问题。望远物镜的结构一般比较简单,只能校正球差、彗差和轴向色差,无法校正像散和倍率色差,虽然由于物镜的视场较小,这些像差不会很大,但为了提高整个系统的成像质量,物镜残留的像散和倍率色差要求由目镜补偿,而这两种像差在目镜中是比较容易控制的。目镜的球差和轴向色差一般也不能完全校正,需要由物镜来补偿,而这两种像差也正好是在物镜中容易控制的。彗差则尽可能独立校正。如果在目镜设计中,在优先考虑像散和倍率色差的校正后,有少量彗差无法完全校正,也可以用物镜的彗差进行补偿。

以上是在目镜和物镜尽可能独立校正像差的前提下,进一步考虑它们之间的像差补偿问题,这是对装有分划板的望远系统来说的。如系统不要求安装分划板,则物镜和目镜的像差校正可以按整个系统来考虑,在初始计算时就要考虑像差补偿的可能性,通常是先计算和校正目镜像差,然后根据目镜像差的校正结果,把剩余像差作为物镜像差的一部分,再对物镜进行像差校正。

对于显微目镜来说,由于不同倍率的物镜和目镜要求互换使用,因此难于考虑物镜和目镜的像差补偿问题,一般都采取独立校正像差的方式。

3. 其他校正要点

(1) 光谱选择。目镜属于目视光学仪器的一部分,因此与物镜一样采用 F 光和 C 光消色差,对 d 光或 e 光校正单色像差。

(2) 调制传递函数。对于直视微光夜视仪用的大孔径、大视场目镜的传递函数而言,有较高要求。规定对截止频率为 10 lp/mm、20 lp/mm、30 lp/mm、40 lp/mm 的系统,对 MTF 的要求分别为 0.85、0.72、0.58、0.45。对于普通目镜可酌情放宽要求。另外,双目系统对光轴平行差、放大率和相对像倾斜等都有一定要求,视具体配用什么样的仪器而定。

(3) 视度调节。为了使目镜适应近视眼和远视眼的需要,目镜应该有视度调节的能力。比如,对望远镜或显微镜来说,为了瞄准和测量的需要,往往在系统中要安装分划板。对正常眼而言,分划板的位置应在目镜的物方焦平面处;而对于近视眼和远视眼来说,由于人眼视差的存在,必须使分划板的位置相对目镜的物方焦平面有一定量的移动,以便看清分划板像。设视度调节范围为 N 屈光度(D),则目镜移动范围为

$$x = \frac{\pm N (f'_e)^2}{1000} \ (\text{mm}) \tag{8-3}$$

一般视度调节范围为 $N = \pm 5$ 屈光度,根据视度调节范围可通过式(8-3)计算分划板与目镜的相对调节范围,这是目镜结构设计的重要参数。需要注意的是,当要求视度为负值时,x 为正值,表示目镜必须移近物镜的像平面,反之亦然。为了保证视度调节时不使目镜表面与分划板相碰,目镜的工作距离应该大于视度调节时最大的轴向位移 x。

最后,需要注意:设计目镜时,通常是按反向光路计算的,所以在像差补偿时一定要考虑像差符号。轴向像差同号叠加,异号相消;垂轴像差同号相消,异号叠加。

8.2 目镜的类型

在望远镜和显微镜中,目前常用的目镜有惠更斯目镜、冉斯登目镜、凯涅尔目镜、对称式目镜、无畸变目镜和广角目镜等。部分目镜的结构及主要特点如下。

1. 简单目镜

1) 平凸单透镜

目镜的作用是将物镜所成的像(位于目镜的前焦平面上)放大并出射平行光,供人眼观察。单个透镜是最简单的实际光学系统,它能使平行光束成像在后焦平面上,根据光路的可逆性,一个单透镜就可能是目镜。平凸单透镜能同时校正像散和彗差,也可以满足出瞳远离透镜组的要求。因此平凸单透镜就可能是最简单的目镜结构。

2) 冉斯登目镜

平凸单透镜还不能工作,因为由物镜进入系统的光束,如果直接投射到平凸透镜上,这时

对应的出瞳距离不等于 $0.3f'_e$，不符合平凸单透镜使像散和彗差同时为零的要求。只能用作小视场目镜，其视场不超过 $15°$ 或 $20°$。

为了满足出瞳距(反向光路的入瞳距)等于 $0.3f'_e$，采用双透镜的型式，使双透镜间具有一定间隔，则上述情况可以改善。第一透镜放在物镜后焦面(目镜前焦面)的位置上，由于该透镜的聚光作用，就可以使目镜的横向尺寸减小，并可调节目镜的出射光瞳距离。通常第一透镜称为场镜，第二透镜称为接眼镜。和焦面重合的场镜，除了场曲外不产生其他像差，为了加工简单，也做成平凸型。

如果场镜位于物镜后焦面的后面，如图 8-1 所示，称为冉斯登目镜。场镜的平面对着物方焦面，这样安置是因为入射主光线和光轴的夹角很小，因此在平面上近似垂直入射，没有像散和彗差，而对第二面来说，物平面位于球面的球心和顶点之间，根据单个折射球面像差的符号可以知道，它产生正球差和正像散，它所产生的正像散可以部分补偿目镜的负场曲，这对改善整个视场内目镜的像质是有利的。

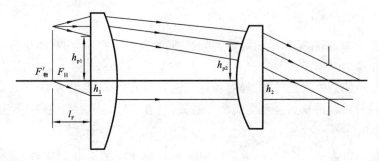

图 8-1　冉斯登目镜

冉斯登目镜的主要缺点是倍率色差无法校正，为尽可能减小倍率色差，玻璃的色散应尽量小一些，即阿贝数尽量大一些，一般采用色散较小而又最常用的 K9 玻璃。

另外，由于系统中全部都是正透镜，这种目镜的球差和轴向色差比其他目镜大。这种目镜通常用于出瞳直径和出瞳距离都不大的实验室仪器和检校仪器中，其视场为 $30°\sim40°$，相对镜目距 $p'/f'_e = 1/3$。

上述目镜设计较简单，由于物镜比较靠近像面，对整个目镜的总焦距影响不大，因此接眼镜的焦距比目镜总焦距稍大一些，但两者近似相等，一般为总焦距的 1.2 倍左右。

3) 惠更斯目镜

冉斯登目镜的结构虽然很简单，能够满足校正像散和彗差的要求，但由于倍率色差无法校正而限制了它的可用视场。在冉斯登目镜这种简单结构的基础上，能达到校正倍率色差的目镜便是惠更斯目镜。其倍率色差公式为

$$C_{\text{II}} = h_1 \cdot h_{p1} \cdot \frac{\varphi_1}{\nu_1} + h_2 \cdot h_{p2} \cdot \frac{\varphi_2}{\nu_2} \tag{8-4}$$

如果要使 $C_{\text{II}} = 0$，必须使公式中的两项异号才有可能，在目镜中，由于入射光瞳和出射光瞳均远离透镜组，因此 h_{p1}、h_{p2} 总是同号的，而接眼镜和场镜的光焦度 φ_1、φ_2 均为正，因此必须使 h_1 和 h_2 异号，才能使式(8-4)中的两项异号，即要求接眼镜和场镜分别位于实际像面的两侧，也就是场镜位于物镜后焦面(目镜前焦面)的前方，如图 8-2 所示。

对于由两个正透镜构成的目镜，校正倍率色差所必须满足的条件是

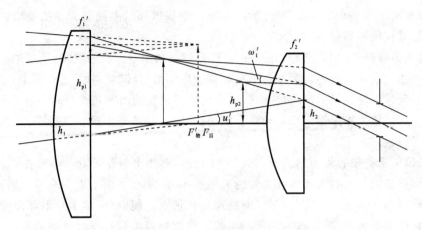

图 8-2　惠更斯目镜

$$d = \frac{f_1' + f_2'}{2} \tag{8-5}$$

　　场镜的放置方向,同样采取平面对着实际像面,如图 8-2 所示,与冉斯登目镜一样,也是为了使场镜产生正像散。

　　由于这种目镜能同时校正像散、彗差和倍率色差,因此它的视场为 $40° \sim 50°$,相对镜目距 $p'/f_e' = 1/4$。这种目镜的缺点是不能安装分划板,它被广泛地应用于观察显微镜中。

　　2. 凯涅尔目镜

　　冉斯登目镜可以安装分划板,能够校正像散和彗差,但不能校正倍率色差。如果把冉斯登目镜中的接眼镜换成双胶合透镜组,如图 8-3 所示,就有可能校正倍率色差,这就是凯涅尔目镜。

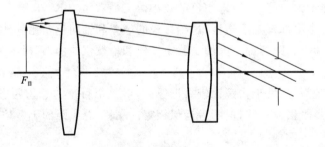

图 8-3　凯涅尔目镜

　　凯涅尔目镜的球差较大,当双胶合透镜使用平均色差大、折射率差小的玻璃,并减小场镜与接眼镜之间的距离时,除了能增大出射光瞳距离外,还能改善像质。它的视场可以达到 $40°$,甚至 $50°$,相对镜目距 $p'/f_e' = 1/2$。由于其出瞳距比冉斯登目镜的要大,因此用于对出瞳距要求较高的目镜系统,如军用目视光学仪器。

　　3. 对称式目镜

　　对称式目镜是目前应用很广的一种中等视场的目镜,它的结构如图 8-4 所示。它由两个双胶合透镜构成,为了加工方便,大多数对称式目镜都采用两个透镜组完全相同的结构。由薄透镜系统的消色差条件可知:如果这两个双胶合透镜组分别消色差,则整个系统可以同时消除轴向色差和倍率色差。另外,这种目镜还能够校正彗差和像散,与前面介绍的目镜相比较,对称式目镜的结构更紧凑,场曲更小。

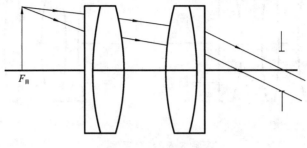

图 8-4 对称式目镜

对称式目镜的视场可以达到 $40°$,相对镜目距 $p'/f'_e = 1/1.3$。对称式目镜的出瞳距比较大,有利于减小整个仪器的体积和减轻重量,因此在一些中等倍率和对出瞳距要求较大的望远系统中应用广泛。

4. 无畸变目镜

无畸变目镜是另一种具有较大出瞳距的中等视场的目镜,其由一个平凸的接眼镜和一组三胶合透镜组构成,其结构如图 8-5 所示。接眼镜的焦距一般为 $f'_{眼} = 1.6 f'_e \approx 2p'$,为减少接眼镜产生的像差,一般采用折射率较高而色散较小的 ZK 类玻璃。三胶合透镜组主要起校正像差及调整光瞳位置的作用。

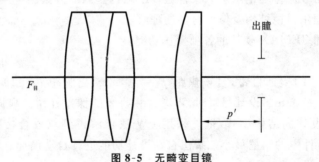

图 8-5 无畸变目镜

无畸变目镜的视场 $2\omega' = 40°$,相对镜目距 $p'/f'_e = 1/0.8$。基于上述特点,这种目镜广泛用于大地测量仪器和军用目视仪器中。这种目镜的畸变比一般目镜的小一些,通常在 $40°$ 视场内,相对畸变为 $3\% \sim 4\%$。

5. 广角目镜

上述几种目镜的视场都在 $40°$ 左右,为满足提高望远镜光学特性的要求,需要设计具有更大视场角同时又具有较大出瞳距的目镜。图 8-6 所示的为两种目前应用较多的视场在 $60°$ 以上的广角目镜结构。这两种广角目镜的共同点是接眼镜由两组透镜组成,区别是组成接眼镜的两组透镜型式不同。Ⅰ 型广角目镜中的接眼镜由一个平凸透镜和一个等半径的双凸透镜构成,两透镜光焦度大致相等,三胶合透镜用来校正像差,其中加入负光焦度是为了减小场曲。Ⅱ 型广角目镜,也称为艾尔弗目镜,接眼镜是由一个双胶合透镜和一个凸透镜组成,而另一个双胶合透镜也是用来补偿整个系统像差的,其负光焦度由前面一个凹面和胶合面产生,用于减小场曲。这两种广角目镜的光学特性分别为:对于 Ⅰ 型,$2\omega' = 60° \sim 70°$,$p'/f'_e = 2/3 \sim 3/4$;对

于 Ⅱ 型，$2\omega' = 60° \sim 65°$，$p'/f'_e = 2/3$。

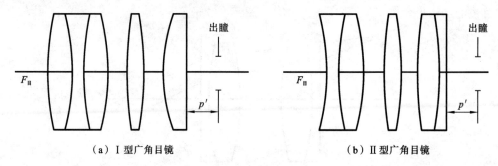

（a）Ⅰ型广角目镜　　　　　　　　　（b）Ⅱ型广角目镜

图 8-6　广角目镜

前面我们分析了目前常用的一些目镜的结构特点、像差性质和可能达到的光学特性，下面我们结合具体例子介绍目镜的设计方法。

8.3　实训项目 8

【实训目的】

（1）巩固目镜的外形尺寸计算方法。

（2）巩固利用初级像差理论求解双胶合透镜组结构参数的方法。

（3）加深对凯涅尔目镜结构及像差特性的理解。

（4）进一步巩固 ZEMAX 软件的各项操作功能。

【实训要求】

设计一个 $\varGamma = 6^{\times}$ 的望远目镜，目镜焦距 $f'_e = 20$ mm，出瞳距 $l'_z = 10$ mm，视场角 $2\omega' = 45.5°$，出瞳直径 $D' = 5$ mm。设计目镜时，不考虑和物镜的像差补偿。根据视场要求，选择凯涅尔目镜作为此次设计的结构型式，依然采用 PW 法求解得到双胶合接眼镜的初始结构参数，并用 ZEMAX 软件中的阻尼最小二乘法自动设计功能进行自动设计。

【实训预备知识】

1. 凯涅尔目镜的光学特性参数

前面说过，目镜一般由场镜和接眼镜两部分构成。其中场镜一般为放置在中间像面（视场光阑）附近的一块平凸透镜，它的作用为：调整系统的出瞳距，使系统满足"光瞳衔接"的要求；转折光路，以减小目镜的横向尺寸。

目镜是一个复杂的放大镜，理论上最后成像在无限远，而物体在有限远。根据设计经验，为了简化设计难度，我们采取倒追的方法，即进行光路的反向追迹，把视场光阑的位置作为像面。

首先要确定的是接眼镜的结构，因为场镜放置在像面附近，对像差无影响，对像差的主要要求在于接眼镜上。

组合焦距 $f'_e = 20$ mm，接眼镜焦距 $f'_{眼} \geqslant 20$ mm，根据前文所述的经验公式，一般取 $f'_{眼} = 1.2 f'_e = 24$ mm。因为反追，原来的出瞳距现在变成了入瞳距，因此符号要反过来，$l_z = -10$ mm。

参考正切法求焦距，进行归一化处理：$\bar{h}_z = \dfrac{-l_z}{f'_{眼}} = \dfrac{10}{24} = 0.417$。

2. PW 法求双胶合接眼镜的初始结构参数

需校正所有与视场有关的像差：S_{II}——彗差、S_{III}——像散、S_{IV}——场曲、S_V——畸变、C_{II}——倍率色差。

所以，应有 $S_{II}=0$，$S_{III}=0$，$S_{IV}=0$，$S_V=0$。

由于选取的目镜结构较简单，因此主要考虑彗差和像散的校正，有

$$\left.\begin{aligned}S_{II}&=\bar{h}_z \cdot \bar{P}^\infty+J\bar{W}^\infty=0 \\ S_{III}&=\bar{h}_z^2 \cdot \bar{P}^\infty+2Jh_z\bar{W}^\infty+J^2=0 \\ \bar{P}^\infty&=P_0+0.85(\bar{W}^\infty-0.15)^2\end{aligned}\right\} \quad (8\text{-}6)$$

根据式(8-6)有：$\bar{h}_z=\dfrac{0.4}{\sqrt{P_0}}=0.417$，$\bar{W}^\infty=2.6\sqrt{P_0}$。所以可求得 $P_0\approx0.920$，$\bar{W}^\infty\approx2.494$，$\bar{P}^\infty\approx5.590186$。

取 $\bar{C}_I=0$，因为场镜对像差没有影响（处于像面附近），故直接用双胶合来校正，所以 $\bar{C}_I=0$。由 $\bar{C}_I$、P_0 可以选玻璃对，为减小高级像差，尽可能采取 φ_1 和 Q_0 绝对值小的玻璃，使胶合面的半径尽量大一些，我们选用了 ZF3-ZK3 玻璃对，有关参数为：$P_0=0.948205$，$Q_0=4.096345$，$W_0=-0.196994$，$\varphi_1=-0.930599$，$A=2.345945$，$K=1.672972$，$n_1=1.712$，$n_2=1.5891$。

接下来计算接眼镜的各表面曲率半径，首先求形状因子 Q：

$$Q=Q_0\pm\sqrt{\frac{\bar{P}^\infty-P_0}{A}}=4.096345\pm\sqrt{\frac{5.590186-0.948205}{2.345945}}\approx\begin{cases}5.503017 \\ 2.689673\end{cases}$$

$$Q=Q_0-\frac{\bar{W}^\infty-W_0}{K}=4.096345-\frac{2.494-(-0.196994)}{1.672972}\approx4.1-\frac{2.5+0.2}{1.67}\approx2.483234$$

因此取 $Q\approx2.586$ 即可。

接着计算透镜组半径，计算方式和物镜相同，有

$$\left.\begin{aligned}\rho_2&=\varphi_1+Q=1.655 \\ \rho_1&=\frac{\varphi_1}{n_1-1}+\rho_2=0.348 \\ \rho_3&=\rho_2-\frac{1-\varphi_1}{n_2-1}=-1.622\end{aligned}\right\}$$

所以

$$r_1=\frac{f'_{眼}}{\rho_1}=68.966\text{ mm}$$

$$r_2=\frac{f'_{眼}}{\rho_2}=14.502\text{ mm}$$

$$r_3=\frac{f'_{眼}}{\rho_3}=-14.797\text{ mm}$$

取 $d_1=1.5$ mm，$d_2=4.5$ mm。

3. 场镜初始结构参数的求解

场镜在此处的作用是帮助光瞳衔接，改变出瞳的位置。正的场镜能使后面光组的通光口径减小，使物镜出瞳更靠近目镜，负场镜则相反。

设计思路如下。

（1）前文已知，因为要反追光线，原来的出瞳距变成了入瞳距，因此符号要反过来，入瞳距 $l_z = -10$ mm。

（2）该入瞳通过接眼镜成的像与物镜框是共轭的，但此时还不重合。

（3）在接眼镜后加上场镜，使之前的像再通过场镜成像到物镜框上，实现光瞳衔接。

（4）具体计算如下。

因为 $l_{z1} = -10$ mm，$f'_{眼} = 24$ mm，由 $\dfrac{1}{l'_{z1}} - \dfrac{1}{l_{z1}} = \dfrac{1}{f'_{眼}}$，得 $l'_{z1} = -17.2$ mm。

接眼镜和场镜之间的间隔 d 略小于 20 mm，取 $d = 18$ mm。

$l_{z2} = l'_{z1} - d = -35.2$ mm，考虑两个透镜组的主平面位置，取 $l_{z2} = -42$ mm。

而像距 $l'_{z2} = f'_{o} + l'_{F} = (6 \times 20 + 5)$ mm $= 125$ mm（取后截距 $l'_{F} = 5$ mm），目镜反追光路示意图如图 8-7 所示。

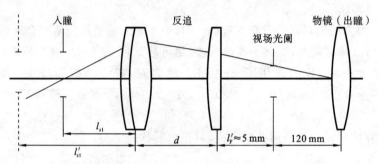

图 8-7 目镜反追光路示意图

由 $\dfrac{1}{l'_{z2}} - \dfrac{1}{l_{z2}} = \dfrac{1}{f'_{场}}$，得 $f'_{场} = 31.4$ mm。

场镜为平凸透镜，材料选 K9 玻璃，根据 $\varphi = (n-1)(\rho_4 - \rho_5)$ 得

$$\varphi = (n_3 - 1)(\rho_4 - \rho_5) = (1.5163 - 1)\left(\frac{1}{r_4} - \frac{1}{\infty}\right) = \frac{1}{31.4} \Rightarrow \begin{cases} r_4 = 16.2 \text{ mm} \\ r_5 = \infty \end{cases}$$

从而得到场镜的两个曲率半径，并且取场镜厚度为 4.5 mm。如此就可以算出凯涅尔目镜的 5 个曲率半径。

根据上述计算，已基本得到了要求设计的目镜的初始结构参数。

① 物距：∞。

② 半视场角：$\omega = 22.75°$。

③ 入瞳直径：$D_入 = 5$ mm。

④ 工作波长：可见光。

⑤ 折射面数：5 个，曲率半径分别是 $r_1 = 68.966$ mm、$r_2 = 14.502$ mm、$r_3 = -14.797$ mm、$r_4 = 16.2$ mm、$r_5 = \infty$。另外有 $d_1 = 1.5$ mm、$d_2 = 4.5$ mm、$d = 18$ mm、$d_3 = 4.5$ mm。同时有 $n_1 = 1.712$（ZF3）、$n_2 = 1.5891$（ZK3）、$n_3 = 1.5163$（K9）。

⑥ 入瞳距：$l_z = -10$ mm，光阑单独设置。

⑦ 上机后，优化调整焦距至 19.5～20.5 mm 即可。

⑧ 上机后，像差满足容限要求即可。

⑨ 光瞳要衔接，目镜的出瞳距在 (120±10) mm（$l'_{z2} = 125$ mm）范围内都是允许的。

【上机实训步骤】

1. 输入系统初始结构

(1) 启动 ZEMAX 软件,进入 ZEMAX 界面,在"镜头数据"界面新插入 5 行,在"曲率半径""厚度""材料"相应列中输入上文求解的半径、厚度和玻璃,如图 8-8 所示。注意:在输入玻璃时,必须保证在 ZEMAX 中存放的玻璃库有中国玻璃库。

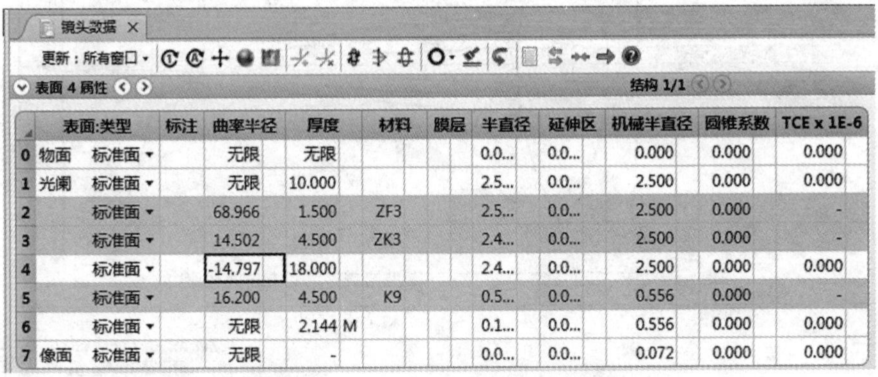

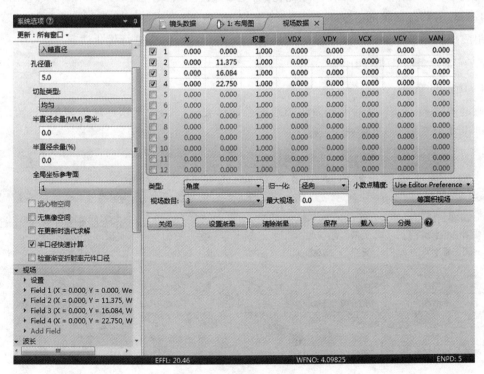

图 8-8　凯涅尔目镜的初始结构参数

(2) 输完半径、厚度和玻璃后,单击"系统选项"按钮,在"孔径类型"项中选取"入瞳直径",在"孔径值"中输入 5.0,如图 8-9 所示。单击"视场",将视场类型选择为"角度",设置 0.000、11.375、16.084、22.750 分别对应 0、0.5、0.7、1 视场。单击"波长",将"F,d,C(可见)"选为当前。至此,凯涅尔目镜的初始系统参数输入完成,其对应初始二维结构图如图 8-10 所示。

图 8-9　孔径、视场、波长的设置

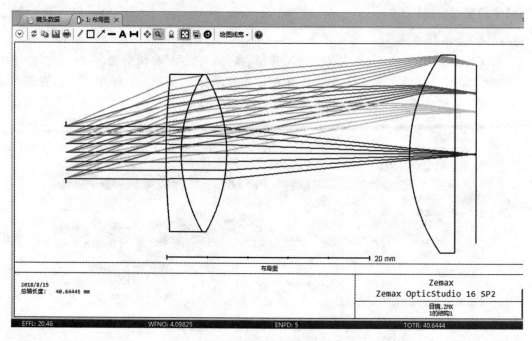

图 8-10　凯涅尔目镜的初始二维结构图

从图 8-10 的状态栏中可以看出,系统的焦距为 20.46 mm,与要求的 20 mm 非常接近。系统的图形非常正常,这说明利用初级像差方程式求解的双胶合接目镜非常有效,与场镜结合在一起的目镜的初始结构也很容易优化,并达到最佳状态。但从图 8-8 中可以看出,$l'_F =$ 2.144 mm,不符合要求的后截距 $l'_F = 5$ mm。此外,单击"分析"→"报告"→"系统数据",可以得到出瞳位置为 84.80251 mm,与要求的 120 mm 有差距,需要进行优化调整。

2. 对系统进行优化设计

1) 确定自变量

通过调整 r_4 和 d_4,使后截距及出瞳距符合设计要求。因此把这两项设置为变量,此外像距也可设置为变量,如图 8-11 所示。

	表面:类型		标注	曲率半径	厚度		材料	膜层	半直径	延伸区	机械半直径	圆锥系数	TCE x 1E-6
0	物面	标准面 ▼		无限	无限				无限	0.0...	无限	0.000	0.000
1	光阑	标准面 ▼		无限	10.000				2.5...	0.0...	2.500	0.000	0.000
2		标准面 ▼		68.966	1.500		ZF3		6.8...	0.0...	7.531	0.000	-
3		标准面 ▼		14.502	4.500		ZK3		7.4...	0.0...	7.531	0.000	-
4		标准面 ▼		-14.7... V	18.000	V			7.5...	0.0...	7.531	0.000	0.000
5		标准面 ▼		16.200	4.500		K9		9.4...	0.0...	9.447	0.000	-
6		标准面 ▼		无限	2.144	V			9.1...	0.0...	9.447	0.000	0.000
7	像面	标准面 ▼		无限	-				8.5...	0.0...	8.562	0.000	0.000

图 8-11　自变量的设定

2）建立评价函数并执行优化

单击"优化"选项卡中的"优化向导"，选择"RMS"中的"光斑半径"作为系统的最终优化目标，单击"确定"。然后在评价函数编辑器中，插入 3 行操作数，输入有效焦距操作数 EFFL，目标值为 20，权重为 1；输入操作数 CTVA，控制系统后截距，选择第 6 面，目标值为 5，权重为 1；输入操作数 EXPP，控制出瞳位置，目标值为 120，权重为 1。操作数设置完成后，单击"执行优化"按钮，选择"自动"迭代算法，单击"开始"，程序开始进行优化设计，评价函数从 14.250661242 降到 0.069016993，数值有很大的下降，如图 8-12 所示。优化后的系统数据，如图 8-13 所示。优化后的点列图如图 8-14 所示。

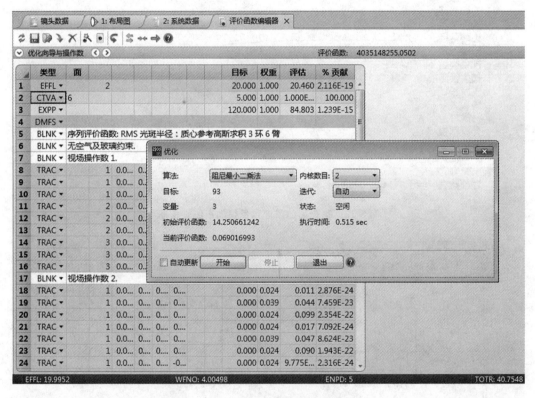

图 8-12　操作数的设置

由图 8-13 可以看出，系统的有效焦距、后截距、出瞳位置都基本达到了设计要求。但从图 8-14 可以看出，此时点列图的 RMS 半径较大，可再进一步优化校正像差。由于场镜产生的是正像散，可以用弯曲场镜来减小正像散，所以在接下来的优化中，将目镜的 5 个曲率半径都设为自变量，加上接眼镜和场镜之间的间隔 d_4，共 6 个变量，按照前面设定的评价函数及操作数，单击"执行优化"，评价函数从 0.425787951 降到 0.032374567，如图 8-15 所示。优化后的凯涅尔目镜的结构图、点列图、系统数据图分别如图 8-16、图 8-17、图 8-18 所示。

由图 8-16 可以看到，再次优化后的点列图的 RMS 半径大大减小。由图 8-18 可以看出，系统的焦距、后截距、出瞳位置达到了设计要求。

【实训小结及思考】

查询光学设计手册，结合第 3.10 节的内容可得目镜的像差容限公式，如表 8-1 所示。

有效焦距	:	19.99525	（在系统温度和压强的空气中）
有效焦距	:	19.99525	（在像方空间）
后焦距	:	5.748766	
总长	:	40.75475	
像方空间 F/#	:	3.99905	
近轴处理 F/#	:	3.99905	
工作F/#	:	4.004982	
像方空间 NA	:	0.1240638	
物方空间 NA	:	2.5e-10	
光阑半径	:	2.5	
近轴成像高度	:	8.384704	
近轴放大率	:	0	
入瞳直径	:	5	
入瞳位置	:	0	
出瞳直径	:	29.82379	
出瞳位置	:	119.9987	
视场类型	:	角度用度	
最大径向视场	:	22.75	
主波长	:	0.5875618 μm	
角放大率	:	-0.1676514	
透镜单位	:	毫米	
光源单位	:	瓦特	
分析单位	:	瓦特/cm^2	
无焦模式单位	:	毫弧度	
MTF 单位	:	周期/毫米	
计算数据保存于Session文件		: On	

图 8-13　优化后的凯涅尔目镜的系统数据图

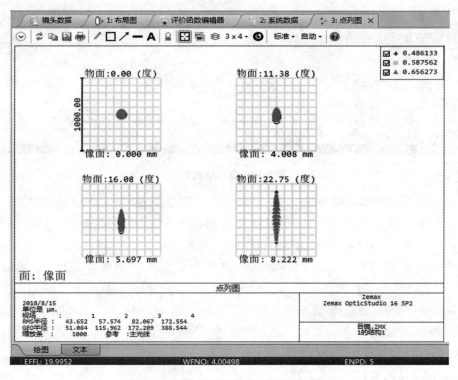

图 8-14　优化后的凯涅尔目镜的点列图

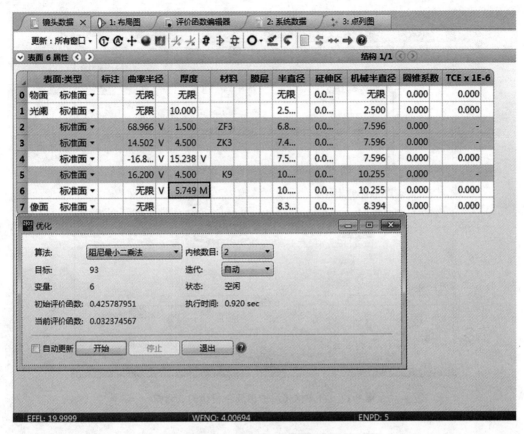

图 8-15 再优化时自变量的设定

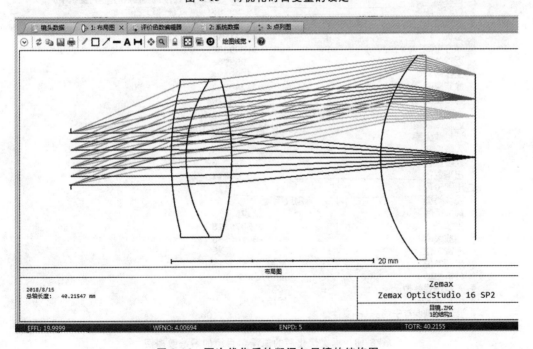

图 8-16 再次优化后的凯涅尔目镜的结构图

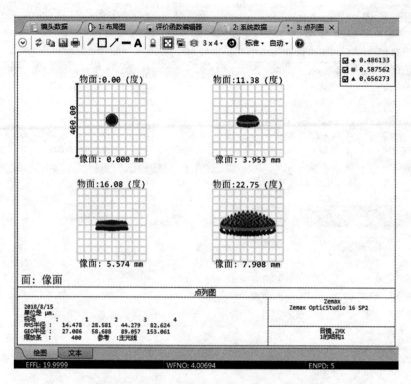

图 8-17　再次优化后的凯涅尔目镜的点列图

有效焦距	:	19.99993	(在系统温度和压强的空气中)
有效焦距	:	19.99993	(在像方空间)
后焦距	:	5.000104	
总长	:	40.21547	
像方空间 F/#	:	3.999986	
近轴处理 F/#	:	3.999986	
工作F/#	:	4.00694	
像方空间 NA	:	0.1240352	
物方空间 NA	:	2.5e-10	
光阑半径	:	2.5	
近轴成像高度	:	8.386666	
近轴放大率	:	0	
入瞳直径	:	5	
入瞳位置	:	0	
出瞳直径	:	30.00011	
出瞳位置	:	120	
视场类型	:	角度用度	
最大径向视场	:	22.75	
主波长	:	0.5875618 μm	
角放大率	:	-0.166666	
透镜单位	:	毫米	
光源单位	:	瓦特	
分析单位	:	瓦特/cm^2	
无焦模式单位	:	毫弧度	
MTF 单位	:	周期/毫米	
计算数据保存于Session文件	:	On	

图 8-18　再次优化后的凯涅尔目镜的系统数据图

表 8-1 目镜的像差容限

2ω	$<30°$	$30°\sim60°$	$>60°$
K'_T	$\dfrac{1.5\lambda}{n\sin u'}$	$\dfrac{1.5\lambda}{n\sin u'}$	$\dfrac{1.5\lambda}{n\sin u'}$
x'_{ts}	$\dfrac{2f'^2_e}{1000}$	$\dfrac{4f'^2_e}{1000}$	$\dfrac{6f'^2_e}{1000}$
x'_t,x'_s	$\dfrac{2f'^2_e}{1000}$	$\dfrac{4f'^2_e}{1000}$	$\dfrac{6f'^2_e}{1000}$
$\dfrac{\delta Y'_z}{Y'_z-\delta Y'_z}$	5%	7%	12%
$\Delta Y'_{FC}$	$\dfrac{0.001}{f'_e}$	$\dfrac{0.0015}{f'_e}$	$\dfrac{0.003}{f'_e}$

若视场边缘有 50% 的渐晕，子午彗差 K'_T 的容限为表 8-1 中数据的 2 倍。并且子午彗差 K'_T 只需考虑相对视场与相对孔径的乘积小于等于 0.5 的情况。有渐晕的目镜的实际像差容限，如表 8-2 所示。

表 8-2 有渐晕的目镜的实际像差容限

相 对 视 场	0.3、0.5	0.707、0.85、1
K'_T	0.014	0.014
x'_{ts}	0.8	1.6
x'_t,x'_s	0.8	1.6
$\dfrac{\delta Y'_z}{Y'_z-\delta Y'_z}$	5%	7%
$\Delta Y'_{FC}$	0.02	0.03

根据设计结果，分析像差是否在像差容限内。

8.4 实训项目 9

【实训目的】

(1) 了解两种广角目镜的结构及像差特点。

(2) 了解用查资料法生成初始结构。

(3) 用 ZEMAX 软件自动设计 Ⅰ 型广角目镜，进一步巩固 ZEMAX 软件的各项操作功能。

【实训要求】

设计一个 Ⅰ 型广角目镜，用于 $\Gamma=10^\times$ 的望远镜，目镜焦距 $f'_e=30$ mm，像方视场角 $2\omega'=60°$，出瞳直径 $D'=4$ mm，出瞳距离 $l'_z=20$ mm。望远镜的入瞳与物镜重合，设计目镜时，不考虑和物镜的像差补偿。

【实训预备知识】

由图 8-6 已知，Ⅰ 型广角目镜的基本结构是由两个光焦度大致相等的平凸透镜和双凸透镜构成的,称为接眼镜,起成像作用。为了减少色差,这两个透镜应采用低色散的冕牌玻璃,视场角越大,要求玻璃的折射率越高。对 60°视场的目镜,可采用折射率较低的 K 类玻璃,如 K9。对 70°视场的目镜,一般采用折射率较高的 ZK 类玻璃,如 ZK3、ZK7 等。校正结构是一个三胶合透镜组,主要校正垂轴色差和像散,中间的负透镜采用高折射率($n>1.7$)和高色散的 ZF 类玻璃,两边的两个正透镜则用低折射率和低色散的 K 类玻璃。

按反向光路设计目镜时,光学特性要求为:$f_e'=30$ mm;物方视场角 $2\omega=60°$;入瞳直径 $D=4$ mm;入瞳距离 $l_z=-20$ mm;后截距 $l_F'=10$ mm;则出瞳距离为:$l_z'=f_e'+l_F'=(30\times10+10)$ mm$=310$ mm。

通过查资料,确定 I 型广角目镜的初始结构参数,如表 8-3 所示。

表 8-3　I 型广角目镜的初始结构参数

曲率半径 r/mm	厚度 d/mm	玻璃(折射率 n)
∞(物面)	无限	
∞(光阑)	20	
∞	5	K9(1.51389)
−31	0.2	
62	6	K9(1.51389)
−62	0.2	
31	11	K9(1.51389)
−31	2.5	ZF6(1.74733)
31	7	K9(1.51389)
∞	用边缘光线高度自动求出	
∞(像面)		

将上述数据输入 ZEMAX 软件中进行自动优化设计。

【上机实训步骤】

1. 输入系统初始结构

(1) 启动 ZEMAX 软件,进入 ZEMAX 界面,在"镜头数据"界面新插入 8 行,在"曲率半径""厚度""材料"相应列中输入表 8-3 中的曲率半径、厚度和玻璃,如图 8-19 所示。注意:在输入玻璃时,必须保证在 ZEMAX 中存放的玻璃库有中国玻璃库,否则会出现错误信息,如图 8-20 所示。

(2) 输完曲率半径、厚度和玻璃后,单击"系统选项"按钮,在"孔径类型"项中选取"入瞳直径",在"孔径值"中输入 4.0,如图 8-21 所示。单击"视场",将视场类型选择为"角度",设置 0、15、21、30 分别对应 0、0.5、0.7、1 视场。单击"波长",将"F,d,C(可见)"选为当前。至此,I 型广角目镜的初始系统参数输入完成。其对应初始二维结构图如图 8-22 所示,初始点列图如图 8-23 所示。

从图 8-22 的状态栏中可以看出,系统的焦距为 25.4411 mm,与要求的 30 mm 相差甚远。从图 8-19 中可以看出,后截距 $l_F'=7.776$ mm,不符合要求的后截距 $l_F'=10$ mm。由系统数据

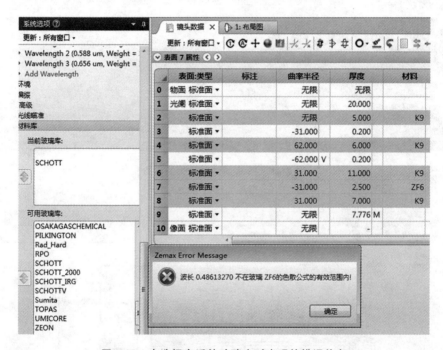

图 8-19　Ⅰ型广角目镜的初始结构参数

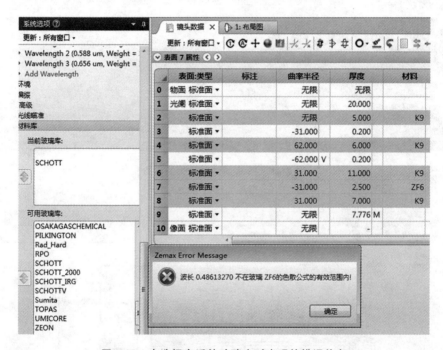

图 8-20　未选择合适的玻璃库时出现的错误信息

可知,出瞳位置为 -166.3173 mm,与要求的出瞳位置 -300 mm 差距也较大。从图 8-23 可以看出,初始点列图较大,说明此时的结构参数不太理想,因此需要对初始系统进行调整及优化,使之达到预期的设计要求。

2. 对系统进行优化设计

1) 满足焦距及光瞳位置设计

为使系统的焦距和光瞳位置满足要求,首先改变 r_6,使焦距大致符合要求,这时会影响光瞳位置,然后改变 r_9,保证光瞳位置的要求,当然它又反过来影响系统的焦距,这样反复修改 r_6 和 r_9,使焦距和光瞳位置逐次接近要求值,直至基本符合要求为止。

将 r_6、r_9 设为自变量,建立评价函数并执行优化,具体方法为:单击"优化"选项卡中的"优

图 8-21　孔径、视场、波长的设置

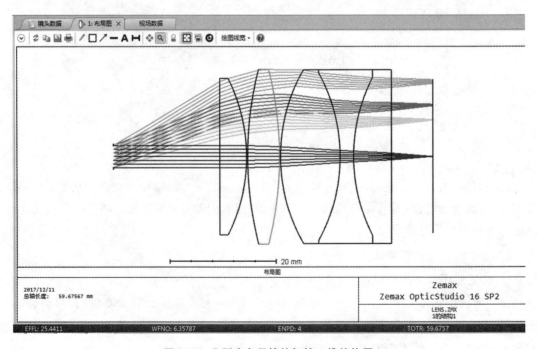

图 8-22　Ⅰ型广角目镜的初始二维结构图

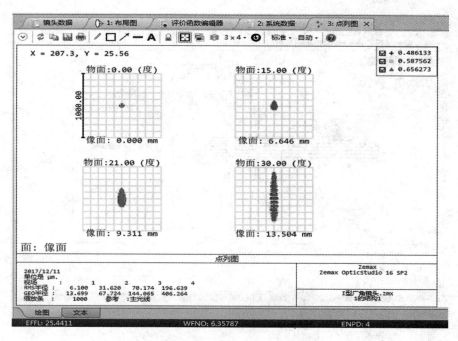

图 8-23 Ⅰ型广角目镜的初始点列图

化向导",选择"RMS"中的"光斑半径"作为系统的最终优化目标,单击"确定"。然后在操作数中插入 2 行,输入有效焦距操作数 EFFL,目标值为 30,权重为 1;输入出瞳位置操作数 EXPP,目标值为−300,权重为 1。操作数设置完成后,单击"执行优化"按钮,选择"自动"迭代算法,单击"开始",程序开始进行优化设计,如图 8-24 所示。优化后的二维结构图如图 8-25 所示,优化后的点列图如图 8-26 所示。

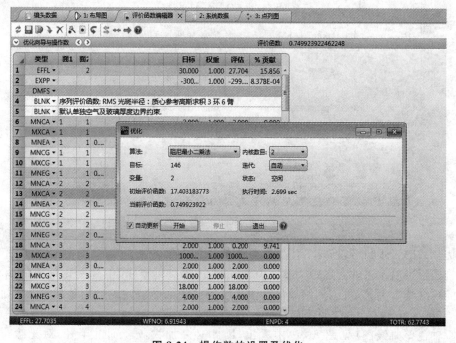

图 8-24 操作数的设置及优化

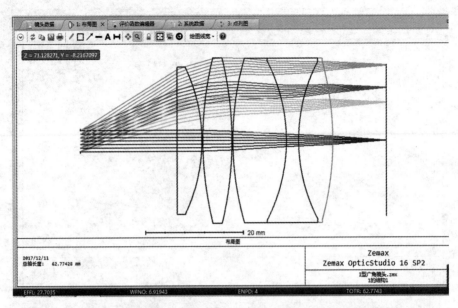

图 8-25　第一次优化后的Ⅰ型广角目镜的二维结构图

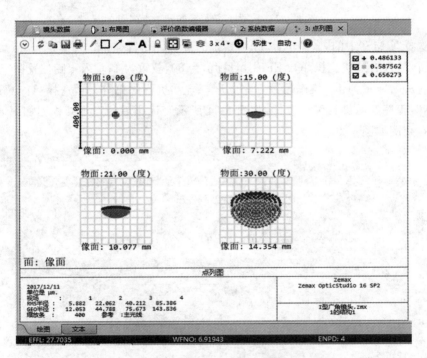

图 8-26　第一次优化后的Ⅰ型广角目镜的点列图

　　由优化后的三张图可以看出,评价函数大幅下降,且点列图的 RMS 半径也大幅减小,系统的结构图形也趋于正常。焦距为 27.7035 mm,比较接近要求,但还是比理想值稍小一些,我们不能再继续增大 r_6,可以用缩放的办法来解决焦距问题。此时的出瞳位置为 -299.9833 mm,与 -300 mm 很接近,故暂不修改 r_9。从点列图中可以看到,系统的倍率色差稍大,这也可以从垂轴色差曲线图(见图 8-27)中看出,因此必须加大胶合面的半径,对光瞳位置也有影响。

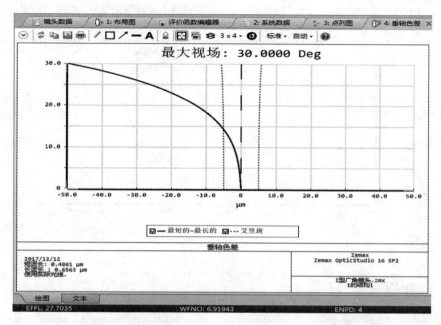

图 8-27 第一次优化后的 I 型广角目镜的垂轴色差曲线图

2）改变胶合面半径校正像散和垂轴色差

在三胶合透镜中，r_7、r_8 这两个胶合面中的 r_8 主要影响垂轴色差，对像散影响较小，将 r_8、r_9 作为自变量，仍采用原有的评价函数进行优化，得到的点列图如图 8-28 所示，垂轴色差曲线图如图 8-29 所示。

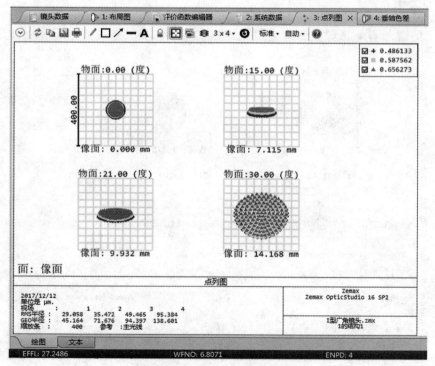

图 8-28 改变胶合面后的点列图

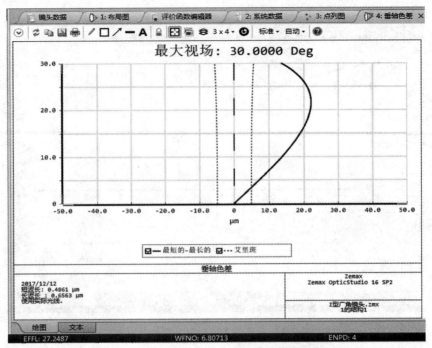

图 8-29　改变胶合面后的垂轴色差曲线图

由图 8-28、图 8-29 可以看出，虽然点列图的光斑半径稍有增大，但系统的倍率色差得到了较好的改善。由于焦距还是不太符合要求，因此重复第 1 步，把 r_6、r_9 设为自变量，再优化一次，得到的点列图如图 8-30 所示，垂轴色差曲线图如图 8-31 所示。

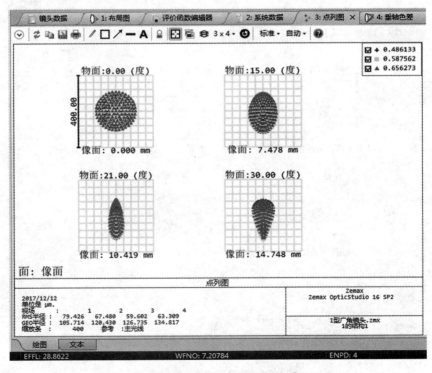

图 8-30　再次优化后的 I 型广角目镜的点列图

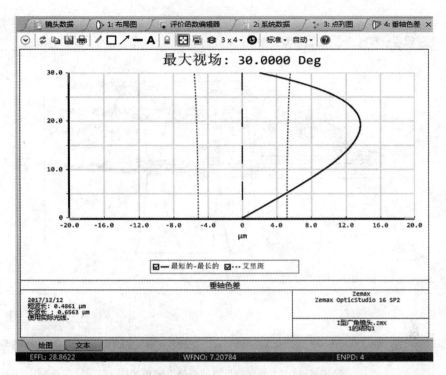

图 8-31　再次优化后的Ⅰ型广角目镜的垂轴色差曲线图

从再次优化后的点列图及垂轴色差曲线图可以看出,倍率色差得到了校正。通过镜头缩放,使焦距达到设计要求,最终的Ⅰ型广角目镜的结构参数及二维结构图分别如图 8-32、图 8-33 所示。

	表面：类型	标注	曲率半径	厚度	材料	膜层	半直径	延伸区	机械半直径	圆锥系数	TCE x
0	物面 标准面 ▼		无限	无限			无限	0.000	无限	0.000	0.
1	光阑 标准面 ▼		无限	20.791			2.079	0.000	2.079	0.000	0.
2	标准面 ▼		无限	5.198	K9		14.083	0.000	14.666	0.000	
3	标准面 ▼		-32.226	0.208			14.666	0.000	14.666	0.000	
4	标准面 ▼		64.453	6.237	K9		16.252	0.000	16.415	0.000	
5	标准面 ▼		-64.453 P	0.208			16.415	0.000	16.415	0.000	
6	标准面 ▼		93.739 V	11.435	K9		16.365	0.000	16.365	0.000	
7	标准面 ▼		-32.226	2.599	ZF6		15.970	0.000	16.365	0.000	
8	标准面 ▼		58.501	7.277	K9		16.134	0.000	16.365	0.000	
9	标准面 ▼		-53.840 V	12.971 M			16.297	0.000	16.365	0.000	0.
10	像面 标准面 ▼		无限	-			15.320	0.000	15.320	0.000	0.

图 8-32　Ⅰ型广角目镜的最终结构参数

【实训小结及思考】

(1)为使问题简化,本例没有考虑和物镜的像差补偿问题,若考虑目镜补偿物镜的像差,主要考虑的像差是像散和垂轴色差。在目镜中也有一些像差不能完全校正,主要是球差和轴向色差,也需要物镜补偿。

(2)在设计过程中,若校正结构的三个半径已无法改变,想进一步校正垂轴色差,只能更

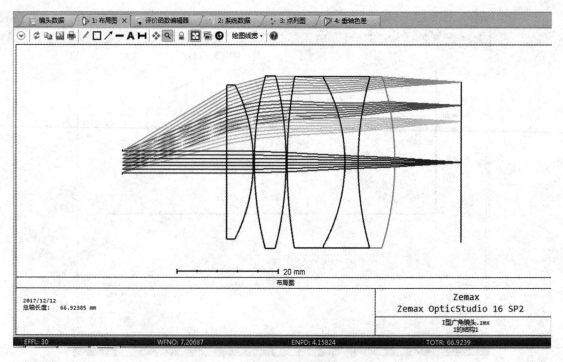

图 8-33 Ⅰ型广角目镜的最终二维结构图

换玻璃。采用加大折射率差,而保持色散差不变的方法,一方面可以达到校正色差的目的,同时可以使胶合面半径增大,以减小目镜的高级子午场曲和畸变。

思 考 题

(1)设计一个双胶合组完全对称式目镜,用于 $\Gamma=4^{\times}$ 的望远镜,目镜焦距 $f'_e=25$ mm,像方视场角 $2\omega'=40°$,出瞳直径 $D'=4$ mm,出瞳距离 $l'_z=20$ mm。望远镜的入瞳与物镜重合,设计目镜时,不考虑和物镜的像差补偿。初始结构参数如表 8-4 所示。提示:按反向光路设计目镜。

表 8-4 对称式目镜的初始结构参数

曲率半径 r/mm	厚度 d/mm	玻璃(折射率 n)
∞(物面)	无限	
∞(光阑)	20	
1000	2.5	ZF2(1.666602)
32.2	7.5	K9(1.51389)
−21.3	0.5	
21.3	7.5	K9(1.51389)
−32.2	2.5	ZF2(1.666602)
−1000	120	
∞(像面)		

（2）设计一个焦距 $f'_e = 25$ mm 的无畸变目镜,正向光路的入瞳位于目镜前方约 160 mm 处,目镜的像方视场角 $2\omega' = 40°$,出瞳直径 $D' = 2$ mm,出瞳距离 $l'_z = 12$ mm。望远镜的入瞳与物镜重合,设计目镜时,不考虑和物镜的像差补偿。初始结构参数如表 8-5 所示。提示:按反向光路设计目镜。

表 8-5　无畸变目镜的初始结构参数

曲率半径 r/mm	厚度 d/mm	玻璃(折射率 n)
∞(物面)	无限	
∞(光阑)	12	
∞	4	ZK7(1.61000)
−14.7	0.2	
20.9	7	K9(1.51389)
−14.7	2	ZF2(1.666602)
14.7	7	K9(1.51389)
−20.9	160	
∞(像面)		

第9章　照相物镜设计训练

9.1　照相物镜的发展及其基本结构

　　所谓照相镜,一般指照相机镜头,分为固定和非固定两种,都是安装在照相机的前端。它的作用是通过光线把景物集结成影像并投射到感光片上,使感光片接收到清晰的影像。它的好坏直接决定了照相机的性能。它由一系列光学镜片和镜筒组成,每个镜头都有焦距和相对口径两个特征数据。

　　照相物镜的发展经历了许多年,经过不断地更新与发展,其实际用途越来越广,成像质量也越来越好,其发展历程如下。

1. 风情摄影物镜

　　最早的照相镜是在 1812 年出现的单片的正弯月透镜,其对孔径小于 1/14,视场在 50°以内,可用于在室外照明情况良好的条件下拍照。1821 年出现胶合的透镜,代替了弯月形透镜,双胶合透镜因色差得到校正,成像质量有所提高,但制作成本比较高。正、负透镜分离的形式可以得到更好的成像质量,因为双分离情形下可以更好地校正色散。该类照相物镜的结构演变,如图 9-1 所示。

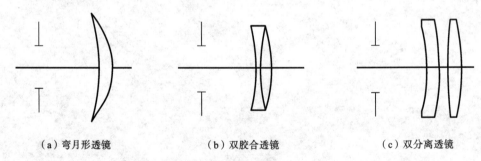

　　（a）弯月形透镜　　　　　　　（b）双胶合透镜　　　　　　　（c）双分离透镜

图 9-1　风情摄影物镜

2. 匹兹万物镜

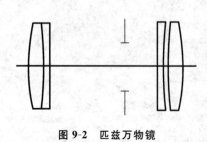

图 9-2　匹兹万物镜

　　1840 年,匹兹万设计出了一个相对孔径为 1/3.4,视场为 25°左右的物镜,即匹兹万人像物镜,该物镜可用于室内摄影,这是第一个依靠设计而制造出来的照相物镜。匹兹万物镜是 1910 年以前所有物镜中相对孔径最大的,它在近轴部分的成像优良,至今仍用在电影放映物镜等需要大孔径、小视场物镜的场合。匹兹万物镜的改进型式很多,也是现在五大类物镜中的一类。其结构如图 9-2 所示。

3. 对称型物镜

最早出现的对称型物镜,相对孔径很小,如斯坦赫尔物镜,其相对孔径为 1/30,视场为 70°,只能用于风景摄影,如图 9-3(a)所示。海普岗物镜是这种类型的极限结构,是冯虚格在 1900 年设计出的,两个透镜的外表几乎是半球面,具有 140°左右的视场,相对孔径很小,为 1/30,但它具有大的无畸变视场,至今仍被用在航测仪器中,如图 9-3(b)所示。

随着像差理论的发展,人们认识到对称的胶合透镜可以把像差校正得很好。1866 年,人们设计出了如图 9-3(c)所示的物镜,其相对孔径为 1/8,视场为 50°,物镜的球差、色差和彗差都有很好的校正,畸变和倍率色差也因结构对称而不大。

重钡冕玻璃的出现使得在 1890 年设计出了普罗塔物镜,如图 9-3(d)所示。该物镜因其校正了匹兹伐尔场曲及像散而优于之前的所有物镜,它的相对孔径为 1/18~1/4.5,视场为

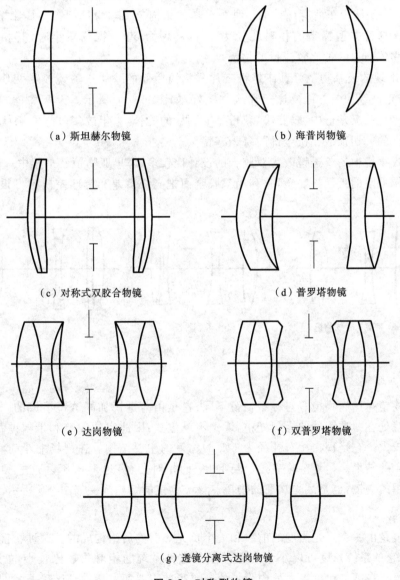

(a) 斯坦赫尔物镜   (b) 海普岗物镜

(c) 对称式双胶合物镜   (d) 普罗塔物镜

(e) 达岗物镜   (f) 双普罗塔物镜

(g) 透镜分离式达岗物镜

图 9-3 对称型物镜

40°～90°，由它拍摄的整张照片都是清晰的。

1892 年和 1894 年，利用新老玻璃的组合，分别生产出了质量更好的达岗物镜（见图 9-3 (e)）和双普罗塔物镜（见图 9-3(f)）。这两种物镜至今还在生产，它们的相对孔径为 1/6，视场为 60°。这类物镜的自由度较多，每一半都可以单独校正像差，因而一个物镜可作为两种焦距的物镜使用。

从达岗物镜出发，把靠近光阑的两透镜从胶合组里分离出来，利用多出的自由度，设计出了相对孔径为 1/4 和视场为 70°的透镜分离式达岗物镜，这种物镜至今仍是主要的航摄物镜之一，如图 9-3(g)所示。

4．三片式物镜

1893 年，丹尼斯·泰洛将分离薄透镜作为对称型的一半，设计出了柯克三片式物镜，如图 9-4(a)所示。这是能校正所有像差的一种最简单的结构，在非对称情况下，其独立变数恰能校正七种像差。这种类型物镜的相对孔径为 1/4，视场为 50°。视场减小时，其相对孔径可达 1/2.8，现在它依旧是一种比较流行的物镜。

1902 年出现的天塞物镜可看作是将三片式物镜后面的一块正透镜改为两块玻璃胶合的结果，它在校正高级像差方面要比三片式物镜好，如图 9-4(b)所示。天塞物镜的光学结构简单，它的解像力高、反差适中、畸变小，获得了"鹰眼"的美誉，当年被蔡司公司尊为头号镜头，蔡司公司所生产的一切顶级相机全部配备天塞镜头。

将三片式物镜中的单透镜改为双胶合的设计比较多，海里亚物镜就是其中一种，也是美国在二战中用得最多的夜航摄物镜，它利用双胶合面把高级彗差和带球差校正得很好，如图 9-4 (c)所示。

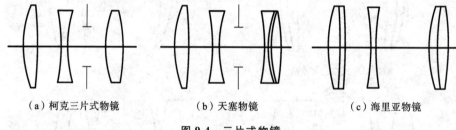

（a）柯克三片式物镜　　　（b）天塞物镜　　　（c）海里亚物镜

图 9-4　三片式物镜

5．双高斯物镜

双高斯物镜与达岗物镜等对称型物镜不同，它是由薄透镜加厚透镜组成的。由于具有小半径的厚透镜处在薄透镜后的会聚光中，近于不晕位置，因此它的像差和带像差都有所缩小，相对孔径比较大。它是现在相对孔径为 1/2 的物镜的主要结构。在视场缩小时，可得到相对孔径为 1/1.4 的结果。稍复杂化后，可得到更大的相对孔径，达 1/0.85。这一类型的物镜是目前普遍使用的物镜，也是最受欢迎的物镜。该类物镜的结构演变如图 9-5 所示。

6．摄远物镜

摄远物镜是由一个正光焦度的前组和一个负光焦度的后组构成的。这种物镜主要用于长焦距物镜中，它的系统长度可以小于焦距。但是这种系统的相对孔径比较小，如图 9-6(a)所示。摄远物镜是在第二次世界大战中为了侦察摄影的需要而发展的。比较著名的有蔡司公司的摄远天塞物镜，其相对孔径为 1/6.3，视场为 35°～40°，如图 9-6(b)所示。改进的泰来康摄

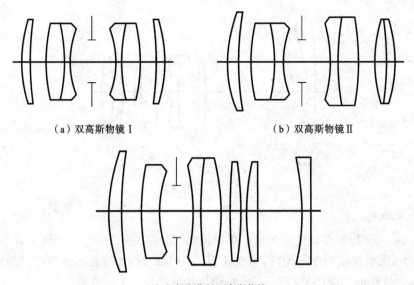

（a）双高斯物镜 I （b）双高斯物镜 II

（c）复杂化的双高斯物镜

图 9-5　双高斯物镜

远物镜的相对孔径为 1/6.3,视场为 30°,畸变小于 0.2%,如图 9-6（c）所示。美国在二战中也生产了大量的摄远物镜,如图 9-6（d）所示,其焦距为 1 m,相对孔径为 1/8 或 1/5.6。

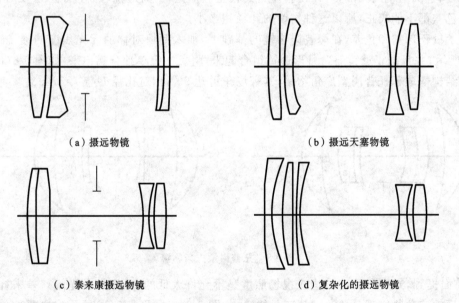

（a）摄远物镜 （b）摄远天塞物镜

（c）泰来康摄远物镜 （d）复杂化的摄远物镜

图 9-6　摄远物镜

7. 反摄远物镜

在电影摄影中,常常用到短焦距物镜,为了在物镜后面能安装取景棱镜,因而要求有长的后工作距。这就需要使用所谓的反摄远物镜,它是由正、负分离的负、正光组构成的,如图 9-7 所示。靠近物空间的光组具有负光焦度,称为前组;靠近像面的光组具有正光焦度,称为后组。由于负透镜位于正透镜之前,从而使像方主平面后移至正透镜右侧靠近像平面的空间里,达到后工作距大于焦距的目的。

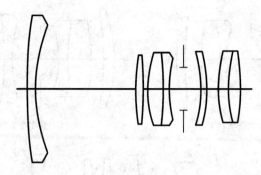

图 9-7　反摄远物镜

8. 超广角物镜

视场角 $2\omega > 90°$ 的照相物镜称为超广角物镜,它是航空摄影中常用的镜头。由于视场大,轴外像差也大,因而像面照度不均匀,当视场角 $2\omega = 120°$ 时,边缘视场的照度仅为中心视场照度的 6.25%。这样的照度比例对于底片,特别是彩色底片是不允许的。

所以,研究轴外像差的校正问题和像面照度的补偿问题是设计超广角物镜的两个关键。为了校正轴外像差,将超广角物镜做成弯向光阑的对称型结构,如最早出现的海普岗物镜,就是由两个弯曲得非常厉害的弯月形透镜构成的,如图 9-3(b)所示。对称性使垂轴像差自动得到校正,调整两透镜的间隔,可以使彗差得到校正。但是,因为透镜弯曲过于厉害及对称排列,球差和色差都不能校正,所以这种物镜的孔径相当小。

为了校正球差和色差,在海普岗物镜的基础上,加入两块对称的无光焦度的透镜组,如图 9-8(a)所示;并且把正透镜与弯月形透镜组合起来,将负透镜单独分离出来,如图 9-8(b)所示,这两种结构构成了托普岗型广角物镜,其视场角可达 90°,相对孔径 $D/f' = 1/6.3$。

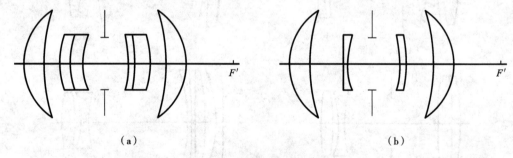

(a)　　　　　　　　　　　　　　　(b)

图 9-8　托普岗型广角物镜

前面提到,超广角物镜的边缘视场照度是不允许太低的,采用加大光阑彗差来补偿边缘像面照度的广角物镜就是鲁萨型超广角物镜,如图 9-9(a)和图 9-9(b)所示。这两种鲁萨型物镜的相对孔径可达 1/8,视场角可达 122°。虽然这种超广角物镜的照度得到了补偿,但增大了轴外像差,并影响了轴外分辨率。

还有一种超广角物镜是瑞士设计出的阿维岗超广角物镜,它是一个四球壳的物镜,有的可做成五球壳或六球壳。其相对孔径可达 1/5.6,如图 9-10 所示。

9. 变焦距物镜

变焦距物镜是一种利用系统中某些镜组的相对位置移动来连续改变焦距的物镜,特别适

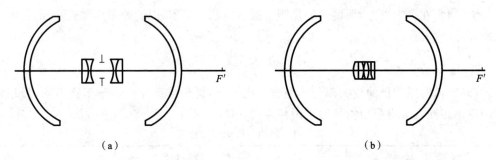

（a） （b）

图 9-9 鲁萨型超广角物镜

用于电影或电视摄影,能达到良好的艺术效果。变焦距物镜在变焦过程中除需满足像面位置不变、相对孔径不变(或变化不大)这两个条件外,还必须使各档焦距均有满足要求的成像质量。

变焦或变倍的原理基于成像的一个简单性质——物像交换原则,即透镜要满足一定的共轭距可有两个位置,这两个位置的放大率分别为 β 和 $1/\beta$。若物面一定,当透镜从一个位置向另一个位置移动时,像面将要发生移动,若采取补偿措施使像面不动,便构成一个变焦距系统。

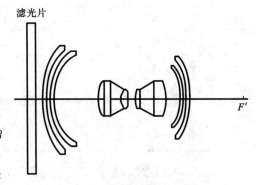

滤光片

图 9-10 阿维岗超广角物镜

10. 折反射照相物镜

照相物镜的折反射系统主要用在长焦距系统中,目的是利用反射镜折叠光路,或者是为了减少系统的二级光谱色差。该类系统普遍存在的问题:由于像面和主反射镜接近,因此主反射镜上的开孔要略大于幅面对角线。若要增加系统的视场,就必须扩大开孔,这样就增加了中心遮光比。另外,这种系统的杂光遮拦问题比较难以处理。

总之,照相物镜经过长期的发展演变,目前常用的结构主要有:三片式物镜、双高斯物镜、摄远物镜、反摄远物镜、超广角物镜等。如果以镜头在拍摄时的一个主要特征视场角来加以区分,大致可以分成标准镜头、广角镜头、长焦距镜头等。

9.2 照相物镜的光学特性及设计特点

9.2.1 照相物镜的光学特性

照相物镜的特点是以感光底片(或 CCD)作为接收器,即把外界景物成像在感光底片(或 CCD)上,使底片曝光(或通过 CCD 的输出)产生影像。照相物镜的基本光学特性主要由三个参数表征,即焦距 f'、相对孔径 D/f' 和视场角 2ω。

1. 焦距 f'

照相物镜焦距的大小,决定了照片上的像和实际物体的比例。对于一般照相机来说,物距

都比较大,通常在一米以上,而镜头的焦距一般只有几十毫米,因此像平面靠近焦面,像距近似与焦距相等,故有:

$$\beta = \frac{l'}{l} \approx \frac{f'}{l} \tag{9-1}$$

式(9-1)说明照相机的放大率与焦距成正比,而与物距成反比。由于用途不同,照相物镜的焦距也不相同。常用照相物镜的焦距标准,如表 9-1 所示。

表 9-1　照相物镜的焦距标准

物 镜 类 型	物镜焦距 f'/mm
鱼眼物镜	7.5、15
超广角物镜	17、20
广角物镜	24、28、35
标准物镜	50
短望远物镜	85、100
望远物镜	135、200、300
超望远物镜	400、500、600、800、1200

由表 9-1 可以看出,照相物镜的焦距短的只有几毫米,长的可达到一米,甚至更长。

2. 相对孔径 D/f'

照相物镜的相对孔径决定了其受衍射限制的最高分辨率和像面光照度。这里的最高分辨率即通常所说的截止频率 N,有:

$$N = \frac{D/f'}{\lambda} = \frac{2u'}{\lambda} \tag{9-2}$$

式中:u' 为孔径角。

照相物镜中只有很少的几种物镜,如微缩物镜和制版物镜等,追求高分辨率,因多数照相物镜接收器的分辨率不高,因此提高相对孔径并不是为了提高物镜分辨率,而是为了提高像面光照度 E',E' 的表达式为

$$E' = \frac{1}{4} \pi L \tau \, (D/f')^2 \tag{9-3}$$

式中:τ 为物镜的透过率;L 为物体光亮度。

从式(9-3)可以看出,当物体光亮度与光学系统的透过率一定时,像面光照度仅与相对孔径的平方成正比。

照相物镜按其相对孔径的大小,大致分为:

① 弱光物镜,相对孔径小于 1/9;

② 普通物镜,相对孔径为 1/9～1/3.5;

③ 强光物镜,相对孔径为 1/3.5～1/1.4;

④ 超强光物镜,相对孔径大于 1/1.4,甚至高达 1/0.6。

弱光物镜要求有非常好的照明条件,而且对曝光时间没有要求,通常只用在户外拍摄。普通物镜和强光物镜则广泛应用于各种照明条件下。超强光物镜则在拍摄快速运动物体和照明条件不好的场合下使用。

为了使同一照相物镜在各种照明条件下所拍摄的像具有适当的光照度,照相物镜的孔径光阑均采用直径可以连续变化的可变光阑。像面光照度每档之间相差 1/2 倍,把相对孔径的倒数称为 F 数或 F 光圈,相对孔径与 F 数的关系如表 9-2 所示。

表 9-2　相对孔径与 F 数的关系

相对孔径	1/1	1/1.4	1/2	1/2.8	1/4	1/5.6	1/8	1/11	1/16	1/22	1/32
F 数	1	1.4	2	2.8	4	5.6	8	11	16	22	32

F 数只表明物镜的名义相对孔径,称为光阑指数,如考虑光学系统透过率的影响,那么表明实际相对孔径的有效光阑指数则为

$$F/\sqrt{\tau}=T \tag{9-4}$$

式中:T 为光圈。

3. 视场角 2ω

照相物镜的视场角决定了被摄景物的范围。在画面大小一定的条件下,视场角直接和物镜的焦距有关。无限远物体的理想像高公式为

$$y'=-f'\tan\omega \tag{9-5}$$

根据式(9-5)可以看出,具有较长焦距的物镜,只能有较小的视场,而焦距短的物镜,则是广角的。按视场角的大小,照相物镜又分为:

① 小视场物镜,视场角小于 30°;

② 中视场物镜,视场角为 30°～60°;

③ 广角物镜,视场角为 60°～90°;

④ 超广角物镜,视场角大于 90°。

在一定的成像质量要求下,照相物镜的三个光学特性参数之间,存在着相互制约的关系。在物镜结构的复杂程度大致相同的情况下,提高其中任意一个光学特性,则必然使其他两个光学特性降低。伏洛索夫研究了若干优良物镜后,曾得出一个经验公式来表示三个光学特性参数之间的关系,其公式为

$$D/f' \cdot \tan\omega \sqrt{\frac{f'}{100}}=C_{\mathrm{m}} \tag{9-6}$$

对多数照相物镜而言,C_{m} 差不多是个常数,约为 0.24。既然照相物镜的三个光学特性参数代表了一个物镜的性能指标,那么它们的积为

$$f' \cdot (D/f') \cdot \tan\omega=2y\tan\omega=2J \tag{9-7}$$

式中:J 为拉赫不变量,因此,拉赫不变量可以表征一个物镜总的性能指标。

中等复杂程度的照相物镜,随着相对孔径的减小,视场角增加的情况如表 9-3 所示。

表 9-3　相对孔径与视场角的关系(焦距为 100 mm 时)

相对孔径	1/1	1/2	1/3	1/4.5	1/6	1/8
视场角	20°	50°	60°～65°	75°	90°	120°

总体来看,照相物镜是视场角和相对孔径都比较大的光学系统。因此,在设计照相物镜时,一般七种像差都需要校正,同时照相物镜还要求在一定程度上校正高级像差。

照相物镜的分辨率是相对孔径和像差残余量的综合反映。在相对孔径确定后,制定一个

既能满足使用要求,又易于实现的像差最佳校正方案,是非常必要的。为此,首先必须有一个正确的像质评价方法。在像差校正过程中,为方便起见,往往采用弥散斑半径来衡量像差的大小,最终以光学传递函数对成像质量做出评价。

9.1.2 照相物镜的设计特点

由于照相物镜的光学特性变化范围很大,视场和相对孔径一般都比较大,需要校正的像差大大增加,结构也比较复杂,它的设计比前面讲过的几种系统要困难得多。对于具有不同结构、不同光学特性的照相物镜,需要校正的像差不同,设计方法和步骤也有差别。

由于照相物镜中的高级像差较大,结构也较复杂,因此照相物镜设计的原始系统一般都不用初级像差求解的方法来确定,而是根据要求的光学特性和成像质量从手册、资料或专利文献中找出一个和设计要求比较接近的系统作为原始系统。上文介绍了各种不同结构的照相物镜及其光学特性,可使大家在选择原始系统时,知道根据不同的光学特性和像质要求,大体上应该选用什么样的结构型式,再有目的地寻找所需要的原始系统。

在原始系统确定以后,需要校正像差,对于具有不同光学特性和不同结构型式的系统,需要校正的像差是不同的。我们把照相物镜的像差校正大体分成三个阶段来进行。

1. 校正基本像差

在照相物镜设计中,所谓的基本像差一般指全视场和全孔径的像差,具体包括如下几方面。

(1) 轴上点孔径边缘光线的球差 $\delta L'_m$ 和正弦差 SC'_m。

(2) 边缘视场像点的细光束子午场曲 x'_{tm} 和 x'_{sm}。

(3) 轴上点的位置色差 $\Delta l'_{gC}$ 和全视场的倍率色差 $\Delta Y'_{gCm}$。在照相物镜中,一般对 g 光(波长为 435.83 nm)和 C 光(波长为 656.28 nm)这两个波长的光线消色差,而不是像目视光学仪器那样对 F 光、C 光消色差。因为感光材料对短波比人眼敏感。

(4) 畸变只在那些具有特殊用途的照相物镜(如用于摄影测量的物镜)中,才作为基本像差从一开始就加入校正。

2. 校正剩余像差或高级像差

在完成上面基本像差校正的基础上,全面分析一下系统像差的校正情况,找出最重要的高级像差,作为第二阶段的校正对象。在第一阶段中已加入校正的像差在第二阶段必须继续参加校正。因为只有基本像差被校正了,校正高级像差才有意义。对剩余像差或高级像差的校正,应采取逐步收缩公差的方式进行,使它们校正得尽可能小。在校正过程中,某些本来不大的高级像差可能会增大,这时必须把它们也加入校正,或者在无法同时校正的情况下采取某种折中方案,使各种高级像差得到兼顾。此阶段的校正往往是整个设计的关键。如果系统无法使各种高级像差校正达到允许的公差范围内,只能放弃所选的原始系统,重新选择一个高级像差较小的原始系统,回到第一阶段,重复上述校正过程,直到各种高级像差满足要求为止。

3. 像差平衡

在完成第二阶段的校正后,各种高级像差已满足要求,根据系统在整个视场和整个孔径内像差的分布规律,改变基本像差的目标值,重新进行基本像差的校正。使整个视场和整个光束孔径内获得尽可能好的成像质量,这就是像差平衡。对多数照相物镜而言,一般允许视场边缘像点的像差比中心适当加大,同时允许子午光束的宽度小于轴上像点的光束宽度,即允许视场边缘有渐晕。

9.3 实训项目 10

【实训目的】

(1) 加深对三片式照相物镜结构及像差的理解。

(2) 掌握利用缩放法进行光学设计的基本步骤。

(3) 巩固照相物镜的像差公差理论知识。

(4) 进一步巩固 ZEMAX 软件的各项操作功能。

【实训要求】

设计一个三片式照相物镜,其光学特性要求为:焦距 $f' = 30$ mm;相对孔径 $D/f' = 1/4$,视场角 $2\omega = 50°$,在可见光波段设计,要求像质基本符合照相物镜像差公差要求。

【实训预备知识】

本次设计所使用的三片式照相物镜采用柯克三片式物镜,其最初结构是 1893 年在英国由光学设计师丹尼斯·泰洛设计的。丹尼斯·泰洛的基本设想是这样的:把同等光焦度的单凸透镜和单凹透镜紧靠在一起,则总光焦度为零,像场弯曲也是零。但是镜头的像场弯曲和镜片之间的距离无关,因此把这两片原来紧靠在一起的同等光焦度的单凸透镜和单凹透镜拉开一段距离,像场弯曲仍旧是零,但根据组合透镜光焦度公式 $\Phi = \Phi_1 + \Phi_2 - d\Phi_1\Phi_2$,其总光焦度不再是零,而是正数。但是这样不对称的镜头的自然像差很大,于是他把其中的单凸透镜一分为二,各安置在单凹透镜的前后一定距离处,形成大致对称式的设计,这就是柯克三片式镜头。除了蔡司公司的三片式超广角 Hologon 15 毫米 f/8 镜头较为昂贵外,柯克三片式镜头多用于中档、低档照相机。这种物镜的设计,对教学来说是很典型和实用的。

设计物镜的第一步是获得物镜的初始数据,通常使用的方法如下。

(1) 使用初级像差理论解出结果。三片式照相物镜是应用薄透镜校正所有像差的最简单结构。它有八个变量,即六个曲率半径和两个间隔,刚好校正七种初级像差,并满足总焦距的要求。三片式对称物镜的纵向像差(球差、场曲、像散、轴向色差)互相叠加,而横向像差(彗差、畸变、垂轴色差)互相抵消。因此设计只需考虑校正半部系统的纵向像差。对于半部系统而言,变量只有四个,即三个曲率半径和一个间隔,因此,在半部系统中,要校正四种初级像差并要满足光焦度的要求,则需将玻璃作为一个变量来考虑。也可以把系统作为一个整体,像之前的实训项目中的例子一样,利用初级像差理论求解三片式照相物镜的初始结构。

(2) 查询相关专利进行缩放。前文提过,照相物镜属于大视场、大孔径系统,因此需要校正的像差也大大增加,其结构也比较复杂,所以照相物镜设计的初始结构一般都不采用初级像差求解的方法来确定,而是根据要求从手册、资料或专利文献中找出一个和设计要求比较接近的系统作为原始系统。在选择初始结构时,不必一定找到和要求相近的焦距,一般在相对孔径和视场角达到要求时,我们就可以将此初始结构进行整体缩放得到要求的焦距值。本文引用由李士贤、李林编写的《光学设计手册》(北京理工大学出版社出版)中的三片式照相物镜作为初始结构,其数据如表 9-4 所示。

表 9-4　三片式照相物镜的初始结构参数

面	曲率半径(r)	厚度(d)	折射率(n)	阿贝数(ν)
OBJ	Infinity	Infinity		
1	28.250	3.700	1.611	55.768
2	−781.440	6.620		
3	−42.885	1.480	1.625	35.568
4	28.500	4.000		
5	Infinity(光阑)	4.170		
6	160.972	4.380	1.639	55.490
7	−32.795	边缘光线高度自动求解		
IMA	Infinity			

　　为使光的反射率降低到 1% 以下,可利用不同光学材料膜层产生的干涉效果来消除入射光和反射光,从而提高透过率,这种利用光的相消性干涉生产的玻璃称为 AR 玻璃。还有一种方法是利用粗糙表面的散射作用把大量的入射光转换为漫反射光,它不会给透过率带来明显的变化,这种精细粗化生产的玻璃称为 AG 玻璃。采用 AR 玻璃,可使图像色彩更艳丽、对比更强烈、景物更清晰,还能抗紫外线、耐高温,且防刮耐磨,本例在普通玻璃的基础上采用 AR 镀膜。

【上机实训步骤】

　　1. 输入参数和缩放

　　(1) 输入参数。启动 ZEMAX 软件,进入 ZEMAX 界面,在"镜头数据"界面新插入 6 行,在"曲率半径""厚度""材料"相应列中输入表 9-4 中的初始结构参数。注意:同一折射率、同一阿贝数的玻璃在不同国家、不同厂家的名称不同。本例选用中国玻璃库,可直接输入查到的玻璃牌号,也可以在材料列中输入玻璃参数,方法为:在"材料"列右侧的小方框上单击左键,在弹出的对话框中,选"求解类型"中的"模型",分别在"折射率 Nd"及"阿贝数 Vd"中输入相应的值,再利用"求解类型"中的"替代",从玻璃库中自动找出相应的玻璃牌号,如图 9-11、图 9-12 所示。此外,除光阑以外的各表面需镀 AR 膜,选中需要镀膜的表面,单击表面属性下拉菜单,选"膜层"中的"AR"即可。也可直接在"膜层"列右侧的小方框上单击左键,调出"表面属性"对话框,将"膜层"选为"AR"。

　　为了将像平面设置在近轴焦点上,在第 7 面"厚度"列右侧的小方框上单击左键,在弹出的对话框中,选求解类型中的"模型",在第 7 面的厚度上双击,在弹出的对话框中,选"边缘光线高度",用这样的求解办法将会调整厚度,使像面上的近轴边缘光线高度为 0,可以得到近轴焦点,并出现"M"标示。最终得到的三片式照相物镜的初始结构参数,如图 9-13 所示。

　　(2) 镜头缩放。初始物镜的焦距为 74.8988 mm,我们首先需要对物镜焦距进行缩放,单击"设置"→"缩放镜头",选择"因子缩放",因为 30/74.8988≈0.4,因此填入 0.4,如图 9-14 所

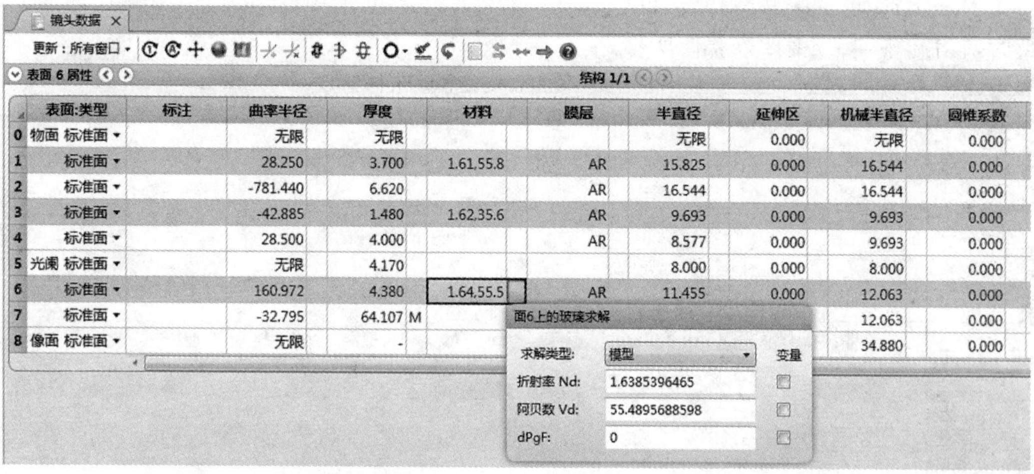

图 9-11　三片式照相物镜玻璃参数的输入(1)

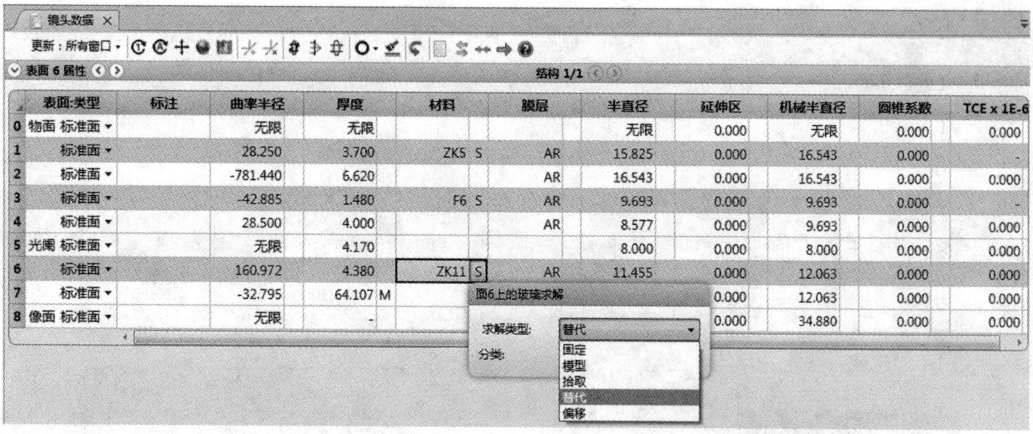

图 9-12　三片式照相物镜玻璃参数的输入(2)

示。这样便得到了焦距约为 30 mm 的物镜。

（3）接着需要为物镜定义相对孔径。单击"系统选项"，在"孔径类型"中，选择"像方空间 F/♯"，输入"孔径值"为 4.0。接着为系统输入波长，单击"波长"，将"F,d,C(可见)"选为当前即可。最后我们设定视场角，单击"系统选项"，在"视场数据"对话框中将视场角的个数设置为 4，在"Y"列中输入 0.000、12.500、17.675 和 25.000，权重都选 1，如图 9-15 所示。其初始二维结构图如图 9-16 所示。

由图 9-16 可以看出，第一个透镜的边缘不合理，出现前后两个表面相交的情况，即第一光学表面的边缘厚度为负值，这是不合理的。因此可以借助"求解"功能，在第 1 面"厚度"列右侧的小方框上单击左键，在"在面 1 上的厚度解"对话框中，选"求解类型"中的"边缘厚度"，在"厚度"中输入 0.1，如图 9-17 所示，这表示第 1 面边缘厚度被控制在 0.1，该值在优化过程中不会被改变。边缘厚度设置完成后，第 1 面的中心厚度为 2.380，得到的二维结构图如图 9-18 所示。

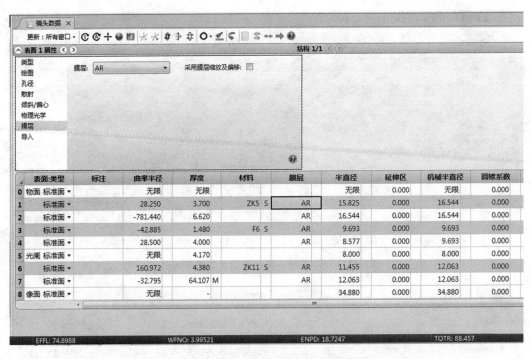

图 9-13　三片式照相物镜的初始结构参数

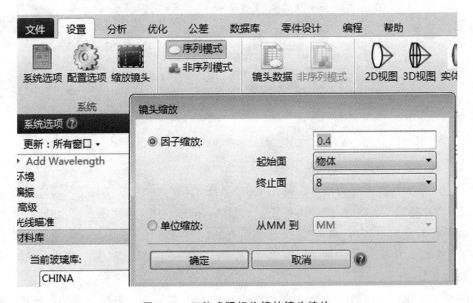

图 9-14　三片式照相物镜的镜头缩放

2. 像质评价

(1) 点列图。单击"分析"选项卡→"光线迹点"→"标准点列图"可得到如图 9-19 所示的点列图。

(2) 畸变。单击"分析"选项卡→"像差分析"→"场曲/畸变"和"网格畸变",可分别得如图 9-20 和图 9-21 所示的畸变图形。

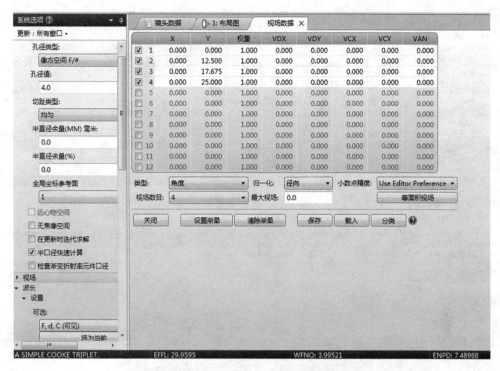

图 9-15　孔径、波长、视场角的设置

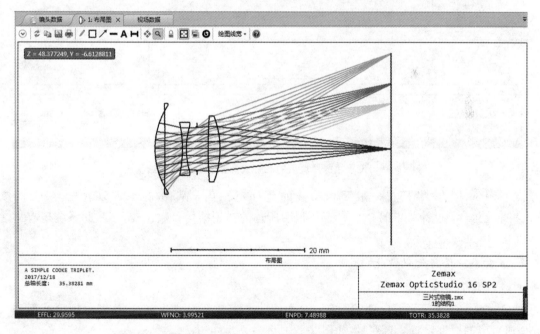

图 9-16　焦距缩放后的三片式照相镜的初始二维结构图

由上述几种像质评价图形可以看出,初始结构的点列图较小,最大视场的点列图 RMS 半径为 48.122 μm。由第 3.10 节可知,对于一般的照相物镜,其弥散斑的直径在 0.03~0.05 mm 范围内是允许的。而对于高质量的照相物镜,其弥散斑的直径要小于 0.03 mm。因此,初

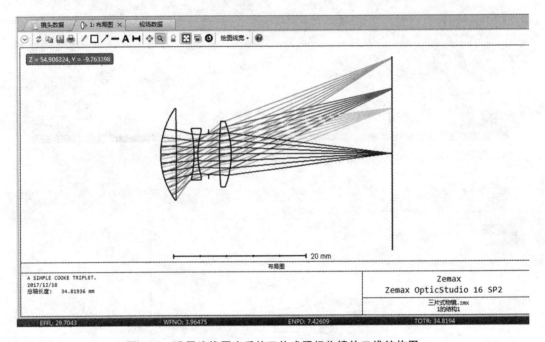

表面:类型	标注	曲率半径	厚度	材料	膜层	半直径	延伸区	机械半直径	圆锥系数	TCE x 1E-6
0 物面 标准面 ▼		无限	无限			无限	0.000	无限	0.000	0.000
1 标准面 ▼		11.300	1.480 E	ZK5 S	AR	6.330	0.000	6.617	0.000	-
2 标准面 ▼		-312.576	2.648			6.617	0.000	6.617	0.000	0.000
3 标准面 ▼		-17.154	0.592			3.877	0.000	3.877	0.000	-
4 标准面 ▼		11.400	1.600			3.431	0.000	3.877	0.000	0.000
5 光阑 标准面 ▼		无限	1.668			3.200	0.000	3.200	0.000	0.000
6 标准面 ▼		64.389	1.752			4.587	0.000	4.825	0.000	-
7 标准面 ▼		-13.118	25.643 M		AR	4.825	0.000	4.825	0.000	0.000
8 像面 标准面 ▼		无限	-			13.952	0.000	13.952	0.000	0.000

（在面1上的厚度解：求解类型 边缘厚度；厚度 0.1；径向高度 0）

图 9-17　设置边缘厚度

图 9-18　设置边缘厚度后的三片式照相物镜的二维结构图

始点列图的 RMS 半径在一般照相物镜的允许范围内。从图 9-21 可以看出，最大畸变 0.2808% 也小于设计要求的 2%～3%。说明所选的初始结构参数比较合理，此系统还有进一步优化的空间。

3. 对系统进行优化设计

1）确定自变量

把除虚设的光阑平面以外的所有 6 个面的曲率半径都设置为自变量，同时把第 2 面和第 5 面所对应的厚度设置为自变量，如图 9-22 所示。

2）建立评价函数

单击"优化"选项卡中的"优化向导"，选择"RMS"中的"光斑半径"作为系统的最终优化目标，在"厚度边界"中将玻璃厚度的最小值设为 0.1，最大值设为 10，使空气间隔的最小值为 0.1，最大值为 20，并使它们的边缘厚度都为 0.1，如图 9-23 所示。然后在操作数中插入 1 行，

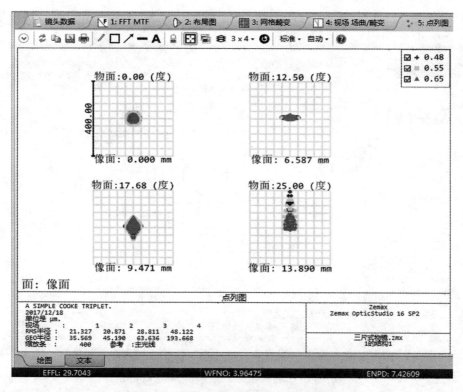

图 9-19　三片式照相物镜的初始点列图

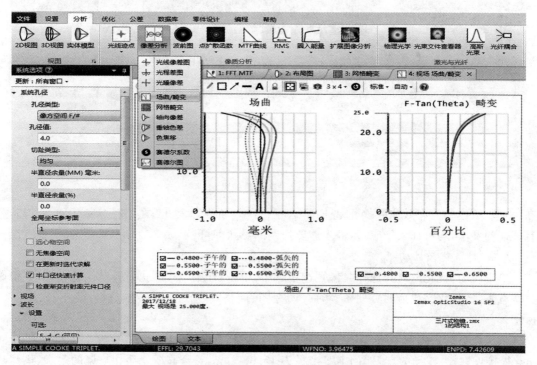

图 9-20　三片式照相物镜的初始场曲/畸变图

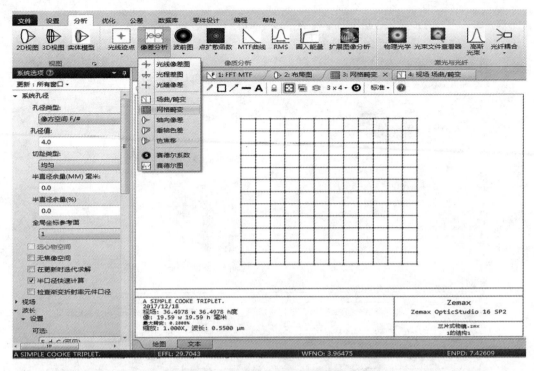

图 9-21　三片式照相物镜的初始网格畸变图

图 9-22　自变量的设定

在"类型"项中输入有效焦距操作数 EFFL,在"目标"项中输入 30,在"权重"项中输入 1,若还有其他的要求,均可插入相应行,输入需要控制的参数即可。

3) 执行优化设计功能

单击"执行优化"按钮,选择"自动"迭代算法,单击"开始",程序执行自动优化设计,评价函数略有下降,优化完成后的点列图、场曲/畸变图、网格畸变图分别如图 9-24、图 9-25、图 9-26 所示。

从优化后的三张像差图可以看出,系统的有效焦距 EFFL 为 29.9999 mm,与所要求的 30 mm 很接近;最大视场的点列图 RMS 半径为 15.987 μm,符合高质量照相物镜的要求,虽然畸变较之前略有增大,但仍然满足设计要求。

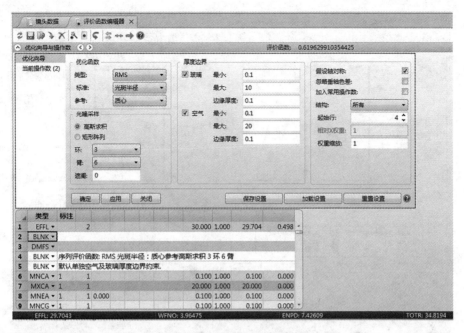

图 9-23　评价函数的设定

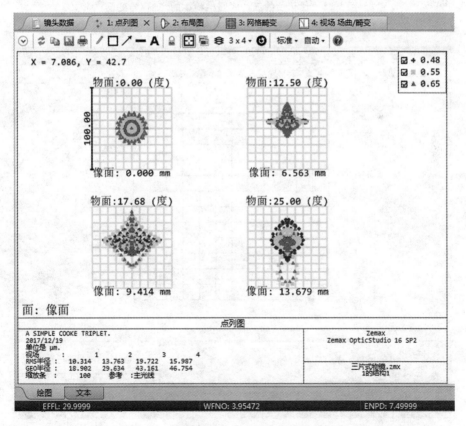

图 9-24　优化后的三片式照相物镜的点列图

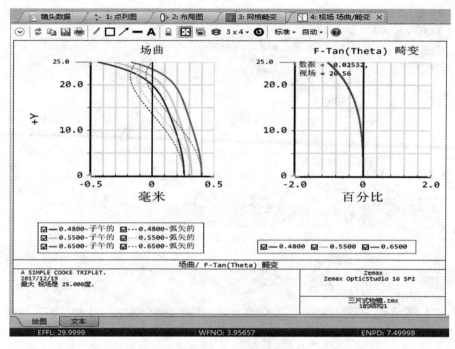

图 9-25　优化后的三片式照相物镜的场曲/畸变图

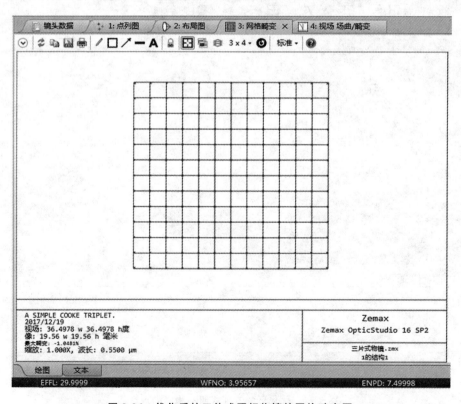

图 9-26　优化后的三片式照相物镜的网格畸变图

【实训小结及思考】

（1）本例设计的是比较经典的柯克三片式物镜，选用价格比较便宜的普通光学材料，降低了成本。若曲率半径和厚度间隔经反复优化都不能满足设计要求，此时应考虑更换玻璃。

（2）目前常用的"傻瓜"相机体积小、重量轻、成像质量好、机械结构简单，其特点是把传统的中心式快门移到镜头最后镜片的后面。由于光阑外移，光阑在镜头的前后失去对称。这样为镜头设计时校正垂轴像差带来困难。"傻瓜"相机的镜头实质上是一种新型三片式照相物镜。一些光学技术先进国家的高折射率、低色散光学玻璃的价格比较便宜，而我国的一些镧冕玻璃的价格仍比较高，为降低成本，只能采用价格便宜的普通光学材料，这给光学设计增加了一定的难度。

9.4 实训项目 11

【实训目的】

（1）加深对双高斯物镜结构及像差的理解。

（2）掌握利用缩放法进行光学设计的基本步骤。

（3）巩固照相物镜的像差公差理论知识。

（4）进一步巩固 ZEMAX 软件的各项操作功能。

【实训要求】

设计一个双高斯物镜，其光学特性要求为：焦距 $f'=50$ mm，视场角 $2\omega=50°$，相对孔径 $D/f'=1/2.5$，在可见光波段设计。

【实训预备知识】

双高斯物镜是一种中等视场、大孔径的摄影物镜，它是一个对称的系统，因此其垂轴像差很容易校正。设计这种类型的系统时，只需要考虑球差、色差、场曲、像散的校正。无论是设计一个物像完全对称系统，还是一个物像不对称系统，都可从设计半部结构开始。双高斯物镜的半部系统是由一个带胶合面的弯月形厚透镜和一个单正透镜构成的，如图 9-27 所示。弯月形厚透镜的胶合面主要是为了校正轴向色差而引入的。在双高斯物镜中依靠厚透镜的结构变化可以校正场曲，利用单正透镜的弯曲可以校正球差，光阑位置可以校正像散。

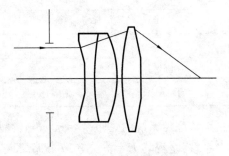

图 9-27 双高斯物镜的半部结构

如图 9-27 所示，平行于光轴的入射光线经过厚透镜发散，当其厚度增加时，光线在后面正透镜上的入射高度增加，则正透镜产生的负球差增加，可以使整个系统的正球差减小。反之，若整个系统是负球差，则要减小厚透镜的厚度。

根据单个折射球面像差符号的规则，可以判断厚透镜产生的球差和像散均为正。若系统像散为正，则光阑应远离厚透镜，即靠近厚透镜前表面的球心，使正像散减小；反之，若系统像散为负，则光阑应靠近厚透镜，即远离厚透镜前表面的球心。

此外，随着单正透镜向后弯曲，其上所产生的球差及其高级量变小，但轴外光线的入射角增大,产生了较大的像散。为了平衡像散,薄透镜应该向前弯曲,以使球面与光阑同心,但这样一来,球差及其高级量就要增加。因此,在双高斯物镜中,孔径高级球差和视场高级球差(球差与高级像散)之间是矛盾的,这种矛盾制约了双高斯物镜光学性能指标的进一步提高。解决这个矛盾的方法如下。

(1) 选用高折射率、低色散的玻璃做正透镜,使它的球面半径加大。

(2) 把薄透镜分成两个,使每一个透镜的负担减小,同时使薄透镜的半径加大。

(3) 在两个半部系统中引进无光焦度的校正板,实现拉大中间间隔的目的,使轴外光束可以有更好的入射状态。

双高斯物镜初始结构数据的获取与柯克三片式物镜一样,也是采取查资料或专利的方法获得。通过查资料,选用由黄一帆、李林编著的《光学设计教程》(北京理工大学出版社出版)一书中的典型双高斯系统作为原始系统,其结构参数如表 9-5 所示。

表 9-5　双高斯物镜初始系统的结构参数

面	曲率半径(r)	厚度(d)	折射率(n)
OBJ	infinity	infinity	
1	26.92	6.0	ZK11
2	76	0.1	
3	15.7	5.3	ZK7
4	52	2.5	F5
5	10.1	7.5	
STOP	infinity	7.6	
7	−13.3	1.8	F5
8	infinity	6.9	ZK7
9	−17.2	0.1	
10	64.1	6.0	ZK11
11	−47.4	边缘光线高度自动求解	
IMA	infinity		

该原始系统的焦距 $f'=50$ mm,视场角 $2\omega=40°$,相对孔径 $D/f'=1/2$。对于子午光束渐晕系数:全视场 $K=0.65$,0.7 视场 $K=0.8$。

【上机实训步骤】

1. **输入系统初始结构参数**

(1) 启动 ZEMAX 软件,进入 ZEMAX 界面,在"镜头数据"界面新插入 10 行,在"曲率半径""厚度""材料"相应列中输入表 9-5 中的曲率半径、厚度和材料,如图 9-28 所示。注意:在输入玻璃时,必须保证在 ZEMAX 中存放的玻璃库有中国玻璃库,为避免与其他玻璃库中的玻璃重名,可以仅将中国玻璃库作为当前使用的玻璃库。同样,在本例中,对普通玻璃采用AR 镀膜,以降低反射率。

(2) 输入光学特性参数,单击"系统选项",在"孔径类型"项中选取"入瞳直径",在"孔径

镜头数据 | 1: 布局图 | 视场数据 | 波长数据

更新：所有窗口

表面 10 属性　结构 1/1

	表面:类型	标注	曲率半径	厚度	材料	膜层	半直径	延伸区	机械半直径	圆锥系数
0	物面 标准面		无限	无限			无限	0.000	无限	0.000
1	标准面		26.920	6.000	ZK11	AR	17.336	0.000	17.336	0.000
2	标准面		76.000	0.100			16.542	0.000	17.336	0.000
3	标准面		15.700	5.300	ZK7	AR	13.303	0.000	13.530	0.000
4	标准面		52.000	2.500	F5	AR	13.530	0.000	13.530	0.000
5	标准面		10.100	7.500			8.748	0.000	13.530	0.000
6	光阑 标准面		无限	7.600			10.776	0.000	10.776	0.000
7	标准面		-13.300	1.800	F5	AR	11.542	0.000	20.956	0.000
8	标准面		无限	6.900	ZK7	AR	20.956	0.000	20.956	0.000
9	标准面		-17.200	0.100			16.121	0.000	20.956	0.000
10	标准面		64.100	6.000	ZK11	AR	28.324	0.000	28.324	0.000
11	标准面		-47.400	25.513 M			27.390	0.000	28.324	0.000
12	像面 标准面		无限	-			17.484	0.000	17.484	0.000

EFFL: 49.4545　WFNO: 1.97743　ENPD: 25　TOTR: 69.3134

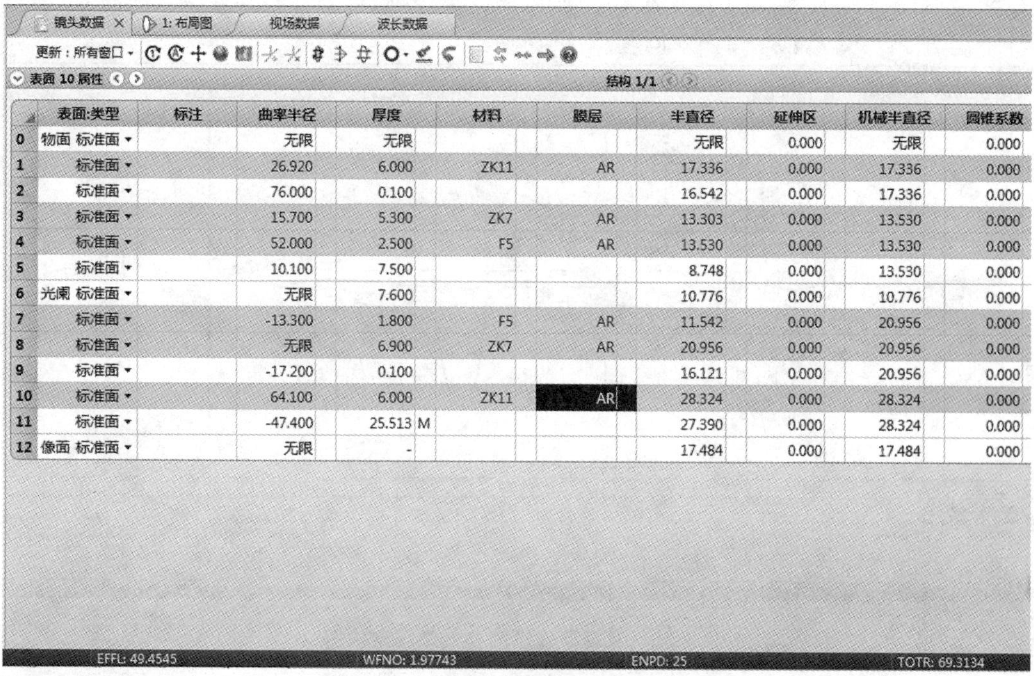

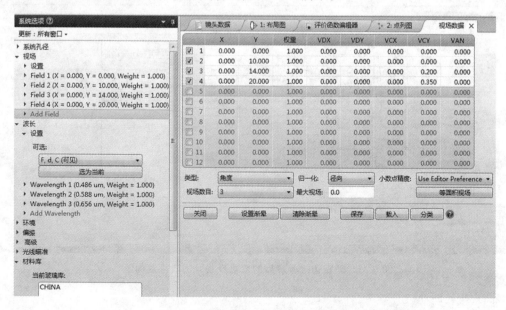

图 9-28　双高斯物镜的初始结构参数

值"中输入 20.0。单击"视场"，将视场类型选择为"角度"，设置 0、10、14、20 分别对应 0、0.5、0.7、1 视场，在 0.7 视场和 1 视场对应的"VCY"中输入渐晕压缩因子(1 减去渐晕系数)0.2 和 0.35。单击"波长"，将"F，d，C(可见)"选为当前，如图 9-29 所示。至此，双高斯物镜的初始系统参数输入完成，其对应的初始二维结构图，如图 9-30 所示。

	X	Y	权重	VDX	VDY	VCX	VCY	VAN
1	0.000	0.000	1.000	0.000	0.000	0.000	0.000	0.000
2	0.000	10.000	1.000	0.000	0.000	0.000	0.000	0.000
3	0.000	14.000	1.000	0.000	0.000	0.000	0.200	0.000
4	0.000	20.000	1.000	0.000	0.000	0.000	0.350	0.000
5	0.000	0.000	1.000	0.000	0.000	0.000	0.000	0.000
6	0.000	0.000	1.000	0.000	0.000	0.000	0.000	0.000
7	0.000	0.000	1.000	0.000	0.000	0.000	0.000	0.000
8	0.000	0.000	1.000	0.000	0.000	0.000	0.000	0.000
9	0.000	0.000	1.000	0.000	0.000	0.000	0.000	0.000
10	0.000	0.000	1.000	0.000	0.000	0.000	0.000	0.000
11	0.000	0.000	1.000	0.000	0.000	0.000	0.000	0.000
12	0.000	0.000	1.000	0.000	0.000	0.000	0.000	0.000

图 9-29　双高斯物镜的光学特性参数设置图

由图 9-30 可以看到，第五个透镜和第六个透镜的边缘不合理，出现前后两个表面相交的

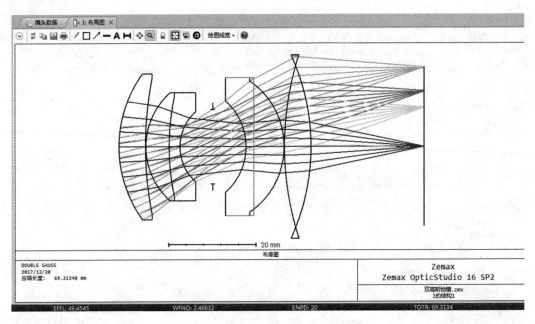

图 9-30　双高斯物镜的初始二维结构图

情况,即它们的边缘厚度为负值,这是不合理的。因此,同样借助"求解"功能,在第 8 面和第 10 面"厚度"列右侧的小方框上单击左键,在"在面 8 上的厚度解"及"在面 10 上的厚度解"对话框中,选"求解类型"中的"边缘厚度",在"厚度"中输入 0.1。边缘厚度设置完成后,得到的二维结构图如图 9-31 所示。

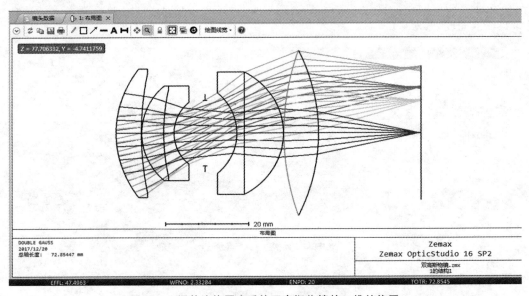

图 9-31　调整边缘厚度后的双高斯物镜的二维结构图

2. 系统的优化设计

1) 视场的调整

由于初始系统焦距和设计要求一致,因此系统不需要进行缩放,且玻璃材料不变,因此该系统可直接作为自动优化设计的原始系统。为符合设计要求,将对应的 0、0.5、0.7、1.0 视场分别改为 0°、12.5°、17.5°、25°,1 视场和 0.7 视场的渐晕压缩因子不变。修改视场后的系统结构图形出现了异常,如图 9-32 所示,需要进行调整和优化。

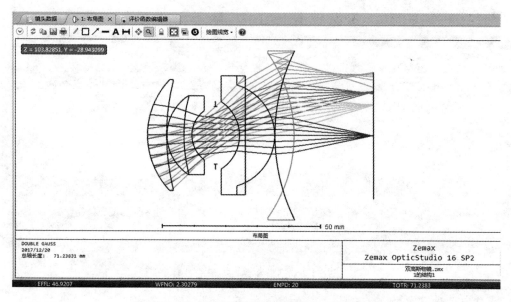

图 9-32 扩大视场后的双高斯物镜的二维结构图

与初始结构图形一样,经扩大视场后的双高斯物镜结构图中的第五个透镜和第六个透镜的边缘厚度不合理,同样借助"求解"功能,在第 10 面"厚度"列右侧的小方框上单击左键,在"在面 10 上的厚度解"对话框中,选"求解类型"中的"边缘厚度",在"厚度"中输入 0.1。在设置第 8 面的边缘厚度时,出现错误提示,故暂时可以不用处理,所得图形如图 9-33 所示。

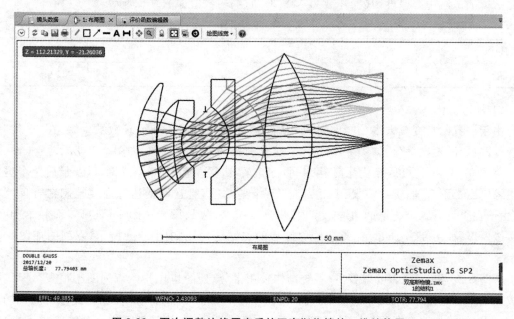

图 9-33 再次调整边缘厚度后的双高斯物镜的二维结构图

2）自变量的设定

把系统中除光阑平面外的十个曲率半径均作为自变量加以校正，并且除了两个微小空气间隔及像距不作自变量外，其他八个厚度间隔均作为自变量加以校正，透镜玻璃不作为自变量，如图 9-34 所示。

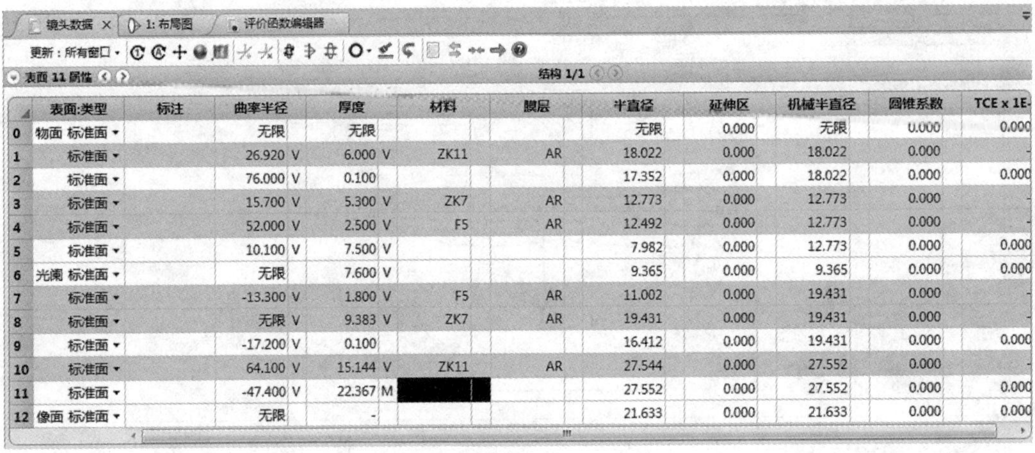

	表面：类型	标注	曲率半径	厚度	材料	膜层	半直径	延伸区	机械半直径	圆锥系数	TCE x 1E-
0	物面 标准面 ▾		无限	无限			无限	0.000	无限	0.000	0.000
1	标准面 ▾		26.920 V	6.000 V	ZK11	AR	18.022	0.000	18.022	0.000	0.000
2	标准面 ▾		76.000 V	0.100			17.352	0.000	18.022	0.000	
3	标准面 ▾		15.700 V	5.300 V	ZK7	AR	12.773	0.000	12.773	0.000	
4	标准面 ▾		52.000 V	2.500 V	F5	AR	12.492	0.000	12.773	0.000	
5	标准面 ▾		10.100 V	7.500 V			7.982	0.000	12.773	0.000	
6	光阑 标准面 ▾		无限	7.600 V			9.365	0.000	9.431	0.000	
7	标准面 ▾		-13.300 V	1.800 V	F5	AR	11.002	0.000	19.431	0.000	
8	标准面 ▾		无限	9.383 V	ZK7	AR	19.431	0.000	19.431	0.000	
9	标准面 ▾		-17.200 V	0.100			16.412	0.000	19.431	0.000	
10	标准面 ▾		64.100 V	15.144 V	ZK11	AR	27.544	0.000	27.552	0.000	
11	标准面 ▾		-47.400 V	22.367 M	███████		27.552	0.000	27.552	0.000	
12	像面 标准面 ▾		无限	-			21.633	0.000	21.633	0.000	

图 9-34 双高斯物镜自变量的设置

3）建立评价函数

单击"优化"选项卡中的"优化向导"，选择"RMS"中的"波前"，单击"确定"，系统自动生成一系列操作数，以控制系统的像差。根据系统设计要求，在"评价函数编辑器"中加入光学特性参数要求及边界条件。本例需要控制的光学特性参数只有焦距，因此在评价函数编辑器表格中插入 1 行，输入有效焦距操作数 EFFL，在目标列中输入 50，权重为 1。需要控制的边界条件是透镜的最小中心厚度，其操作数为 MNCG，它们的数值如表 9-6 所示。

表 9-6 边界条件

序号	1	2	3	4	5	6	7	8	9	10
d_{min}	2	0.1	1.5	1.5	0.5	0.5	1.5	1.5	0.1	2

4）执行优化

由于设置的自变量太多，并且是初步调整，因此优化时不要使循环次数太多，在"迭代"中选择 5 圈循环，逐次优化，如图 9-35 所示。优化所得的二维结构图，如图 9-36 所示。

由图 9-36 可以看出，经优化后，第一个透镜、第二个透镜、第五个透镜，以及最后一个透镜的边缘厚度都不合理，仍然需要用"边缘厚度"求解功能，将透镜的边缘厚度控制在合理范围内，由于在重设第二个透镜的边缘厚度时，出现了报错，故只设置了第 1 面、第 8 面和第 10 面的边缘厚度，如图 9-37 所示，调整边缘厚度后的二维结构图如图 9-38 所示，点列图如图 9-39 所示。

从图 9-38 和图 9-39 可以看出，系统结构较正常，点列图也比初始点列图小很多。但实际上成像质量仍然很差，第二个透镜的边缘厚度仍然不合理。究其原因，是由于此系统的视场角较大，采用常规的双高斯物镜不易获得较好的结果。为此，在此基础上进行适当改进，对原系统所用的玻璃进行更换。可采用成都光明玻璃库中的 LAK3 代替 ZK11 和 ZK7，用 H-ZF52A

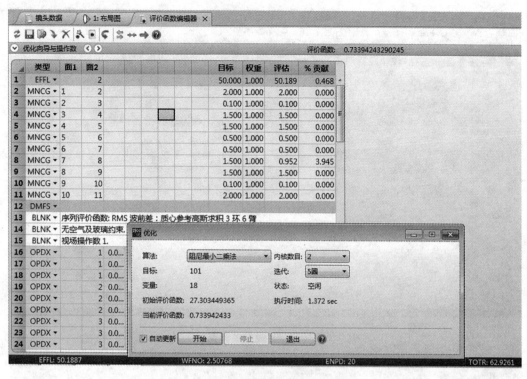

图 9-35　自动优化设置

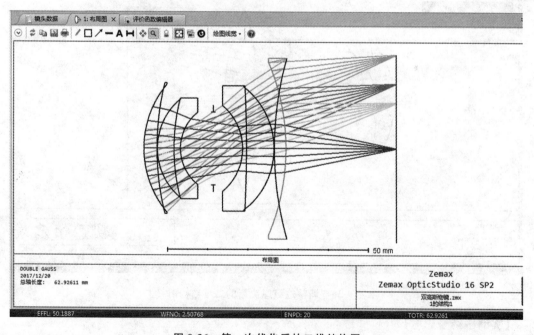

图 9-36　第一次优化后的二维结构图

代替 F5。

上述设计结果中的有效焦距为 51.4763 mm，与设计要求的 50 mm 有点差距，可利用缩放镜头达到焦距的设计要求，而不影响结构及点列图。

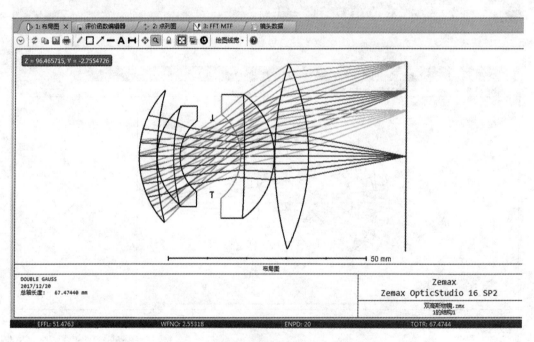

表面:类型	标注	曲率半径	厚度	材料	膜层	半直径	延伸区	机械半直径	圆锥系数	TCE x 1E
0 物面 标准面 ▼		无限	无限			无限	0.000	无限	0.000	0.000
1 标准面 ▼		23.403 V	4.487 E	ZK11	AR	16.147	0.000	16.147	0.000	0.000
2 标准面 ▼		63.838 V	0.100			16.093	0.000	16.147	0.000	0.000
3 标准面 ▼		15.070 V	4.177 V	ZK7	AR	12.073	0.000	12.303	0.000	
4 标准面 ▼		46.309 V	1.623 V	F5	AR	12.303	0.000	12.303	0.000	
5 标准面 ▼		10.952 V	8.189 V			8.666	0.000	12.303	0.000	0.000
6 光阑 标准面 ▼		无限	7.243 V			8.699	0.000	8.699	0.000	0.000
7 标准面 ▼		-13.259 V	0.952 V	F5	AR	10.318	0.000	15.181	0.000	0.000
8 标准面 ▼		-283.648 V	7.588 E	ZK7	AR	15.142	0.000	15.181	0.000	
9 标准面 ▼		-18.471 V	0.100			15.181	0.000	15.181	0.000	0.000
10 标准面 ▼		78.736 V	8.561 E	ZK11	AR	22.596	0.000	22.613	0.000	
11 标准面 ▼		-52.155 V	24.455 M			22.613	0.000	22.613	0.000	0.000
12 像面 标准面 ▼		无限	-			23.251	0.000	23.251	0.000	0.000

图 9-37 边缘厚度调整

图 9-38 调整边缘厚度后的二维结构图

【实训小结及思考】

（1）本例设计的是完全对称型双高斯物镜,初始结构参数也可选用 ZEMAX 软件自带的两个双高斯系统示例。

（2）《Modern Lens Design》（Warren J. Smith 编著）一书中关于双高斯物镜的注意要点如下。

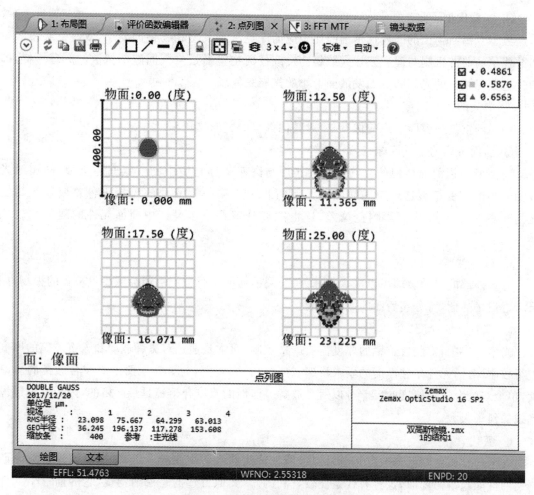

图 9-39　调整边缘厚度后的点列图

① 双高斯物镜的历史。

双高斯物镜的最初设计不是通过将两对具有两个元件的高斯望远物镜的火石玻璃对着火石玻璃放置得来的,该镜头是个对称结构,外面是单透镜,里面是弯月胶合透镜,其凹面对着光阑,在 1920 年左右,LEE 加厚了双胶合透镜,修改了双胶合透镜的材料,丢弃了严格的对称约束,开创了现代照相物镜的先河。

② 视场的约束。

可覆盖的视场往往被斜球差所限制,高斯镜头中的斜球差往往比较大,因此其相对孔径较大。

③ 斜球差的处理。

斜球差可以通过增加中间的空气间隔来减少,曲面弯曲也可减少,这个会导致系统长度增加,渐晕也会严重。轴上欠校正球差可以补偿过校正斜球差,其代价是,当减小镜头光圈时会发生离焦现象。子午斜球差可以通过渐晕拦光处理,但渐晕对弧矢方向的影响比较小,这使得控制弧矢方向的斜球差是很必要的。前面透镜间隙和后面透镜间隙应尽可能小,这样可以增加覆盖的视场,增大后面的空气间隙,减少弧矢斜球差。

④ 匹兹伐尔场曲。

典型双高斯物镜的匹兹伐尔场曲比相应的库克三片式照相物镜的要小,双高斯物镜减少匹兹伐尔场曲的机制与库克三片式照相物镜或任何物镜通过空气间隙消像散的原理一样,即通过会聚面上大的光高和负的发散面上小的光高来实现。

⑤ 中间的空气间隙。

中间的空气间隙除了影响像散外,对其他像差的影响比较小。

⑥ 前面透镜的空气间隙、材料、色差。

双高斯物镜前面透镜的空气间隙的作用与高斯望远物镜中的空气间隙类似,即边缘光线的光高的改变量被这个空气间隙放大,在面 3 上,第一个元件的欠校正色差使蓝光比红光的光高降的更多,进而影响色球差,这也能部分解释很多设计中前面元件的阿贝数较低的原因。

⑦ 减小球差。

分裂外部的冕牌玻璃可以减少带球差,分裂前面的冕牌玻璃可能会减少可覆盖的视场,如果考虑视场的话,可分裂后面的冕牌玻璃。

⑧ 双胶合的厚度。

光学加工中,双胶合透镜的厚度需要严格控制,通常是通过对冕牌玻璃和火石玻璃的厚度进行控制(对两元件单独厚度的要求没那么严格)。事实上,为了补偿两个双胶合透镜的总厚度,单个双胶合透镜厚度的容差可以适当放宽。前面的双胶合透镜是最严格的,因为这里边缘光线的斜率很大。

⑨ 替代者。

一个通常被忽略的修改是用弯月厚透镜去替代其中一个双胶合透镜(当六元件的双高斯物镜的性能超越需要时,这种替代是比较有利的)。其他可选的是松纳物镜,它的前三个元件跟双高斯物镜的比较像,后面的则与天塞物镜或柯克三片式照相物镜的类似。

9.5 实训项目 12

【实训目的】

(1) 加深对变焦距照相物镜的理解。

(2) 掌握 ZEMAX 软件中多重数据结构的应用。

(3) 进一步巩固 ZEMAX 软件的各项操作功能。

【实训要求】

设计一个有效焦距为 75 mm、100 mm、125 mm 的变焦距镜头,其对应的相对孔径分别为 $F/3$、$F/4$、$F/5$,即入瞳直径为 25 mm。三群镜组的材料皆为 BK7 与 F2 的胶合透镜。视场角度为:近轴像高为 0 mm、15.1 mm、21.6 mm(针对 35 mm 的胶片)。在可见光波段设计。优化设计时,边界条件为:① 透镜的厚度:中心与边缘厚度必须大于 2 mm,中心厚度必须小于 10 mm;② 透镜的间距:中心与边缘距离必须大于 1 mm。

【实训预备知识】

目前,变焦距镜头已经成为照相机和摄影机不可缺少的部分。变焦距镜头可以在一定范围内变换焦距,从而得到不同宽窄的视场角、不同大小的影像和不同景物的范围,因此它非常有利于画面构图。

由于变焦距镜头中的每个组份焦距一经设计与加工之后就是固定不变的,所以要实现变焦,只能改变各组份之间的间隔,从而导致系统的像面随之移动。为了保持像面不动,就必须利用系统的组元做相对的移动来补偿像面的偏离,因此产生了不同的补偿方法。

变焦系统的补偿方法可分为光学补偿法和机械补偿法两种。光学补偿法利用一组或两组透镜的同向等速移动达到变倍目的,但仅能补偿几个离散像面位置,且当变倍比较大时会出现明显的像面漂移。机械补偿法则是通过凸轮机构带动多个组元同时做非等速运动,变焦过程中能够一直保持像面稳定且像质良好,在满足像面完全补偿的条件下,可以实现较大的变倍比。机械补偿法在现代变焦系统中得到了广泛的应用。

机械补偿法由前固定组、变倍组、补偿组、后固定组组成。变倍组一般是负透镜组。补偿组有取正透镜组的,也有取负透镜组的,前者为正组补偿变焦系统,后者为负组补偿变焦系统。机械补偿变焦示意图如图 9-40 所示。

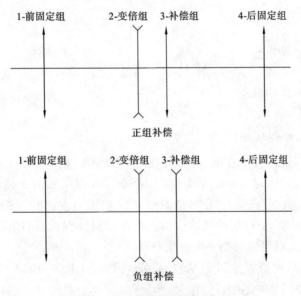

图 9-40　机械补偿变焦示意图

当变倍组 2 线性移动改变位置时,系统的焦距和像面位置也随之发生变化,要保证像面稳定,此时凸轮机构需带动补偿组 3 做非线性移动补偿像面位置。当处于短焦位置时,变倍组 2 紧靠前固定组 1,而补偿组 3 紧靠后固定组 4。当系统向长焦位置运动时,变倍组 2 向右运动,而补偿组 3 向左运动,最后在中间靠拢。变焦原理如图 9-41 所示。

实际的变焦距照相物镜为满足各焦距的像质要求,根据变焦比的大小,应对三个、五个焦距校正好像差,所以各镜组都需由多片透镜组成,结构相当复杂。随着光学设计水平的提高、光学玻璃的发展,以及光学塑料和非球面加工工艺的发展,变焦距物镜的质量已可与定焦距物镜相媲美,正向着高变倍、小型化、简单化的方向发展,并且不仅在电影和电视摄影中广泛使

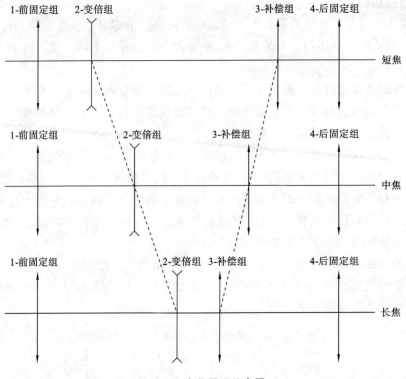

图 9-41　变焦原理示意图

用,也已普遍用于普通照相机中。

【上机实训步骤】

1. 输入系统初始结构参数

单击"系统选项",键入入瞳直径 25.0,并在"波长"项中选择"F,d,C(可见)",在"视场"项中选择视场类型为"近轴像高",并输入 0.000、15.100、21.600,如图 9-42 所示。

在 ZEMAX"镜头数据"编辑窗口中,依照图 9-43 所示的参数键入三群透镜组的数据。每一群组都是使用 BK7 与 F2 组成的双胶合透镜。透过冕牌与火石材料的结合可以有效地降低色差。基本对称型式则可以有助于平衡像差。

该透镜组的初始结构数据也可以从\Samples\Tutorial\Tutorial zoom.zmx 载入文件。其初始二维结构图,如图 9-44 所示。

2. 定义多组态透镜

ZEMAX OpticStudio 可以处理设计的多重结构或版本,它通常用于为变焦镜头(镜头之间的空间会变化)、温度变化的系统、扫描镜角度变化的系统等建模。

单击"设置"选项卡,单击"结构"组中的"多重结构编辑器"图标 编辑器,就会出现"多重结构编辑器"界面,如图 9-45 所示。

镜头当前仅有一种结构,多重结构操作数 MOFF(多重结构关闭)是一个占位符,不会产生任何影响,如果需要,可在编辑器中输入注释。

我们将定义三种结构,分别代表 75 mm、100 mm、125 mm 三种焦距。单击"多重结构编辑器"中的"插入结构"图标(图 9-45 中粗线框显示)二次。或者可以单击右键选"插入结构"二

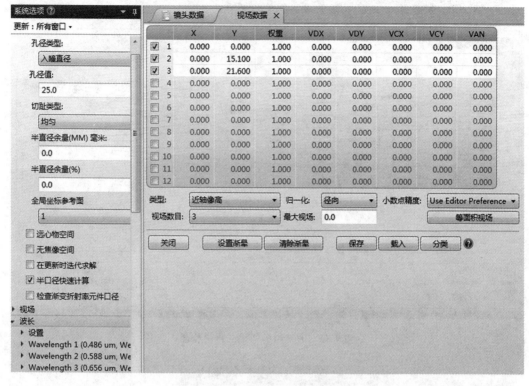

图 9-42　系统参数的设置

图 9-43　变焦镜头的初始结构参数

次，或按"Shift＋Ctrl＋Insert"键二次，总共生成三种结构，如图 9-46 所示。本例中通过修改第 3、第 4、第 7、第 10 面四个面的厚度来实现变焦的目的。因此在"多重结构编辑器"界面中单击右键，选"插入操作数"四次，如图 9-47 所示。

"多重结构编辑器"中的每行都是一个操作数，会对透镜数据编辑器中的参数或其他系统参数产生影响，并允许更改它们的值。将鼠标移动至 MOFF 操作数上，双击左键以编辑操作数。ZEMAX OpticStudio 支持的所有多重结构操作数都可从生成的对话框的下拉列表中选择。本例中选择厚度操作数 THIC，如图 9-48 所示。

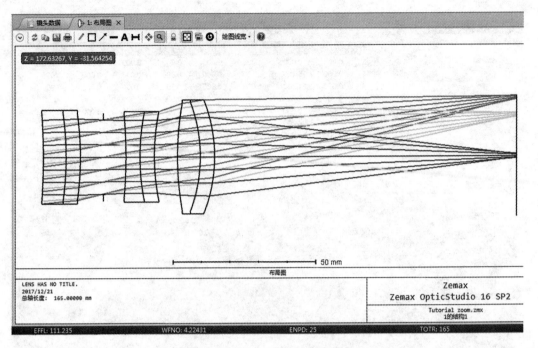

图 9-44　透镜组的初始二维结构图

图 9-45　"多重结构编辑器"窗口

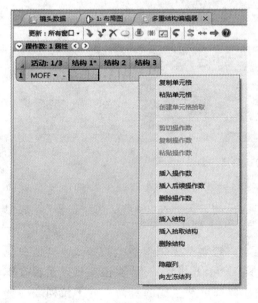

图 9-46　多重结构的插入

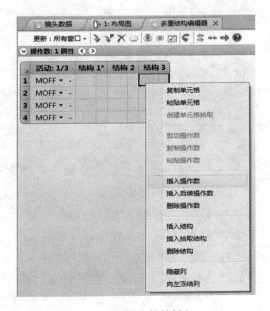

图 9-47　操作数的插入

3. 设置多组态变量及绩效函数

(1) 设置编辑器内所有项目为多组态变量,如图 9-49 所示。也设置所有透镜的曲率半径与厚度为变量,如图 9-50 所示。

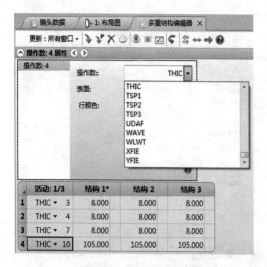

图 9-48 操作数的设置

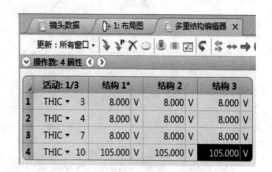

图 9-49 多组态变量的设置

表面/类型	标注	曲率半径	厚度	材料	膜层	半直径	延伸区	机械半直径	圆锥系数
0 物面 标准面 ▾		无限	无限			无限	0.000	无限	0.000
1 标准面 ▾		-200.000 V	8.000 V	BK7		15.719	0.000	15.719	0.000
2 标准面 ▾		-100.000 V	5.000 V	F2		14.984	0.000	15.719	0.000
3 标准面 ▾		-100.000 V	8.000 V			14.575	0.000	15.719	0.000
4 光阑 标准面 ▾		无限	8.000 V			12.523	0.000	12.523	0.000
5 标准面 ▾		-150.000 V	5.000 V	BK7		13.692	0.000	15.236	0.000
6 标准面 ▾		75.000 V	5.000 V	F2		14.652	0.000	15.236	0.000
7 标准面 ▾		75.000 V	8.000 V			15.236	0.000	15.236	0.000
8 标准面 ▾		100.000 V	8.000 V	BK7		17.952	0.000	19.129	0.000
9 标准面 ▾		-50.000 V	5.000 V	F2		18.373	0.000	19.129	0.000
10 标准面 ▾		-50.000 V	105.000 V			19.129	0.000	19.129	0.000
11 像面 标准面 ▾		无限	-			20.283	0.000	20.283	0.000

图 9-50 系统变量的设置

(2) 单击"优化"选项卡中的"优化向导"按钮,选择"RMS"优化类型,以"光斑半径"为标准,以"质心"为参考构建绩效函数,勾选厚度边界条件。其他参数设置如图 9-51 所示。

(3) 增加限制条件。

注意,在"评价函数编辑器"中的第一个操作数为 CONF。所有多重数据结构的绩效函数将以此操作数开头。第一个键入被参照的为组态一,可通过"Cfg #"栏得知。接着是操作数 CONF 2,以及应用于组态二的操作数,然后是组态三。

我们还需要增加新的操作数来限制每个系统的聚焦长度,将操作数放置于绩效函数的上面。而每个 EFFL 必须伴随一个 CONF 操作数。组态一所限制的聚焦长度为 75 mm、组态二为 100 mm、组态三为 125 mm。每个 EFFL 操作数的权重均为 1,如图 9-52 所示。

图 9-51　评价函数的设置

	类型	波	Hx	Hy	Px	Py		目标	权重	评估	% 贡献
1	CONF ▾	1									
2	EFFL ▾		2					75.000	1.000	111.235	80.471
3	CONF ▾	2									
4	EFFL ▾		2					100.000	1.000	111.235	7.736
5	CONF ▾	3									
6	EFFL ▾		2					125.000	1.000	111.235	11.614
7	BLNK ▾										
8	BLNK ▾										
9	DMFS ▾										

图 9-52　限制条件的设置

4. 设置透镜尺寸

所有组态的镜组必须有同样的尺寸(半高)。这里可以通过解来进行限制。"最大"半高的解将被设置于每个组态中,表示每个表面半高的最大要求,设置的目的为确保边缘厚度的边界条件不被违反,不会产生异常的透镜,设置完成后,会在相应位置标记一个"M"。

5. 运行优化

我们希望看到优化过程中所有组态的相对外型。因此单击"3D 视图",并单击该视图的下拉菜单,在对话框中改变设置,其中,光线数为 7,视场为所有,勾选"隐藏透镜边",Y 位移为 75。然后单击"确定",如图 9-53 所示,所得图形如图 9-54 所示。

6. 设计结果

单击"优化"选项卡中的"执行优化"按钮,所得的变焦距镜头的三维结构图如图 9-55 所示。

【实训小结及思考】

(1) 若需要对其中任一结构进行研究,可在多重结构编辑器中用"Ctrl+A"快捷键进行切

图 9-53　3D 视图的设置

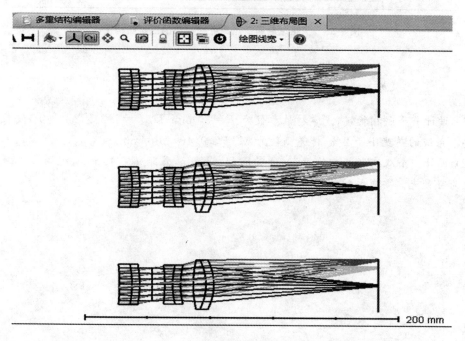

图 9-54　优化之前的变焦距照相物镜的三维结构图

换，并且在三维布局图的结构项中选择"当前"即可。

（2）本例主要介绍利用 ZEMAX 软件中的多重结构模拟变焦距镜头的结构，没有真正涉及结构更复杂的变焦距镜头的设计。若有兴趣，可参考王文生等著的《现代光学系统设计》（国防工业出版社出版）一书，查看变焦光学系统设计的实例。

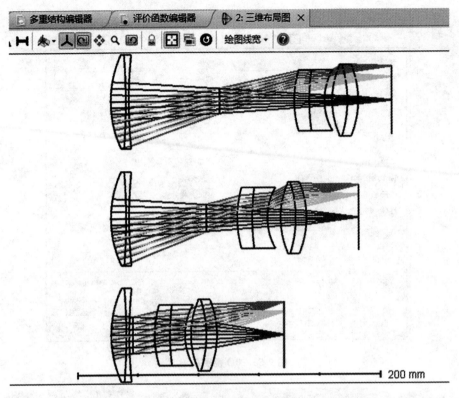

图 9-55　优化之后的变焦距照相物镜的三维结构图

思　考　题

（1）设计一个照相物镜，光学特性参数为 $f'=30$ mm，$D/f'=1/2.5$，$2\omega=40°$，波长为可见光。要求系统的畸变小于 2%，传递函数为 MTF$\geqslant 0.4$@40lp/mm。

（2）设计一个双高斯照相物镜，入瞳直径 $D=8$ mm，焦距 $f'=40$ mm，视场角 $2\omega=40°$，工作波段为可见光。要求系统的传递函数为 MTF$\geqslant 0.5$@50lp/mm。

第 3 部分

光学系统设计知识拓展

第10章 现代光学系统设计

10.1 光学材料简介

光学材料按照用途可分为光介质材料、光学纤维、光学薄膜和其他光学材料。

光介质材料是指传输光线的材料,因此也称为透射材料。入射的光线经过光介质材料折射、反射,会改变其方向、相位或偏振态,还可以经过光介质材料的吸收或散射改变其强度和光谱成分。因此可以制成透镜、棱镜、反射镜、偏振器、窗口等器件。经过特殊烧结的陶瓷可以对红外线透明,有的陶瓷对可见光也透明。

光学纤维是一种新型信息、能量传输材料。

光学薄膜是附加在光学器件表面,用于提高或实现器件光学性能的一类薄膜材料,在许多方面有广泛的应用。

其他光学材料包括发光材料、着色材料、激光材料,以及光信息存储、显示、处理材料等,在现代光学领域有非常重要的地位。

10.1.1 光学器件常用材料

光学器件常用材料主要有:光学玻璃、陶瓷、光学晶体、光学塑料(如 PC、PMMA 等)和金属。其中,光学玻璃是应用最广泛的材料。由于人工光学晶体生长困难,尺寸受限制,只有在玻璃不能满足要求的情况下才使用,如红外、紫外、偏振、闪烁等方面,以及激光技术、非线性晶体等。光学塑料属于有机高分子化合物,具有价格低、成型容易、质量轻等特点,近来获得广泛应用。

1. 光学玻璃及其特性

光学玻璃与普通玻璃的主要区别是其具有更高的透明度,并在物理和化学特性上具有高度的均匀性,以及特定和精确的光学常数。光学玻璃的成分与相关工艺都严格保密。一般主要成分是二氧化硅。它比普通玻璃的机械强度高、化学稳定性好、热膨胀系数小,但熔点高(1700 ℃以上)。一般光学玻璃能透过波长为 230 nm～2.5 μm 的各色光,超出该波长范围的光被强烈吸收。光学玻璃是由 Si、B、P、Pb、K、Na、Ba、As、Al 等元素的氧化物按一定的配方在高温时形成盐溶液(熔融体),经过冷却得到的一种过冷的无定型熔融体。大多数光学玻璃以 SiO_2 为主要成分,属于硅酸盐玻璃。其次,以 B_2O_3 为主要成分,属于硼酸盐玻璃;以 P_2O_5 为主要成分,属于磷酸盐玻璃。为改善玻璃性能和满足光学器件的需要,需要加入其他成分,如氧化铝(提高稳定性与机械强度)、氧化铅(增大折射率,但化学稳定性下降)、氧化钠(降低熔炼温度,但稳定性和机械性能下降)等。

光学玻璃可以分为无色光学玻璃、有色光学玻璃、特殊玻璃等。

1) 无色光学玻璃

光学玻璃在国家标准中按阿贝数分类,阿贝数等于 50 的玻璃为冕牌玻璃,用 K 来表示;阿贝数小于 50 的玻璃为火石玻璃,用 F 来表示。在这两大类下还用轻 Q、重 Z、特 T,以及用化学元素符号加前缀、用数字加后缀进行细分,共分为 18 大类,141 个牌号。如 QF8(轻火石)、BaK11(钡冕)、K9(冕)。一般冕牌玻璃属碱硅酸盐系统,绝大多数火石玻璃属铅硅酸盐系统。主要分类如下。

(1) 冕牌(K)玻璃,折射率较小,色散系数大。可分为氟冕(FK)、磷冕(PK)、轻冕(QK)、钡冕(BaK)、重冕(ZK)、镧冕(LaK)、特冕(TK)等。

(2) 火石(F)玻璃,折射率较大,色散系数大。可分为冕火石(KF)、轻火石(QF)、钡火石(BaF)、重火石(ZF)、镧火石(LaF)等。

在所有无色光学玻璃中,K9 玻璃是最常用的光学材料,其是用 K9 材料制成的玻璃制品,用于光学镀膜等领域。它的光学常数为:折射率等于 1.51630 ,色散等于 0.00806 ,阿贝数等于 64.06。从可见光到近红外(350~2000 nm)具有优异的透过率,在望远镜、激光等领域有广泛应用。

无色光学玻璃的一些技术指标如下。

(1) n_d——指 587.7 nm(氦黄线)处的折射率。

(2) n_D——指 589.3 nm(钠黄线)处的折射率;

(3) 相对色散(阿贝数)ν_d、ν_D——由 n_f(486.1 nm)和 n_c(656.3 nm)确定:$\nu_d = (n_d - 1)/(n_f - n_c)$;$\nu_D = (n_D - 1)/(n_f - n_c)$。

2) 有色光学玻璃

有色光学玻璃指对特定波长的可见光、紫外光或红外光具有选择性吸收或透过性能的光学玻璃,又称为光学滤光玻璃。主要用于照相、紫外、红外等光学仪器的滤光片,以改变光的强度或光谱成分,达到提高仪器的能见度或满足某些特定要求的目的,有时可替代镀膜,有时与薄膜组合使用。

有色光学玻璃是在无色光学玻璃原料中加入适量的着色剂制成的。按照着色原理可以分为胶态着色和离子着色有色玻璃两类。着色剂分别在玻璃中以胶体或者离子状态存在。有色光学玻璃按照光谱特性可分为选择性吸收型、截止型、中性灰型三种。

国际、国内均有一些专业有色光学玻璃生产商,如蓝玻璃就是一种有色光学玻璃,豪雅公司(HOYA)将其命名为 CM5000,肖特公司(SCHOTT)将其命名为 BG38、BG39 等。

3) 特殊玻璃

特殊玻璃包括:① 耐辐射玻璃;② 石英玻璃;③ 隔热玻璃;④ 微晶玻璃;⑤ 耐热玻璃;⑥ 硬质玻璃;⑦ 光学眼镜玻璃等。

其中的石英玻璃是以纯水晶为原料制得的玻璃态二氧化硅(SiO_2),也称为熔融石英,其 SiO_2 含量大于 99.9%,具有以下优异性能:① 光谱特性好,在 200 nm~4.7 μm 处有高透过率;② 热膨胀系数小,比普通玻璃小两个量级,具有极高的热稳定性;③ 耐热性极好;④ 耐极冷、极热性能好;⑤ 化学稳定性好,耐酸性优于所有其他光学材料;⑥ 机械性能好;⑦ 硬度高,表面不易划伤;⑧ 耐辐射性能好;⑨ 密度小,为 2.21 g/cm³。石英玻璃用途广泛,但熔制困难,价格昂贵。

2. 光学晶体及其特性

晶体具有规则的几何多面体形状,它是具有格子构造的固体。晶体包括三大晶族、七大晶系,具体为低级晶族(三斜、单轴、正交晶系)、中级晶族(四方、六方、三方晶系)和高级晶族(立方晶系)。在光学上应用的单晶体称为光学晶体,常用中级晶族和高级晶族。光学晶体内部的不同部位具有相同的性质,即具有均一性、各向异性、稳定性等。

1) 光学晶体的分类

光学晶体按用途分为以下几类。

(1) 紫外、红外晶体:用于宇宙飞船、人造卫星、导弹等的窗口,包括石英、硅、锗等。

(2) 复消色差晶体:用于高级复消色差物镜。

(3) 偏振晶体:制作偏振器件。

(4) 激光晶体:用于制造激光器。

(5) 电光晶体、声光晶体,以及非线性晶体等。

按工艺性能分为以下几类。

(1) 硬质晶体(莫氏硬度为 7~9,如石英晶体、红宝石、钇铝石榴石等)。

(2) 软质晶体(莫氏硬度为 2~4,如萤石、方解石等)。

(3) 水溶性晶体(如氯化钠、氯化钾、ADP、KDP 等)。

其中,萤石的硬度低、脆性大,加工时容易损伤表面和发生破裂。而水溶性晶体具有潮解性,加工困难。

2) 光学晶体的性能特点

(1) 光谱透过范围宽:尤其是在长波段,可达 $60~\mu m$。

(2) 折射率和色散变化范围大:可满足各种不同应用场合。

(3) 熔点高、热稳定性好:有利于在高温下使用。

(4) 具有双折射性。

(5) 具有旋光性。

(6) 具有吸收性和多色性:吸收率的各向异性,即随着入射光线的偏振方向不同,光学晶体对光的吸收程度也不一样。因此,除立方晶系(高级晶族),同一晶体在不同方向上呈现不同的颜色,光学晶体的这种性质称为多色性。

3. 光学塑料及其特性

光学塑料是有机高分子聚合物,也是一种可以与玻璃竞争的透明塑料。它具有一定的光学特性、机械特性和化学特性,能满足光学零件的要求,从而逐渐构成光学三大基本材料之一。利用其一定的光学、机械、化学性能的优点,可满足光学器件设计要求,从而在眼镜片、棱镜、透镜、DVD、VCD、CD-ROM 光头、照相机等光电仪器中得到广泛使用。

在世界范围内,光学塑料品种已有上百种,但真正应用到工业开发,应用面广的品种并不多,据统计有十多种,如 PMMA、PS、PC、SAN、CR-39、TPX 等。

光学塑料的发展日新月异,各种文献报道的新品种非常多,日本就有 S-16、KT-153、TS-26 等。最近日本开发出一种聚烯烃树脂,它是用作光盘的新材料,它的相对密度小,仅为 1.01,耐热性好(T_g 为 140 ℃),透光率为 90%。

1）光学塑料的类型

根据受热后的性能变化，光学塑料可分为以下两大类。

（1）热塑性光学塑料：热塑性塑料是指经过多次反复加热仍有可塑性的塑料，如聚甲基丙烯酸甲酯（PMMA）、聚苯乙烯（PS）、聚碳酸酯（PS）等；

（2）热固性光学塑料：热固性塑料是由加热固化的合成树脂制成的塑料，常见的如 CR-39 树脂镜片、环氧光学塑料。

2）光学塑料的优点

（1）成型方便、工艺性好、成本低；

（2）耐冲击强度高。光学塑料的冲击强度达 $25 \times 10^3 \mathrm{N} \cdot \mathrm{m/m^2}$，比光学玻璃大 10 倍，经得起撞击和跌落，不易破损。

（3）相对密度小，重量轻。光学塑料的相对密度为 0.83～1.46，而玻璃的相对密度为 2.5～3.0，即光学塑料比玻璃约轻 1/2，这对军用光学仪器有特殊意义。

（4）透光率好。

（5）抗温度骤变能力强。在温度低于塑料的软化温度时，不论温度如何骤然变化，其光学性能不会有多大变化。

3）光学塑料的缺点

（1）折射率温度梯度大，约为 $2 \times 10^{-4} / ℃$，对光学系统特别不利。

（2）热膨胀系数比玻璃大 10 倍左右。

（3）导热性和耐热性差，软化温度低，易变形，加热时会变形和分解。

（4）不耐有机溶剂。

（5）耐磨性差。

（6）吸湿性严重。

（7）光学塑料的折射率和色散系数没有玻璃大，因此，其选用受到限制。

4）光学塑料的应用

（1）塑料透镜，包括工业用透镜、仪器用透镜、眼镜、非球面透镜、棱镜和菲涅耳透镜等。

（2）光盘及光学纤维。

（3）其他功能性光学塑料元件。

10.1.2　光学透镜常用材料

透镜是光学仪器中的主要元件之一，可由多种不同的光学材料制成，用于光束的准直、聚焦、成像。各种球面和非球面透镜的主要制作材料有：K9 玻璃、BK7 玻璃、紫外级熔融石英（UVFS）、氟化钙（CaF_2）、氟化镁（MgF_2），以及硒化锌（ZnSe）等。在从可见光到近红外小于 $2.1 \mu m$ 的光谱范围内，BK7 玻璃具有良好的性能，且价格适中，在此光谱范围内，紫外级熔融石英具有比 BK7 玻璃更高的透射率、更好的均匀度，以及更低的热膨胀系数。在紫外区域一直到 195 nm 处，紫外级熔融石英是一种非常好的选择。

1）K9 玻璃

K9 玻璃是最常用的光学材料，从可见到近红外（350～2000 nm）处具有优异的透过率，在望远镜、激光等领域有广泛应用。H-K9L、N-BK7 是制备高质量光学元件最常用的光学玻璃，当不需要紫外级熔融石英的额外优点（在紫外波段具有很好的透过率和较低的热膨胀系数）

时,一般会选择 H-K9L。

2) BK7 玻璃

BK7 玻璃是一种常见的硼硅酸盐冕牌玻璃,也是一种广泛用于可见光和近红外区域的光学材料。它的高均匀度、低气泡和杂质含量,以及简单的生产和加工工艺,使它成为制作透射性光学元件的良好选择。BK7 玻璃的硬度也比较高,可以防止划伤。透射光谱范围为 380～2100 nm。但是它具有较高的热膨胀系数,不适合用在环境温度多变的应用中。

3) 紫外级熔融石英

紫外级熔融石英是一种合成的无定型熔融石英材料,具有极高的纯度。这种非晶体的石英玻璃具有很低的热膨胀系数、良好的光学性能,以及高紫外透过率,可以透射 195 nm 的紫外光。它的透射性和均匀度均优于晶体形态的石英,且没有石英晶体的那些取向性和热不稳定性等问题。由于它的高激光损伤阈值,熔融石英常用于高功率激光的应用中。紫外级熔融石英(JGS1、F-SILICA)从紫外到近红外波段(185～2100 nm)处都有很高的透过率,使其广泛应用于紫外到近红外波段的高功率激光和成像领域。

4) 氟化钙

氟化钙是一种具有简单立方晶格结构的晶体材料,采用真空 Stockbarger 技术生长制备。它在真空紫外波段到红外波段都具有良好的透射性。这种宽光谱透射特性,加上它没有双折射性质,使它成为紫外到红外宽光谱应用的理想选择。

由于氟化钙(CaF_2)在 180 nm～8 μm 波段内的透射率很高(尤其在 350 nm～7 μm 波段,透射率超过 90%)、折射率低(对于 180 nm～8.0 μm 的工作波长范围,其折射率变化范围为 1.35～1.51),因此其即使不镀膜也有较高的透射率。它经常被用在分光计的窗口片和镜头上,也可用在热成像系统中。另外,由于它有较高的激光损伤阈值,其在准分子激光器中有很好的应用。红外级氟化钙通常由自然界中可见的萤石生长而成,成本低廉。但氟化钙具有较大的热膨胀系数,热稳定性很差,要避免使用在高温环境中。氟化钙与氟化钡、氟化镁等同类物质相比,具有更高的硬度。

5) 氟化钡

氟化钡材料在 200 nm～11 μm 区域内的透射率很高。尽管此特性与氟化钙相似,但氟化钡在 10.0 μm 以后仍有更高的透射率,而氟化钙的却是直线下降的,而且氟化钡能耐更强的高能辐射。然而,氟化钡的缺点是抗水性能较差。当接触到水后,在 500℃时性能发生明显退化,但在干燥的环境中,它可在高达 800 ℃的环境中被使用。同时,氟化钡有着优良的闪烁性能,可以制成红外和紫外等各类光学元件。应当注意:当操作由氟化钡制作的光学元件时,必须始终佩戴手套,并在处理完以后彻底清洗双手。

6) 氟化镁

氟化镁是一种具有正双折射性质的晶体,可采用 Stockbarger 技术生长,同样在真空紫外波段到红外波段具有良好的透射率,因此在许多紫外和红外应用中很受欢迎,是 0.2～6 μm 波长范围内应用的理想选择。通常在切割氟化镁时,使它的 c 轴与光轴方向平行,以降低双折射性质。它可用于含氟的环境中,可用作准分子激光器的透镜、窗片、偏振器等。氟化镁具有良好的热稳定性和硬度,并且具有高激光损伤阈值。它的折射率也比较低,通常不需要镀增透膜。氟化镁是一种强力的材料,可用于抵抗化学腐蚀、激光损伤、机械冲击和热冲击,与其他材料相比,氟化镁在深紫外和远红外波长范围内尤其耐用。其材质比氟化钙晶体硬,但与熔融石英比较则相对较软,并且会有轻微的水解。它的努氏硬度为415,折射率为1.38。这些性质使它成为很多生物学上和军事上采用的宽带宽激光脉冲成像应用的理想选择。

7)硒化锌

硒化锌可通过化学的气相沉积法制备,常用于热成像和医疗系统中。硒化锌作为一种应用广泛的红外透镜材料,具有很宽的透射谱域(0.6~16 μm)。它的折射率较高,一般需要在表面镀增透膜,以减少反射。应当注意:硒化锌材料相对较软(努氏硬度为120),容易擦花,建议不要用于严酷环境中。在手持、清洁时要加倍小心,捏持或擦拭时要用力均匀,最好戴上手套或橡胶指套,以防玷污。不能用镊子或其他工具夹持。因硒化锌的高透射率、好的耐热性能和低吸收率,其成为高功率二氧化碳激光器的光学元件材料的最佳选择。

8)硅

硅适用于1.2~8 μm区域的近红外波段,特别适用于3~5 μm波段。因为硅材料具有密度小的特点(其密度是锗材料或硒化锌材料的一半),在一些对重量要求敏感的场合尤为适用。硅的努氏硬度为1150,比锗硬,没有锗易碎。然而,由于它在9 μm处有强的吸收带,因此并不适合用于二氧化碳激光器的透射应用。

9)锗

锗适用于2~16 μm区域的近红外波段,特别适用于红外激光。由于锗具有折射率高、表面最小曲率小和色差小的特性,在低功率成像系统中,通常不需要修正。但是锗受温度影响较为严重,透过率随温度的升高而降低,因此,只能在100 ℃以下应用。在设计对重量有严格要求的系统时,要考虑锗的密度(5.33 g/cm³)。锗平凸透镜采用精密金刚石车床车削表面,这一特征使其非常适用于多种红外线应用,包括热成像系统、红外线分光镜、遥测技术和前视红外领域。

10.2 红外光学系统设计简介

10.2.1 概述

红外系统广泛应用于各种工业和军事领域,包括癌症检测、电路板中电路问题的查找、非破坏性测试、军用夜视系统,以及火车车轮发热轴承的探测等。

人眼对0.4~0.7 μm波段的光敏感,而看不到更长波长的热辐射光。因此记录这些能量需要使用特殊的探测器或传感器,毫无疑问,成像光学系统必须有效传输具有这些波长的光。近红外(NIR)波段可以使用普通光学材料,有许多应用,如0.86~1.6 μm波段用于远程通信。在这里,不考虑近红外而只讨论中红外(MWIR)和远红外(LWIR)的光学系统设计,包括特殊光学材料和其他设计考虑。中红外和远红外成像通常也称为热红外成像。

大气中H₂O、CO₂和N₂O的吸收会形成各种窗口或透射区域。在1~4 μm光谱范围内,水蒸气是主要吸收源,而对于2.7 μm和4~5 μm的光谱区域,主要吸收源是二氧化碳。所以两个主要的红外窗口是3.2~4.2 μm(MWIR)和8~14 μm(LWIR)光谱区域。关于锗材料的折射率,多晶和单晶材料之间稍有不同。这里使用的都是多晶体材料的数据。因为在14 μm处有很少量吸收,所以折射率没有不同。LWIR探测器比MWIR探测器要昂贵得多并且难于制造。

按照 Riedl 提出的红外系统信噪比公式：

$$S/N = (W_T \varepsilon_T - W_B \varepsilon_B)(\tau)\left(\frac{D^*}{\sqrt{\Delta f}}\right)\left[\frac{\tau d'}{4\ (F^{\#})^2}\right] \tag{10-1}$$

式中：ε 为发射比；W 为辐射出射度；W_T 为景物出射度；ε_T 为景物发射比；W_B 为背景出射度；ε_B 为背景发射比；D^* 为探测器的可探测比；Δf 为噪声等效带宽；τ 为光学透射比；d' 为探测器尺寸；$F^{\#}$ 为光学系统的 F 数。

式(10-1)中第一个因子与所成像的物体有关，该因子表示被成像原始物体和被成像物体背景之间的辐射出射度差；第二个因子是大气或系统所在的其他介质的透射比和通过光学元件的透射比；第三个因子与焦平面阵列有关，其为可探测比除以噪声等效带宽；最后一个因子包含分子上的探测器尺寸(像素宽度)和光学透射比，以及分母上的 F 数的平方。由于信噪比与 $(F^{\#})^2$ 成反比，因此光学系统成为关键。这使得许多红外系统取极低的 $F^{\#}$ 以获得所需的信噪比。另外，在一些新式非致冷微型测辐射热仪中，$F^{\#}$ 通常需要取 0.8 或更低。

大多数光学系统玻璃的透射波长不大于 2.5 μm，某些特殊玻璃的透射波长达到 4.5 μm，熔融石英的透射波长可达到 4 μm。因此，红外透射材料很关键，但选择范围却十分有限，并且存在其他问题。

热成像系统观察热源时，为获得最大的灵敏度，多数热成像系统使用低温制冷的探测器。如果这些探测器或红外焦平面阵列可以探测到除所观察景物以外的热能量，则灵敏度会降低。由于红外探测器比较昂贵，因此常使用尺寸小得多的探测器阵列，经过适当的扫描方法(串行扫描或并行扫描)使成像范围覆盖整个期望的二维视场。

红外系统中常使用的探测器材料，如表 10-1 所示。

表 10-1　红外探测器材料

材　料	波长范围/μm	材料	波长范围/μm
InGaAs(砷化镓铟)	0.9~1.7	PbS(硫化铅)	1.0~2.5
Ge(锗)	0.7~1.85	PbSe(硒化铅)	2.5~4.5
Si(硅)	0.32~1.06	Hg:Cd:Te(锑镉汞)	0.8~2.5

10.2.2　中红外($3.2 \sim 4.2\ \mu m$)物镜的设计

除红外光谱区，几乎没有利用单片透镜成像的(一个明显的例外是在廉价的箱式照相机中使用弯月透镜)，而在红外光谱区，高折射率锗材料(一般红外系统对分辨率的要求较低)可以使简单的弯月透镜成为一个有用的装置。

中红外物镜与可见光物镜不同，主要有以下几个方面的特点。

(1) 可供选择的材料非常少，幸运的是，适用的材料(锗、硒化锌等)都具有高折射率和低色散。

(2) 由于这些材料较贵，并且透过率较差，因此透镜厚度要尽量薄。这些材料多数是多晶体，都有一些散射，这也是让透镜薄些的另一个原因。

(3) 长波长意味着对分辨率的要求更低。

（4）镜筒壁会产生辐射，所以对背景有贡献。

（5）与胶片或眼睛相比，探测器经常是线性阵列，通常该探测器需要冷却。

（6）必须确认，在冷反射过程中，探测器都没有后向自身成像。

设计一款应用在 $3.2\sim4.2\,\mu m$ 光谱范围内的中红外物镜，焦距为 4.5 英寸（1 英寸＝2.54 厘米），相对孔径 $D/f'=1/3$，波长为 $3.63\,\mu m$，视场角 $2\omega=5°$。经常使用由蓝宝石材料制成的光窗，保护 $3.2\sim4.2\,\mu m$ 光谱范围内的探测器。

在设置系统选项参数时，注意将"镜头单位"设置成英寸，在进行波长设置时依次输入 3.200、3.630、4.200，并勾选 3.630 为主波长，如图 10-1 所示。所设计的中红外物镜的结构参数，如图 10-2 所示。

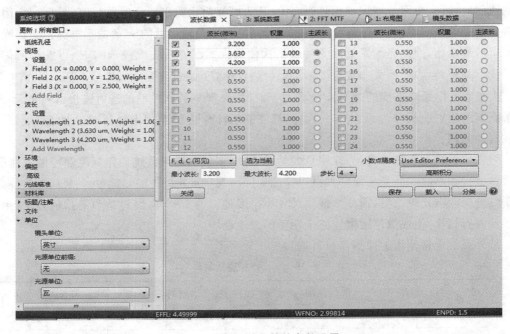

图 10-1　中红外物镜的参数设置

	表面:类型	标注	曲率半径	厚度	材料	膜层	半直径	延伸区	机械半直径
0	物面	标准面 ▾		无限	无限			无限	0.000	无限
1		标准面 ▾		3.688	0.325	SILICON		0.768	0.000	0.768
2		标准面 ▾		5.118	0.133			0.720	0.000	0.768
3		标准面 ▾		13.161	0.205	GERMANIUM		0.698	0.000	0.698
4		标准面 ▾		8.494	0.135			0.679	0.000	0.698
5	光阑	标准面 ▾		无限	2.287			0.665	0.000	0.665
6		标准面 ▾		2.357	0.180	GERMANIUM		0.586	0.000	0.586
7		标准面 ▾		2.021	0.115			0.550	0.000	0.586
8		标准面 ▾		3.265	0.218	SILICON		0.554	0.000	0.554
9		标准面 ▾		5.489	2.500			0.532	0.000	0.554
10	像面	标准面 ▾		无限	-			0.196	0.000	0.196

图 10-2　中红外物镜的结构参数

系统由 4 片分离透镜组成,分别为锗和硅两种材料,系统的工作波段为红外中波时,锗的阿贝数约为 100;而工作波段为长波时,锗的阿贝数约为 930,相差很大。当波长为 4 μm 时,锗的折射率是 4.0243(注:各厂家的参数不同),这种高折射率材料对像差的校正是有利的。硅的折射率是 3.4225,略比锗的折射率低,有利于像差的控制。该系统的二维结构图如图 10-3 所示,MTF 曲线图如图 10-4 所示。

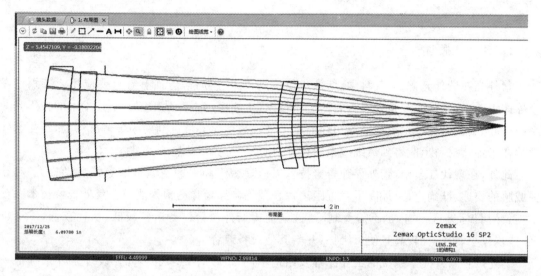

图 10-3 中红外物镜的二维结构图

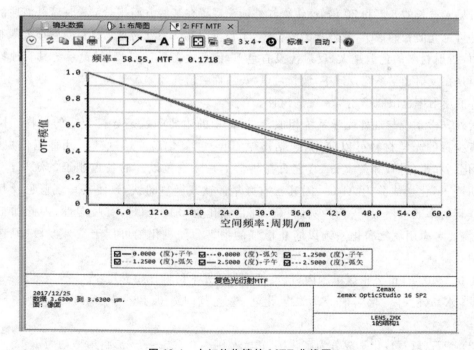

图 10-4 中红外物镜的 MTF 曲线图

由图 10-3 可知,系统的总轴长度为 6.0978 英寸,其各视场的传递函数曲线与衍射设限理想曲线重合,达到了最佳的设计效果。该系统由 4 片透镜组成,每个面均为球面。

在该系统中恰当地引入非球面,还可以提高像质,也能简化系统结构,可缩短系统筒长,使系统小型化、轻量化。更多的中红外物镜初始结构参数可参考 ZEBASE 数据库。

10.3 紫外光学系统设计简介

10.3.1 概述

紫外光在紫外光谱、大气科学、紫外成像检测技术、国防等方面有着重要应用。特别是在半导体工业中,紫外光刻是一项重要的应用技术,主要应用之一是用于光刻技术中的投影光学系统,即光刻投影光学系统把掩膜图样的缩小像投影到涂有抗蚀剂的半导体材料上,经化学处理后在半导体材料上能得到最细线条的尺寸,该尺寸称为最小特征尺寸。

此外,在现代战争中,紫外导弹告警技术以低虚警率和大的空域范围等特点,完成了对导弹威胁的快速、准确定位,提高了对近距离短程精确制导导弹的预警能力。紫外告警技术一般不需要对目标进行扫描,也不需要制冷,这就使得紫外告警设备造价较低、功耗较低、重量较轻、体积较小、可靠性较高且便于维护,并与其他设备兼容。

上述两种紫外光学系统的工作原理及结构不同,故设计要求也不同。设计紫外系统是一项挑战性很强、要求非常高的工作。在热红外波段,特别是在 MWIR 和 LWIR 波段,波长分别是可见光波长的 8 倍和 20 倍,这使得红外镜头系统在某些方面相对宽松。紫外波段的波长大约是可见光波长的一半,紫外光的波长短,制备折射光学系统的光学材料受到很大限制。波长越短,折射材料的色散越大,反射镜没有色差,因此在紫外波段,反射镜系统具有独特的优势。但是在反射光学系统设计中,波长可以减小,而数值孔径 NA 受到了限制。紫外光反射光学元件的反射率也限制了光学系统的设计。

紫外光学系统与红外光学系统相似,在设计中的主要问题是寻找合适的材料。目前发现只有少量的光学材料可以使用,包括熔融石英(二氧化碳或熔融硅)、几种氟化物(氟化钡、氟化钙和氟化锂)和蓝宝石(蓝宝石在科学上是除红色以外的各色刚玉的统称,包括无色透明刚玉,化学成分为 Al_2O_3,因其含有微量的钛或微量的铁,致使其呈现蓝色及其他各色),其折射率通常不太高。有些材料(特别是氟化物)加工困难,有吸湿性,因此加工和装配时,需要考虑用氮气净化系统以防止湿气的损害。如氯化钠可用于紫外波段,但它具有严重的吸湿性。

在 $0.2\sim0.4~\mu m$ 光谱区范围内,最重要的紫外光学材料有如下几种。

(1)水晶(矽石):化学成分为二氧化硅,透光范围为 $0.14\sim6~\mu m$,折射率为 $1.533\sim1.544$。

(2)萤石(氟石):化学成分为氟化钙,透光范围为 $0.123\sim9~\mu m$,折射率约为 1.4。

(3)紫外光学玻璃:国产的紫外光学玻璃有两类,一类是紫外截止滤光玻璃,以 ZJB 标示;另一类是紫外透射可见滤光玻璃,以 ZWB 表示。

(4)紫外光学石英玻璃:以 JGS 标示该类玻璃,主要有三种,JGS1 为远紫外光学石英玻璃,具有优良的透紫外性能,特别是在短波紫外区,在 185 nm 处的透射率可达 90％,其是应用于波段范围为 185～2500 nm 的优良光学材料;JGS2 是紫外光学石英玻璃,其是应用于波段范围为 220～2500 nm 的良好材料;JGS3 是紫外-红外石英玻璃,它具有较高的透红外性能,透射率高达 85％,其是应用于波段范围为 260～3500 nm 的光学材料。

(5) 德国肖特公司生产的紫外玻璃:最近开发出两种紫外玻璃,LITHOSIL-Q 和 LITHO-TEC-CAF2,分别在 260 nm 和 250～2500 nm 处有较高的透射率。

(6) 日本豪雅公司生产的 i-line 玻璃:在紫外、可见光和红外波段均可透过,在 365 nm 谱线附近有很高的透射率。

10.3.2 紫外光学系统的设计

本节讨论的紫外光学系统主要是用于光刻技术的投影光学系统,主要结构型式有如下几种。

(1) 反射式光学系统:包括奥凡纳物镜和施瓦氏希尔德反射型显微物镜。

(2) 折射式紫外光学系统:包括紫外探测透镜和深紫外重复步进相机投影光学系统。

(3) 折反射光学系统:该设计型式的色差很小,波长的适用范围可延伸到可见光波段。

(4) 折衍混合深紫外镜头。

前文提到由于反射镜没有色差,因此在紫外波段通常采用反射镜系统。通过查找 ZE-BASE 中的相关镜头数据,找到一个放大率为－0.1 的卡塞格林物镜,对直径为 70 mm 的物体成像。除反射镜外,该系统全部以熔融石英玻璃(F_SILICA)为材料,其像方空间 $F^\# = 2.6$,其工作波长为 $0.23\sim0.4\ \mu m$,中心波长 $0.26\ \mu m$,其结构参数如图 10-5 所示。

	表面:类型	标注	曲率半径	厚度	材料	膜层	半直径	延伸区	机械半直径
0	物面 标准面 ▼		无限	998.576			34.925	0.000	34.925
1	光阑 标准面 ▼		无限	1.422			0.000 U	0.000	0.000
2	(孔径) 标准面 ▼		-25.123	5.410	F_SILICA		15.621 U	0.000	17.653
3	(孔径) 标准面 ▼		-29.070	19.990			17.653 U	0.000	17.653
4	(孔径) 标准面 ▼		-69.959	4.115	F_SILICA		18.542 U	0.000	19.939
5	(孔径) 标准面 ▼		-69.637	-4.115 P	MIRROR		19.939 U	0.000	19.939
6	(孔径) 标准面 ▼		-69.959 P	-19.990 P			18.542 U	0.000	19.939
7	(孔径) 标准面 ▼		-40.632	19.228	MIRROR		7.366 U	0.000	7.366
8	(孔径) 标准面 ▼		-353.642	3.150	F_SILICA		5.969 U	0.000	5.969
9	(孔径) 标准面 ▼		-17.722	0.279			5.969 U	0.000	5.969
10	(孔径) 标准面 ▼		-16.264	1.219	F_SILICA		5.207 U	0.000	5.969
11	(孔径) 标准面 ▼		77.493	14.656			5.969 U	0.000	5.969
12	像面 标准面 ▼		无限				3.481	0.000	3.481

图 10-5 全部以熔融石英玻璃的卡塞格林物镜的结构参数

在布局图中,设置起始面到终止面为 2～12,则该系统的二维结构图如图 10-6 所示,MTF 曲线图如图 10-7 所示,点列图如图 10-8 所示。

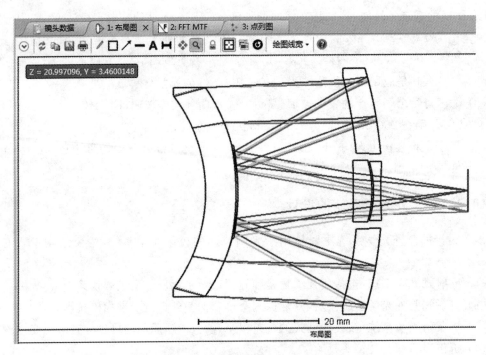

图 10-6　紫外卡塞格林物镜的二维结构图

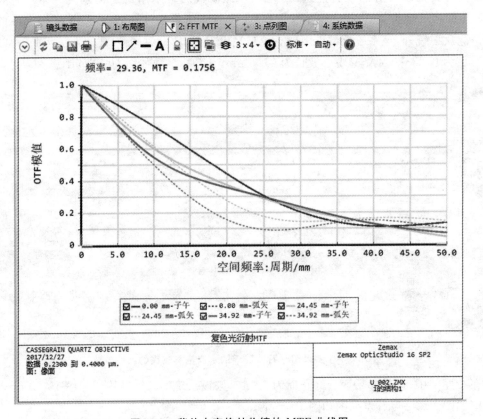

图 10-7　紫外卡塞格林物镜的 MTF 曲线图

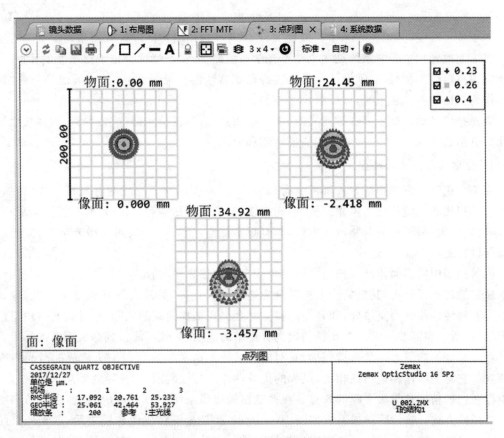

图 10-8 紫外卡塞格林物镜的点列图

10.4 激光扫描光学系统设计简介

10.4.1 概述

激光扫描光学系统通常应用在激光显示、激光测量、激光打印、激光传真机、激光标刻机、激光印刷机及高速成像等领域中。其中,激光扫描测量系统是光电检测技术中具有代表性的技术之一,可完成非接触测量,而且可通过图像信息显示出被测对象的许多信息。

激光扫描测量系统的主要组件有激光扫描发射器(扫描光学系统)、激光扫描接收器(光接收器,接收光学系统)、单片机控制电路、接口电路、上位计算机(PC)、打印输出设备。一个完整的激光扫描测量系统是集光、机、电、算一体化的自动检测系统。

激光扫描测量系统的工作原理为:半导体激光器发出的激光光束通过激光扫描发射器后,能够形成与光轴平行的连续高速扫描光束,而且能够对被测工件进行扫描,最后由光接收器接收。在扫描过程中,因为工件对投射到光接收器上的光线有遮断作用,因此光接收器输出的是一个方波脉冲,且其脉宽和工件直径成正比。如果扫描速度和扫描时间分别为 v、t,那么被测工件的尺寸 D 为

$$D = vt \tag{10-2}$$

由于 v 是确定的,因此 D 和 t 呈线性关系,式中 t 可由时钟脉冲计数器求得。

实际上激光扫描光学系统是一个动态光学系统,它的动态特性决定了扫描速度特性,如果想要实现高精度的测量,必须设计出具有较好动态特性的扫描光学系统,一般情况下使用 f-θ 透镜作为扫描发射光学系统,可以解决这一问题。

激光扫描光学系统主要由激光光源、准直扩束系统、扫描偏转器、成像物镜,以及接收装置等几部分组成。其中,核心部分是扫描偏转器和成像物镜。

1. 扫描偏转器及扫描方式

无论采用哪种激光扫描方式都需要有扫描偏转器,实现这个功能的有机械扫描(例如,多面体转镜扫描和振镜扫描)、声光扫描、电光扫描、全息光栅扫描等。机械扫描的结构及原理简单、偏转角度大、易于控制且制造成本低,具有很多优点,所以一般应用于激光加工、激光医疗仪器等设备上。

机械扫描中的多面体转镜扫描可以实现较高的扫描频率和较大的扫描角度。但是因旋转多面棱镜的转动惯量大,其对旋转电机转轴会造成较大负荷,另外它的孔径效率很低,导致当光束移动到转镜相邻面交线处,即转镜的棱上时会出现扫描间歇的问题,会导致有一段空白的输出信号,所以在需要较大入射孔径和较高分辨率的应用中,就不能得到令人满意的结果。

目前最好的扫描方式是振镜扫描,其对应的系统是由两个振镜扫描头构成的激光扫描成像装置。它与多面体转镜扫描相比,最大的优越性在于扫描范围大、孔径效率高、转动惯量低,但也存在扫描精度和像质下降的缺点。在振镜扫描成像系统中,可以分为物镜后扫描和物镜前扫描两种方式。物镜后扫描系统如图 10-9 所示,就是振镜在成像物镜之后,激光光束经过成像物镜聚焦后被两个振镜偏折以实现视场扫描。它的优点是物镜口径较小,在设计扫描物镜时比较简单。扫描像面为曲面是物镜后扫描系统的缺点,导致其不方便接收及转换图像。

为了克服物镜后扫描系统的缺点,把振镜置于成像物镜之前,如图 10-10 所示。由于设计符合要求的扫描物镜能够使成像面是平面,因此很多激光扫描系统都是使用物镜前扫描的形式。

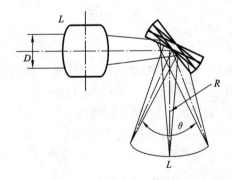

图 10-9　物镜后扫描系统

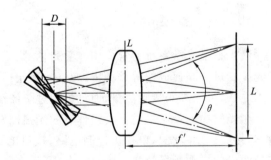

图 10-10　物镜前扫描系统

2. 成像物镜

在物镜前扫描系统中,为保证光束经过它聚焦成像在接收平面上时,不产生大于设计要求的像差,就需要一个复杂而且足够大的平场物镜。这种透镜在工作时能保证平面聚焦,其有一个足够大的视场,在整个扫描范围内聚焦的光斑均匀,在近场扫描区域内光斑近似呈线性扫描。满足这些要求的透镜就是 f-θ 物镜。此外,为了确保该物镜系统扫描获得的平面图像的照度均匀,扫描透镜通常被设计为远心光路的形式。

10.4.2 激光物镜前扫描系统的设计

1. 物镜前扫描系统模型的建立

利用 ZEMAX 软件中的坐标断点及多重结构功能,对激光物镜前扫描系统建立模型并进行优化,所得的系统结构参数如图 10-11 所示,系统三维结构图如图 10-12 所示。

	表面:类型	标注	曲率半径	厚度	材料	膜层	半直径	延伸区	机械半直径
0	物面 标准面 ▼		无限	无限			0.000	0.000	0.000
1	光阑 标准面 ▼		无限	50.000			10.000	0.000	10.000
2	坐标间断 ▼	FOLD		0.000	-		0.000	-	-
3	坐标间断 ▼	SCAN		0.000	-		0.000	-	-
4	标准面 ▼		无限	0.000	MIRROR		17.434	0.000	17.434
5	坐标间断 ▼	PICKUP SCAN		0.000	-		0.000	-	-
6	坐标间断 ▼	PICKUP FOLD		-50.000	-		0.000	-	-
7	标准面 ▼		467.366 V	-20.000	BK7		28.523	0.000	32.240
8	标准面 ▼		85.879 F	-197.685 V			32.240	0.000	32.240
9	像面 标准面 ▼		无限	-			69.420	0.000	69.420

图 10-11　物镜前扫描系统的结构参数

由于上述扫描系统中的透镜用的是普通单透镜,其像差及线性都不理想。f-θ 透镜的像高与视场角满足线性关系,并且 f-θ 透镜可以采用两片或三片式的透镜结构,以校正像差。

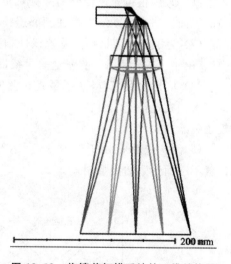

2. f-θ 透镜的设计

1) f-θ 透镜工作原理

设透镜的焦距、扫描角分别为 f'、θ,则普通透镜的理想像高为

$$y' = -f'\tan\theta \qquad (10\text{-}3)$$

由式(10-3)可知,像高与角度不是线性关系。

将式(10-3)两边对时间 t 求导,那么有

$$\frac{\mathrm{d}y'}{\mathrm{d}t} = -f' \cdot \sec^2\theta \cdot \frac{\mathrm{d}\theta}{\mathrm{d}t} \qquad (10\text{-}4)$$

图 10-12　物镜前扫描系统的三维结构图

对 f-θ 透镜而言,为得到一定的扫描速度,其像高为

$$y' = -f'\theta \qquad (10\text{-}5)$$

这样,对时间 t 微分的结果为

$$\frac{\mathrm{d}y'}{\mathrm{d}t} = -\frac{f' \cdot \mathrm{d}\theta}{\mathrm{d}t} = -2f'\omega \qquad (10\text{-}6)$$

式中:ω 为扫描元件角速度,它是恒定值,要求 f-θ 透镜要引入负畸变,当扫描角度 θ 增大时,实

际像高比几何光学确定的理想像高要小,其线性畸变为

$$\Delta y' = f' \tan\theta - f'\theta = f'(\tan\theta - \theta) \tag{10-7}$$

其相对畸变量为

$$q_{f\theta} = \frac{y' - f'\theta}{f'\theta} \times 100\% < 0.5\% \tag{10-8}$$

因为 $f\text{-}\theta$ 透镜的像高 y' 和扫描角 θ 满足式(10-5)所示的线性关系,要实现对扫描速度的线性控制,可以通过控制扫描角 θ 达到目的。只要求扫描振镜能够匀速偏转,使得激光束在工件表面上的聚焦光斑相应地做匀速运动,实现匀速扫描,就可满足设计要求。

2) $f\text{-}\theta$ 透镜成像特点及设计要求

(1)从扫描过程来看,将准直激光光束以不同的视场角进入入瞳,通过 $f\text{-}\theta$ 透镜在像平面上的不同位置得到光点。反射镜的有效转角 2θ 相当于普通系统的视场角 2ω。在 $F^\#$ 一定的情况下,$f\text{-}\theta$ 透镜尽量采用大扫描角 θ、小焦距 f' 以减小透镜和反射器的尺寸,以此来减小由于棱镜表面角度不均匀和扫描器轴承不稳造成的不利影响。为了形成较好的平行光扫描,希望光学系统的相对孔径 D/f' 尽可能小,但是焦距太大会使测头的体积增大,所以选取较小的焦距,还可以使扫描器与物镜之间的距离减小,总之,扫描透镜的通光口径的选取要综合测量范围、被测件的振动幅度,以及中心位置移动的范围来考虑。此外,扫描角 θ 太大会给透镜设计与制造带来困难。

(2)由于 $f\text{-}\theta$ 透镜是一个相对孔径较小、视场较大的光学系统,所以轴上点像差(球差)比较容易得到矫正。由于其视场角较大,所以其对轴外点像差,特别是对像散和场曲的校正的要求很高。采用正负光焦度分离并且对正、负透镜采用折射率不同的玻璃材料,可以消除 $f\text{-}\theta$ 透镜的场曲。当光学系统中存在相邻透镜的两个邻近面背向设置时,可以校正像散。

(3)为了能够满足扫描系统线性扫描的要求,扫描物镜必须能产生一定的桶形畸变(负畸变)。由于 $f\text{-}\theta$ 透镜不可能完全满足线性要求,所以要求其相对畸变不超过 0.5%。

(4)从光源上来看,采用激光光源的扫描系统,只存在单色像差而不会存在色差的问题。这使人们在选择光学材料时变得方便。如果要求光源同时适应多种激光光源系统,则必须有校正色差的要求。

(5)$f\text{-}\theta$ 透镜采用如图 10-13 所示的像方远心光路结构,优势在于可以减小由于接收装置位置不准而带来的测量误差。

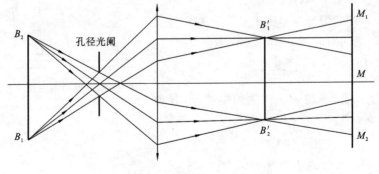

图 10-13 像方远心光路结构

综合而言,$f\text{-}\theta$ 透镜设计的本质是要引入桶形畸变,并且要严格校正畸变、场曲和像散三种像差。为满足上述三种像差的要求,$f\text{-}\theta$ 透镜的结构一般采用如图 10-14 所示的结构。此

结构采用正负光焦度分离,可以满足平场要求。此外,采用负透镜在前,正透镜在后的结构,此结构能够使主光线在后面的正透镜上有较高的位置,获得一定的负畸变。系统中两个邻近面背向设置的结构,有利于像散的校正。

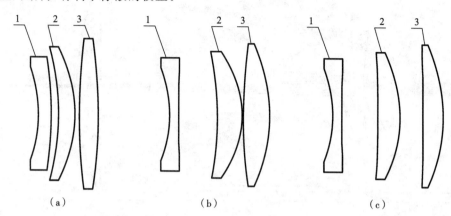

（a）　　　　　　　　　（b）　　　　　　　　　（c）

图 10-14　常用的 $f\text{-}\theta$ 透镜的结构

3) $f\text{-}\theta$ 透镜设计指标

根据使用要求,本设计的指标如下。

(1) 焦距: $f'=100$ mm。

(2) 光源采用氦氖激光器,波长: $\lambda=0.6238$ μm。

(3) 通光口径: $D=5$ mm。

(4) 扫描范围:0～52 mm。

(5) 半视场像高: $y'=26$ mm。

(6) 相对畸变: $q_{f\text{-}\theta}=\dfrac{\tan 15°-15°}{\tan 15°}\times 100\%=0.5\%$。

(7) 根据公式计算得到的视场角: $2\omega=30°$。

4) $f\text{-}\theta$ 透镜设计步骤

根据设计要求,通过查找 ZEBASE 中的相关镜头数据,找到一个由 5 片透镜组成的初始扫描物镜。其初始结构参数及初始二维结构图分别如图 10-15、图 10-16 所示。

	表面:类型	标注	曲率半径	厚度	材料	膜层	半直径	延伸区	机械半直径	圆锥系数
0	物面	标准面 ▾		无限	无限			无限	0.000	无限	0.000
1	光阑	标准面 ▾		无限	75.000			12.500 U	0.000	12.500	0.000
2	(孔径)	标准面 ▾		-184.991	10.500	SF11		44.893 U	0.000	47.744	0.000
3	(孔径)	标准面 ▾		-141.938	43.400			47.744 U	0.000	47.744	0.000
4	(孔径)	标准面 ▾		-91.729	5.000	BK7		59.057 U	0.000	71.131	0.000
5	(孔径)	标准面 ▾		-791.891	38.600			71.131 U	0.000	71.131	0.000
6	(孔径)	标准面 ▾		-171.435	17.500	SF11		86.565 U	0.000	92.413	0.000
7	(孔径)	标准面 ▾		-146.413	4.500			92.413 U	0.000	92.413	0.000
8	(孔径)	标准面 ▾		-705.845	46.000	SF11		111.081 U	0.000	117.643	0.000
9	(孔径)	标准面 ▾		-197.677	515.400			117.643 U	0.000	117.643	0.000
10	(孔径)	标准面 ▾		无限	50.000	BK7		221.858 U	0.000	222.660	0.000
11	(孔径)	标准面 ▾		-591.961	180.873			222.660 U	0.000	222.660	0.000
12	像面	标准面 ▾		无限	-			218.191 U	0.000	218.191	0.000

图 10-15　$f\text{-}\theta$ 透镜的初始结构参数

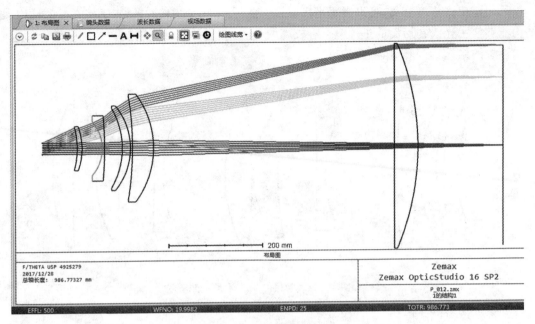

图 10-16　f-θ 透镜的初始二维结构图

将该初始系统的波长、视场、焦距等参数按设计要求进行调整及缩放后,得到的结构参数及二维结构图分别如图 10-17、图 10-18 所示。其点列图及场曲/畸变图分别如图 10-19、图 10-20 所示。

	表面:类型		标注	曲率半径	厚度	材料	膜层	半直径	延伸区	机械半直径	圆锥系数
0	物面	标准面 ▼		无限	无限			无限	0.000	无限	0.000
1	光阑	标准面 ▼		无限	14.974			2.500	0.000	2.500	0.000
2		标准面 ▼		-36.934	2.096	SF11		6.364	0.000	6.778	0.000
3		标准面 ▼		-28.338	8.665			6.778	0.000	6.778	0.000
4		标准面 ▼		-18.314	0.998	BK7		8.358	0.000	9.208	0.000
5		标准面 ▼		-158.102	7.707			9.208	0.000	9.208	0.000
6		标准面 ▼		-34.227	3.494	SF11		11.884	0.000	12.968	0.000
7		标准面 ▼		-29.232	0.898			12.968	0.000	12.968	0.000
8		标准面 ▼		-140.923	9.184	SF11		14.134	0.000	15.742	0.000
9		标准面 ▼		-39.466	102.900			15.742	0.000	15.742	0.000
10		标准面 ▼		无限	9.983	BK7		26.492	0.000	26.950	0.000
11		标准面 ▼		-118.186	36.112			26.950	0.000	26.950	0.000
12	像面	标准面 ▼		无限	-			26.198	0.000	26.198	0.000

图 10-17　调整后的 f-θ 透镜的结构参数

由图 10-19 可以看出,最大视场的点列图光斑半径在艾里斑半径范围内。由图 10-20 可以看出,f-θ 透镜最大视场的相对畸变为 -2.405%。将畸变类型选择为"校正的 F-Theta"可得到扫描物镜的 f-θ 相对畸变图,如图 10-21 所示。

由图 10-21 可以看出,扫描物镜最大视场的 f-θ 相对畸变为 0.01329%,满足设计要求。

此系统由 5 片透镜构成,结构有些复杂,故可以尝试删掉 1 片透镜,对 4 片式结构依次

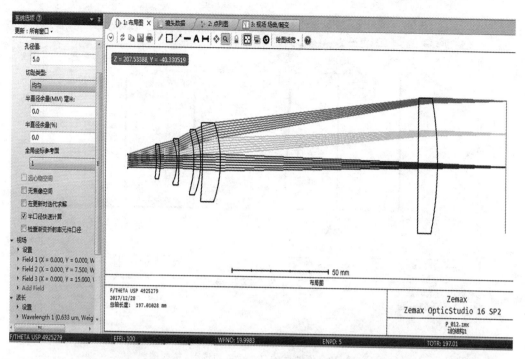

图 10-18　调整后的 f-θ 透镜的二维结构图

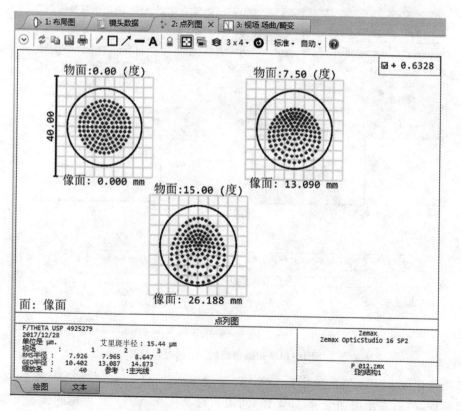

图 10-19　调整后的 f-θ 透镜的点列图

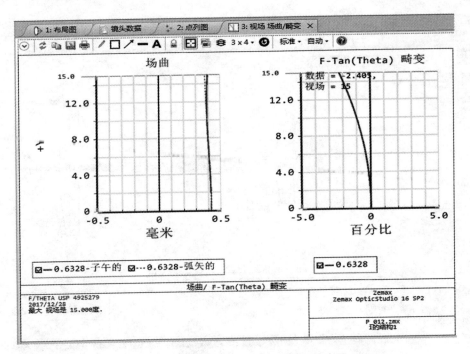

图 10-20　调整后的 f-θ 透镜的场曲/畸变图

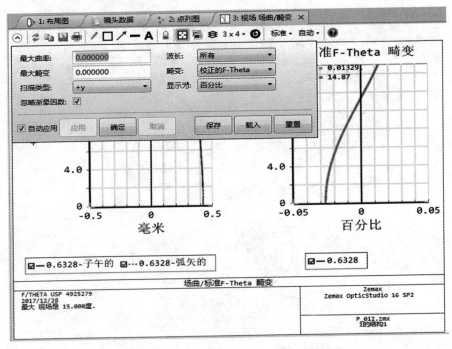

图 10-21　扫描物镜的 f-θ 相对畸变图

设定焦距操作数 EFFL、彗差操作数 COMA、像散操作数 ASTI 和畸变操作数 DISC 作为优化控制函数,然后逐步增加变量(如半径、间隔),逐步优化系统。有兴趣的读者可尝试进一步优化。

10.5 太赫兹光学系统设计简介

10.5.1 概述

太赫兹波,通常定义为频率为 $0.1\sim10\,THz$(太赫兹)范围内的电磁波,其中心区域在 $0.3\sim3\,THz$ 范围内。它在低频波段与毫米波相重叠,在高频波段与远红外线相重叠,位于远红外与毫米波的真空地带。与其他波段相比,太赫兹电磁辐射具有低能量性和高透性,且具有频率宽、信噪比高等特点,可广泛用于学术研究和技术探索等方面,具有重要的应用价值。具体可应用于:新一代 IT 产业、通信及雷达技术领域、生物及医学领域、国家安全和反恐战争等领域。

自 1995 年利用太赫兹波成像的第一篇文章发表以后,太赫兹波的成像技术深受各个国家的重视,现已有多种新型成像技术出现并进行着深入的研究。以下介绍几款太赫兹光学系统。

光学系统从结构形式上分为折射式、折反射式和反射式三种,它们各有不同的适用条件。由于在太赫兹波段,具有良好的透射性能的材料非常少,适用于太赫兹波段的透镜难以获取,因此在初期,折射式和折反射式系统在太赫兹波段是很少出现的。而反射式系统材料易于获得,受材料结构限制较少。目前,该结构主要应用在十几微米到几十微米的太赫兹光谱波段的天文观测平台上。主要是因为十几微米到几十微米的宽大的光谱会给系统引入色差且很难校正,而反射式系统具有不引入色差的优点。所以目前阶段,大多数国家该波段的成像系统多采用反射式结构。

虽然反射式系统具有材料易得、无色差等优点,但是由于该系统存在着体积大、功耗高、加工装调困难、杂散光不容易控制等一系列问题,所以世界各国都在努力寻求能够实用化的透射式光学系统的设计制作方法。这一问题的关键就在于找到恰当的透射材料。目前,对太赫兹波具有透射性的人工晶体材料有三种:溴化铯(CsBr)晶体、碘化铯(CsI)晶体、溴化铊-碘化铊(KRS-5)晶体。这三种晶体的折射率分别如表 10-2、表 10-3、表 10-4 所示。

表 10-2 溴化铯晶体的折射率

波长/μm	折射率	波长/μm	折射率	波长/μm	折射率
11.034	1.73882	23.81	1.72117	40.43	1.6765
13.33	1.73632	25.15	1.71865	44.06	1.66296
14.26	1.73516	26.62	1.71533	44.98	1.65951
14.96	1.73426	28.4	1.71188	47.05	1.65071
17.39	1.73121	30.71	1.70641	47.99	1.64617
18.59	1.7301	33	1.70017	49.41	1.63944
18.44	1.7299	34.46	1.69573	51.47	1.62933
19.51	1.728	35.66	1.69223	53.11	1.61926
20.55	1.727	37.56	1.68651		
22.77	1.7231	39.39	1.68063		

表 10-3 碘化铯晶体的折射率

波长/μm	折射率	波长/μm	折射率	波长/μm	折射率
11.036	1.73883	23.81	1.72115	40.42	1.6766
13.26	1.73632	25.15	1.71817	44.06	1.66289
14.28	1.73517	26.62	1.71533	44.98	1.6593
14.07	1.73428	28.41	1.71195	47.044	1.65071
17.42	1.73121	30.71	1.70636	47.97	1.64621
18.63	1.73028	33	1.70015	49.41	1.63942
18.46	1.72981	34.47	1.69573	51.47	1.62922
19.52	1.7281	35.66	1.69219	53.13	1.61926
20.56	1.72661	37.57	1.68652		
22.77	1.72312	39.37	1.68063		

表 10-4 溴化铊-碘化铊晶体的折射率

波长/μm	折射率	波长/μm	折射率	波长/μm	折射率
11.036	2.36858	21.78	2.3328	31.7	2.2771
14.293	2.36024	22.77	2.32816	33	2.2681
14.98	2.35823	23.81	2.32338	34.47	2.2573
15.47	2.35668	25.17	2.31697	37.57	2.2324
17.41	2.35021	25.98	2.3127	39.37	2.2162
18.17	2.34756	26.61	2.30912		
20.58	2.33821	29.82	2.2899		

因为波长范围在 15～38 μm 波段的太赫兹波均能透过这三种晶体,并且它们的透射率均超过了 60%,即满足了透射的需要。再对比这三种晶体材料在 11～40 μm 之间折射率与波长的变化关系曲线,可以发现,这三种材料的折射率随波长的变化并不明显,都只改变了 0.1 μm。因此,波长范围在 15～38 μm 的太赫兹波通过这三种晶体材料时发生的色散现象不明显,这有利于校正光学系统的像差。因此,太赫兹波光学系统设计的光学零件材料可从这三种晶体中选取,它们的性能参数如表 10-5 所示。

表 10-5 太赫兹光学晶体的性能表

名称	透过波长区域/μm	线膨胀系数/(10^6/℃)	热导率/(W/mK)	硬度	溶解度/(g/100g H_2O)	温度/℃
CsBr	0.2～40	48	0.96	20	124.3	25
CsI	0.2～60	50	1.13	很软	44	0
KRS-5	0.5～45	58	0.54	40	0.05	20

然而,碘化铯和溴化铯晶体都容易潮解并且性能不稳定,而且碘化铯晶体的质地很软,在重力作用下容易发生形变,也无法保证透镜面形的稳定性,这会直接影响光学系统的性能,因此,溴化铊-碘化铊晶体就成为了太赫兹波段透射式光学系统的透镜材料的不二选择。

10.5.2 太赫兹摄影光学系统的设计

选用 KRS-5 晶体作为透镜材料设计一个有较大视场、较高能量透过率且紧凑轻巧的透射式太赫兹光学成像系统。系统采用三片式结构,视场角为 5°,$F^{\#}$ 为 1.5,采用像元为 140×140,敏感元尺寸为 80 μm×80 μm,像元间距为 100 μm,响应波段为 15~50 μm 的探测作为接收器,具体技术指标如表 10-6 所示。

表 10-6 太赫兹摄影光学系统的技术指标

工 作 波 段	15~38 μm
MTF@10lp/mm	≥0.5
探测元的单位面积内能量	>85%
畸变	0.10%
像高	13.2 mm
系统总长	<185 mm
入瞳直径	100 mm
视场角	5°
系统有效焦距	150 mm

由光学设计理论可知,在系统设计时必须要满足光焦度分配原则,如式(10-9)所示,并且要考虑消除轴向色差,如式(10-10)所示:

$$\sum_1^3 h_i \Phi_i = h_1 \Phi \tag{10-9}$$

$$\Delta f_b^{\mathrm{T}} = \left(\frac{1}{h_1 \Phi}\right)^2 \sum (h_i^2 \omega_i \Phi_i) = 0 \tag{10-10}$$

式中:h_i 为近轴光线在透镜上的入射高度;ω_i 为色散引起的光焦度的相对变化。

根据设计要求,参考长春理工大学设计的太赫兹光学系统,确定太赫兹摄影光学系统的结构参数如图 10-22 所示,其对应的二维结构图如图 10-23 所示。

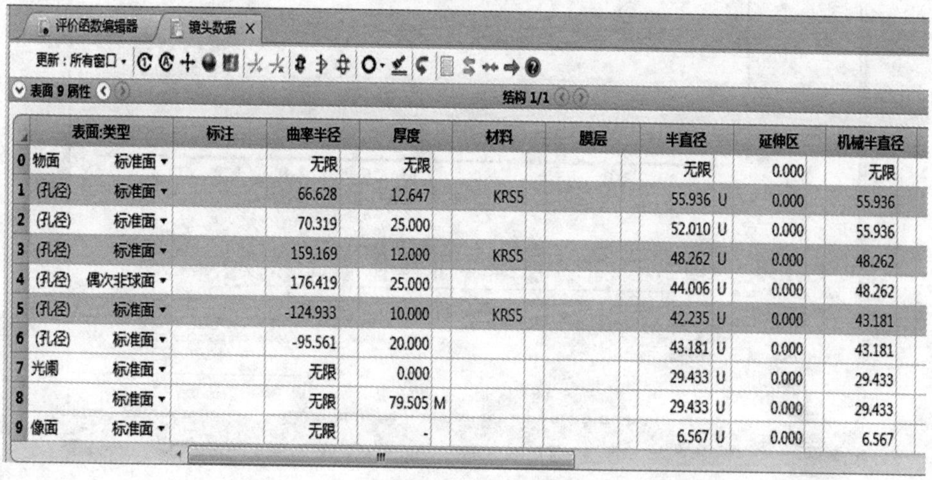

	表面:类型	标注	曲率半径	厚度	材料	膜层	半直径	延伸区	机械半直径
0	物面 标准面		无限	无限			无限	0.000	无限
1	(孔径) 标准面		66.628	12.647	KRS5		55.936 U	0.000	55.936
2	(孔径) 标准面		70.319	25.000			52.010 U	0.000	55.936
3	(孔径) 标准面		159.169	12.000	KRS5		48.262 U	0.000	48.262
4	(孔径) 偶次非球面		176.419	25.000			44.006 U	0.000	48.262
5	(孔径) 标准面		-124.933	10.000	KRS5		42.235 U	0.000	43.181
6	(孔径) 标准面		-95.561	20.000			43.181 U	0.000	43.181
7	光阑 标准面		无限	0.000			29.433 U	0.000	29.433
8	标准面		无限	79.505 M			29.433 U	0.000	29.433
9	像面 标准面		无限				6.567 U	0.000	6.567

图 10-22 太赫兹摄影光学系统的结构参数

图 10-23 中的半径由用户自定义,故出现"U",实际上,为了使所有光线都能进入系统中成像,一般半径都选"自动"。

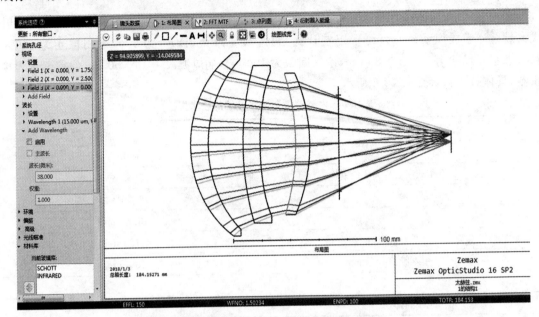

图 10-23　太赫兹摄影光学系统的二维结构图

由图 10-24 可以看出,系统采用了正负正三片式结构,满足系统光焦度分配原则,系统总长为 184.153 mm,满足设计要求的小于 185 mm。值得注意的是,在本设计中采用了一片偶

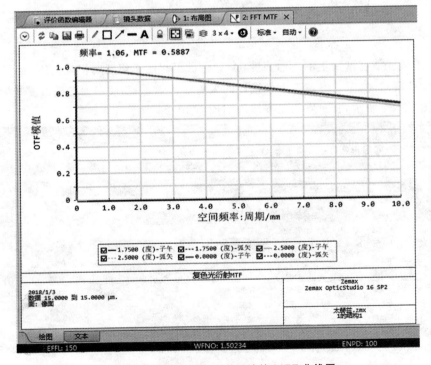

图 10-24　太赫兹摄影光学系统的 MTF 曲线图

次非球面,将其所有的高次非球面系数都设为变量,在"优化向导"中,采用"RMS"中的"光斑半径"作为系统的最终优化目标,单击"确定"。然后在评价函数编辑器中,输入有效焦距操作数EFFL,在目标项中输入150,在权重项中输入1,系统得到优化。优化后的 MTF 曲线图、点列图及场曲/畸变图分别如图 10-24、图 10-25、图 10-26 所示。

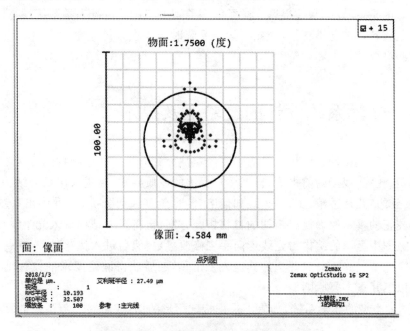

图 10-25 太赫兹摄影光学系统的点列图

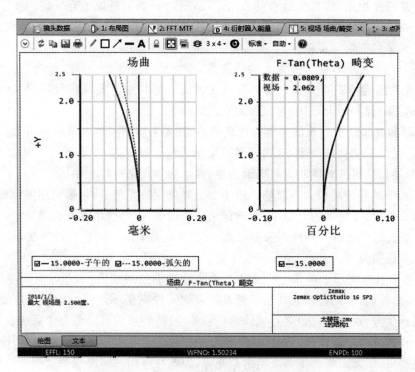

图 10-26 太赫兹摄影光学系统的场曲/畸变图

由图 10-24 可知,该光学系统在 10 lp/mm 的光学传递函数为 0.7 左右,大于设计要求的 0.5;由图 10-25 可以看出,在视场为 1.75°时,均方根半径和几何半径均小于艾里斑半径,符合光学设计要求;由图 10-26 可以看出,系统畸变在 0.1% 以内,符合设计要求。此外,还可以分析该系统的包围圆能量及波像差,结果证明该系统实际可用。

需要注意的是,设计太赫兹摄影光学系统在原理上与设计传统光学系统没有区别,但因为太赫兹波段某些特殊的光学特性,导致在设计系统时需要在系统紧密程度、像差校正、色散等方面多做一些必要的考虑和调整。

10.6 光学系统设计的经验法及提示

所谓经验法就是设计者依赖自己的丰富经验从无到有生成初始结构的方法。设计者在了解镜头的焦距、孔径、视场的前提下,根据用户提出的像质要求,决定采用简单结构还是复杂结构,大致需要几组、几片透镜,正、负透镜如何组合,光焦度如何分配,大致画出系统结构草图,并根据色差校正的基本原理提出最初的材料搭配方案,再将这一结构输入光学设计软件,边输入边根据二维图中显示的结构与光线走向手工修改参数,然后进入优化过程,在优化过程中还需根据像质变化情况修改玻璃并施加其他人工干预,最后获得满足要求的设计结果。每个设计者需遵循以下几点主要原则。

(1) 对同一类型的光学系统,如果不采用特殊面形的话,像质要求与系统的复杂程度密切相关。

(2) 通常需要用正、负透镜组合的方法来校正像差,如果对像质有一定的要求,就不要寄希望于仅使用若干正透镜或若干负透镜来完成任务,除非是如聚光镜那样的照明系统或对特定位置成完善像的齐明透镜系统。

(3) 每个光学表面不要承担太大的光焦度,即光线在各表面上、各透镜上的偏角不要太大,光线与光轴的夹角不要大起大落。光线在表面上的偏角越大,该表面的相对孔径也就越大,所产生的高级像差越大,这会导致像差平衡困难。

(4) 对于宽光谱成像的系统必须考虑色差,这就要采用不同的光学材料组合,并且越是长焦距系统,色差的影响就越严重,有的需要采用超低色散材料,如萤石等。只要是校正色差的光学系统,总要用到冕牌玻璃和火石玻璃的组合,半导体光学材料在中远红外光学系统中所起的作用也相当于冕牌玻璃和火石玻璃。通常在正光焦度的光组中,正透镜用冕牌玻璃,负透镜用火石玻璃;而在负光焦度的光组中,负透镜用冕牌玻璃,正透镜用火石玻璃。

(5) 视场大的系统如果要校正像面弯曲,只有正负光焦度分离这一种方法,包括弯月形厚透镜或正负薄透镜分离。

(6) 一些新技术应用于成像光学系统会带来意想不到的效果,如非球面的应用可以大大简化结构,提高像质,二元光学元件由于具有与常规元件完全不同的色差特性,在校正宽光谱色差方面表现优异,这种元件也具有良好的热像差特性,利用它可以使光学系统在较大的温度范围内保持良好像质。但新技术的应用通常需要付出额外的代价,如成本提高、检测困难、非球面公差更严重、二元面会产生多级衍射杂光等,因此在应用时需要权衡利弊。

(7) 一些现代光学系统,如激光传输系统、光信息处理系统、红外探测系统、光谱分析系统等,这些光学系统在设计上与经典光学系统其实并无本质区别,主要是由于其中的光束特征或接收处理特征有所不同,在设计时需要有一些与普通像质评价指标不同的特殊评价方式。这些特殊光学系统在设计时同样需要用到经典光学系统的设计要点。

思 考 题

(1) 利用 ZEMAX 软件中的坐标断点及多重结构功能,为激光物镜前扫描光学系统建立模型并进行优化,如图 10-27 所示。

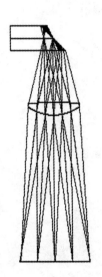

图 10-27 激光物镜前扫描光学系统模型

第4部分

附录及参考文献

附录 A 实训报告及课程设计报告指南

1. 设计任务及要求

(1) 设计一个双胶合望远物镜,要求 $F^{\#}=8$,FOV$=10°$,$f'=100$ mm。使用中国玻璃,要求矫正 1.0 孔径球差、0.707 带沿轴色差和系统正弦差。

(2) 设计一个反射式望远物镜,焦距为 500 mm,相对孔径为 1/5,半视场角 $\omega=1°$,中心遮拦为 30%。结构型式自选,尽可能校正像差。玻璃自选,范围为中国玻璃。

(3) 设计一个望远目镜,望远镜的入瞳与物镜重合,目镜的焦距 $f'=20$ mm,出瞳直径 $D'=4$ mm,出瞳距离 $l'_z=10$ mm,像方视场角 $2\omega'=45°$。设计目镜时不考虑和物镜的像差补偿。结构型式自选,尽可能校正像差。玻璃自选,范围为中国玻璃。

(4) 设计一个照相物镜,其光学特性为:$f'=30$ mm,$D/f'=1/2$,FOV$=40°$。要求系统畸变小于 2%,当空间频率为 40lp/mm 时,MTF 值大于等于 0.4。结构型式自选,尽可能校正像差。玻璃自选,范围为中国玻璃。

(5) 试在 ZEMAX 中模拟如下结构:透镜曲率取 +100 和 -100,玻璃材料用 BK7,距离及口径自定义,不要求像差(见图 A-1)。

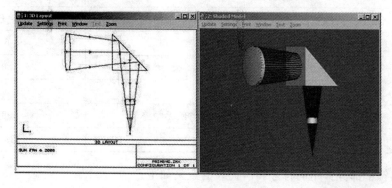

图 A-1 模拟结构图

2. 报告内容

1) 封面

2) 所选课题的意义及分析(自己查阅有关资料,分析包括如何着手解题、外形尺寸计算等)

3) 初始结构参数的来源(数据来源于镜头手册或专利库,说明如何选取,是否合适)

4) 设计模拟过程及结果

5) 优化过程及结果分析(具体数据及图表)

6) 套样板及公差分析(样板任选)

7) 设计总结及心得体会

附录 B　ZEMAX 操作数手册

ZEMAX 提供了 285 种操作符,如果能弄清楚这些操作符的物理含义,使用起来就会得心应手。操作符种类的分布情况如表 B-1 所示。

表 B-1　ZEMAX 优化设计所用的内建操作符分布表

种　类	数　量
高斯光学参数	16
像差控制操作符	37
光学传递函数	9
圆内能量	2
透镜边界条件	50
光学面 8 个参数控制	24＝3×8
附加数据	3
光学材料控制	10
光线数据(近轴、实际光线)	44
光学元件全局坐标控制	6
数学运算操作符	20
多重结构	5
其他(包括高斯光束、渐变折射率、用户自定义操作符、无序控制等)	59
总计	285

内建操作符中部分常用的符号和所代表的意义如下。

1. 高斯光学参数(外形尺寸数据)

高斯光学参数属于基本光学特性,包括以下三种。

EFFL:指定波长号的有效焦距。

EFLX:主波长情况下,指定面范围内 x 面里的有效焦距。

EFLY:主波长情况下,指定面范围内 y 面里的有效焦距。

2. 像差控制操作符

像差控制操作符如下。

SPHA:指定面贡献的球差,指定 Surf 与 Wave,如果 Surf＝0,则指整个系统的球差总和,因没有指定(Px,Py),故只为初级球差。

COMA:指定面贡献的彗差,指定 Surf 与 Wave,如果 Surf＝0,则指整个系统的彗差总和,没有指定孔径(Px,Py)与视场(Hx,Hy),因此仍为三级彗差,属赛德尔像差。

ASTI:三级像散,指定面贡献的像差。

FCGS:指定视场和波长的归一化弧矢场曲。

FCGT:指定视场和波长的归一化子午场曲。

FCUR:指定面贡献的场曲,指定 Surf 与 Wave,如果 Surf＝0,则指像面上的彗差,为三级彗差,属赛德尔像差。

DIST：指定面贡献的畸变,为三级畸变,属赛德像差。

DIMX:指定视场和波长的最大畸变,如果视场号为 0,则指最大视场对非旋转对称系统无效(即 x,y 视场要一样)。

DISC：标准畸变,用于设计 f-θ 透镜和计算最大波长。

DISG：控制归一化百分畸变,指定任何视场点作为参考,指定波长和视场,指定孔径(光瞳)。

AXCL：控制近轴轴向色差,无指定参数。

LACL：控制垂轴色差,无指定参数,指初级像差 $\delta y'_{FC}＝C_2 y'$。

1) 以主光线为参照的垂轴几何像差

TRAR:径向尺寸,指定波长、孔径(Px, Py)与视场(Hx, Hy)。

TRAD:TRAR 的 x 分量,指定同上。

TRAE:TRAR 的 y 分量,指定同上。

TRAI:垂轴几何像差半径,指定面号、波长、孔径和视场。

TRAX:x 面(弧矢面)内的垂轴几何像差,指定面号、波长、(Px, Py)和(Hx, Hy)。

TRAY:y 面(子午面)内的垂轴几何像差,指定面号、波长、(Px, Py)和(Hx, Hy)。

2) 以质心为参照的垂轴几何像差

TRCX:垂轴几何像差的 x 分量,指定面号、波长、(Px, Py)和(Hx, Hy)。

TRCY:垂轴几何像差的 y 分量,指定面号、波长、(Px, Py)和(Hx, Hy)。

TRAC:像面上的弥散圆半径,建议用户在 Merit Function 的"Default Merit Function"中使用,不要单独使用。

3) 波像差控制操作符

OPDC:以主光线为参照的波像差,指定波长、孔径和视场。

OPDM:以 Mean 为参照的光程差,指定波长、孔径和视场。

OPDX:光程差,以质心为参照系。

其余项不太常用,在此不做介绍。

3. 透镜边界条件

1) 控制玻璃厚度与空气间隔以及边缘厚度

在下列符号中,第三个字母为"E"的控制符只适用于旋转对称系统,其余均可用于旋转与非对称系统,需要指定光学面范围。

MNCG:最小玻璃中心厚度。

MNCA:最小空气中心厚度。

MNEG:最小玻璃边缘厚度。

MXEG:最大玻璃边缘厚度。

MXCG：最大玻璃中心厚度。

MNEA：最小空气边缘厚度。

MXCA：最大空气中心厚度。

MXEA：最大空气边缘厚度。

以下控制符既适合于控制玻璃，也适合于控制空气间隔。

MXET：最大边缘厚度。

MNET：最小边缘厚度。

MNCT：最小中心厚度。

MXCT：最大中心厚度。

下列符号适用于非旋转对称系统。通过检查周长上的许多点，看边缘厚度是否超标，需要指定光学面范围。

XNEG：最小玻璃边缘厚度。

XXEG：最大玻璃边缘厚度。

XNEA：最小空气边缘厚度。

XXEA：最大空气边缘厚度。

XNET：最小边缘厚度。

XXET：最大边缘厚度。

2）单个光学面的控制符

CTLT：中心厚度小于。

ETGT：边缘厚度大于。

CTGT：中心厚度大于。

ETLT：边缘厚度小于。

CTVA：中心厚度值。

ETVA：边缘厚度值。

使用上述控制符，需要指定面号。

3）控制透镜形状，使用控制符时，需要指定某一光学面号

CVVA：曲率值。

COGT：Conic 大于。

CVGT：曲率值大于。

COLT：Conic 小于。

CVLT：曲率值小于。

COVA：Conic 值。

SVGZ：xz 平面内矢高。

SAGY：yz 平面内矢高。

4）控制透镜口径以及口径与厚度比

DMVA：口径值。

MNSD：最小半口径。

DMGT：口径大于。

MXSD：最大半口径。

DMLT：口径小于。

使用上述控制符时，需要指定某一光学面。

MNDT：最小直径与中心厚度之比。

MXDT：最大直径与中心厚度之比。

MNDT 和 MXDT 需要指定 First Surf 和 Last Surf，只对玻璃或介质有效，对空气介质无效。

TTLT：总厚度小于。

TTGT：总厚度大于。

TTVA：总厚度值。

使用上述控制符时，需要指定 Surf 与 Code。其中，Code 为 0 代表＋y 轴，为 1 代表＋x 轴，为 2 代表－y 轴，为 3 代表－x 轴。

TTHI：指定起始面(First Surf)到最后一个面(Last Surf)之间的光轴厚度总和，该控制符适用于控制光学系统的实际长度。

TOTR：从第一面到像面，称为系统总长或光学筒长，无指定参数。

4. 光学材料控制

MNIN：最小 d 光折射率。

MNAB：最小阿贝色散系数(V_d)。

MNPD：最小部分色散(ΔP_{gF})。

MXIN：最大 d 光折射率。

MXAB：最大阿贝色散系数(V_d)。

MXPD：最大部分色散(ΔP_{gF})。

这里的 6 个操作符可用于需要将玻璃材料作为变量优化的场合，控制玻璃的折射率、色散系数，使它们符合常见玻璃的变化范围，其中阿贝色散系数与部分色散系数的定义分别为：$V_d = \frac{n_d - 1}{n_F - n_C}$，$\Delta P_{gF} = \frac{n_g - n_F}{n_F - n_C}$。

附录 C　双胶合透镜的 P_0 表

n_1 P_0 n_2	K7（冕牌玻璃在前）						
	$C_I=0.010$	$C_I=0.005$	$C_I=0.002$	$C_I=0.001$	$C_I=0.000$	$C_I=-0.0025$	$C_I=-0.005$
QF1	1.140	-1.979	-5.454	-6.943	-8.616	-13.68	-20.13
QF3	1.455	-0.527	-2.685	-3.602	-4.628	-7.710	-11.60
F2	1.655	0.335	-1.077	-1.672	-2.335	-4.317	-6.807
F3	1.665	0.376	-1.000	-1.580	-2.226	-4.157	-6.582
F4	1.676	0.420	-0.920	-1.484	-2.113	-3.990	-6.348
F5	1.691	0.482	-0.805	-1.347	-1.951	-3.752	-6.012
BaF6	-0.327	-8.682	-18.16	-22.25	-26.87	-40.92	-59.01
BaF7	1.345	-1.019	-3.591	-4.683	-5.905	-9.579	-14.23
BaF8	1.399	-0.783	-3.150	-4.154	-5.276	-8.644	-12.90
ZF1	1.762	0.770	-0.281	-0.722	-1.212	-2.671	-4.495
ZF2	1.812	0.971	0.083	-0.289	-0.702	-1.928	-3.458
ZF3	1.886	1.257	0.595	0.319	0.012	-0.894	-2.022
ZF5	1.918	1.380	0.814	0.578	0.317	-0.456	-1.414
ZF6	1.934	1.438	0.917	0.700	0.459	-0.252	-1.134

	K9（冕牌玻璃在前）						
QF1	1.648	0.011	-1.873	-2.688	-3.607	-6.401	-9.984
QF3	1.746	0.524	-0.852	-1.443	-2.107	-4.113	-6.667
F2	1.831	0.938	-0.053	-0.476	-0.949	-2.371	-4.170
F3	1.836	0.960	-0.012	-0.426	-0.890	-2.282	-4.044
F4	1.841	0.983	0.002	-0.373	-0.826	-2.188	-3.909
F5	1.849	1.018	0.098	-0.294	-0.732	-2.047	-3.708
BaF6	0.994	-3.451	-8.654	-10.92	-13.49	-21.34	-31.50
BaF7	1.680	0.170	-1.533	-2.264	-3.085	-5.567	-8.730
BaF8	1.703	0.282	-1.316	-2.002	-2.770	-5.093	-8.049
ZF1	1.885	1.184	0.410	0.082	-0.284	-1.383	-2.766
ZF2	1.913	1.306	0.637	0.354	0.038	-0.906	-2.093
ZF3	1.955	1.490	0.977	0.760	0.518	-0.202	-1.104
ZF5	1.974	1.572	1.129	0.941	0.733	0.111	-0.666
ZF6	1.984	1.612	1.262	1.027	0.834	0.285	-0.461

ZF1（火石玻璃在前）						
QK3	2.208	1.744	1.414	0.873	0.570	−0.363	−1.570
K3	2.031	1.400	0.656	0.335	−0.027	−1.122	−2.519
K7	1.867	1.012	0.068	−0.333	−0.781	−2.125	−3.821
K9	1.963	1.374	0.689	0.394	0.062	−0.941	−2.217
K10	1.779	0.788	−0.280	−0.730	−1.233	−2.733	−4.618
BaK2	1.756	1.059	0.301	−0.019	−0.376	−1.444	−2.785
BaK3	1.813	1.351	0.826	0.602	0.350	−0.406	−1.364
BaK7	1.566	0.847	0.115	−0.189	−0.527	−1.526	−2.766
ZK3	1.652	1.378	1.076	0.948	0.806	0.378	−0.159
ZK6	1.562	1.356	1.136	1.948	0.942	0.640	0.263
ZK7	1.584	1.425	1.250	1.044	1.095	0.850	0.544
ZK10	1.532	1.354	1.171	1.177	1.010	0.760	0.451
ZK 11	1.510	1.440	1.369	1.094	1.307	1.212	1.094
LaK2	1.504	1.836	2.166	2.302	2.451	2.886	3.416
LaK3	1.761	2.876	3.812	4.212	4.649	5.907	7.418

ZF2（火石玻璃在前）						
QK3	2.226	1.844	1.338	1.112	0.857	0.071	−0.945
K3	2.063	1.538	0.915	0.645	0.342	−0.577	−1.748
K7	1.919	1.212	0.427	0.094	−0.273	−1.394	−2.800
K9	1.993	1.498	0.917	0.667	0.385	−0.466	−1.548
K10	1.845	1.029	0.147	−0.224	−0.639	−1.870	−3.426
BaK2	1.796	1.200	0.550	0.275	−0.032	−0.947	−2.097
BaK3	1.835	1.430	0.966	0.767	0.544	−0.126	−0.974
BaK7	1.595	0.961	1.306	0.034	−0.268	−1.160	−2.267
ZK3	1.660	1.387	1.083	0.954	0.810	0.379	−0.162
ZK6	1.560	1.313	1.052	0.942	0.821	0.460	0.011
ZK7	1.583	1.390	1.079	1.090	0.990	0.993	0.320
ZK10	1.518	1.278	1.028	0.924	0.809	0.470	0.050
ZK 11	1.476	1.299	1.118	1.044	0.961	0.718	0.418
LaK2	1.414	1.512	1.611	1.651	1.695	1.825	1.984
LaK3	1.490	2.006	2.495	2.698	2.908	3.532	4.284

注：这是双胶合透镜的 P_0 表中的一部分，全表见《光学仪器设计手册》。

附录 D 双胶合透镜参数表

参数 $\begin{smallmatrix}n_1\nu_1\\n_2\nu_2\end{smallmatrix}$		K7（冕牌玻璃在前）						
		$C_I=0.010$	$C_I=0.005$	$C_I=0.002$	$C_I=0.001$	$C_I=0.000$	$C_I=-0.0025$	$C_I=-0.005$
QF2	φ_1	+1.362376	+1.685890	+1.879998	+1.944701	+2.009404	+2.171161	+2.332918
	A	+2.363639	+2.403492	+2.427403	+2.435373	+2.443344	+2.463270	+2.483196
	B	+10.92378	+15.78810	+18.84230	+19.88297	+20.93493	+23.61429	+26.36427
	C	+14.53435	+27.23312	+37.20243	+40.93661	+44.88173	+55.688857	+67.88449
	K	+1.681819	+1.701746	+1.713701	+1.717686	+1.721672	+1.731635	+1.741598
1.6725	L	+3.762052	+5.491332	+6.574101	+6.942557	+7.314780	+8.261817	+9.232396
	Q_0	−2.310796	−3.284410	−3.881164	−4.082119	−4.284074	−4.793280	−5.308535
	P_0	+1.913030	+1.305813	+0.637388	+0.354292	+0.038319	−0.906382	−2.093331
32.2	W_0	−0.124291	−0.097899	−0.077057	−0.069244	−0.060990	−0.038395	−0.012938
	p	+0.835646	+0.823952	+0.826554	+0.825425	+0.824297	+0.821484	+0.818681
ZF3	φ_1	+1.306083	+1.579342	+1.743297	+1.797949	+1.852601	+1.989230	+2.125858
	A	+2.366233	+2.408400	+2.433701	+2.442134	+2.450568	+2.471651	+2.492735
	B	+10.13227	+14.24818	+16.83440	+17.71592	+18.60716	+20.87780	+23.20921
	C	+12.80200	+22.56281	+30.08855	+23.88915	+35.83959	+43.88636	+52.92001
	K	+1.683116	+1.704200	+1.716850	+1.721067	+1.725284	+1.735826	+1.746367
	L	+3.479454	+4.942509	+5.859233	+6.171290	+6.486588	+7.289012	+8.111692
1.7172	Q_0	−2.141014	−2.958018	−3.458661	−3.627138	−3.796500	−4223452	−4.655370
	P_0	+1.955332	+1.489624	+0.976810	+0.760097	+0.518543	−0.201835	−1.103731
	W_0	−0.124122	−0.098546	−0.078667	−0.071259	−0.063452	−0.042165	−0.018297
29.5	p	+0.835274	+0.829253	+0.825661	+0.824468	+0.823276	+0.820304	+0.817343
		ZF1（火石玻璃在前）						
K3	φ_1	−0.388529	−0.744589	−0.958225	−1.029437	−1.100649	−1.278679	−1.456709
	A	+2.374053	+2.415105	+2.439736	+2.447947	+2.456157	+2.476684	+2.497210
	B	−13.54027	−19.01554	−22.46039	−23.68529	−24.82350	−27.85224	−30.96415
	C	+21.33787	+38.82973	+52.34920	57.38548	+62.69380	+77.18298	+93.46626
	K	+1.687026	+1.707552	+1.719868	+1.723937	+1.728079	+1.738342	+1.748605
1.5046	L	−4.976269	−6.920045	−8.139541	−8.554911	−8.974718	−10.04364	−11.14028
	Q_0	+2.851721	+3.936794	+4.603037	+4.827575	+5.053320	+5.622890	+6.199749
	P_0	+2.031323	+1.399594	+0.656180	+0.334900	−0.026751	−1.122076	−2.518750
64.8	W_0	−0.165338	−0.197761	−0.222923	−0.232299	−0.242181	−0.269135	−0.299374
	p	+0.834154	+0.828300	+0.824807	+0.823646	+0.822487	+0.819596	+0.816717

	φ_1	-0.402983	-0.762750	-0.978609	-1.050563	-1.122516	-1.302399	-1.482283
	A	$+2.361329$	$+2.399119$	$+2.421793$	$+2.429351$	$+2.436906$	$+2.455803$	$+2.474698$
K9	B	-13.49087	-18.88508	-22.26791	-23.41990	-24.58408	-27.54787	-30.58785
	C	21.23227	$+38.53869$	$+51.87644$	$+56.83826$	$+62.06459$	$+76.31339$	$+92.30133$
	K	$+1.680664$	$+1.699559$	$+1.710896$	$+1.714675$	$+1.71844$	$+1.727902$	$+1.737349$
	L	-4.964619	-6.882612	-8.082173	-8.490154	-8.902199	-9.950089	-11.02337
1.5163	Q_0	$+2.856626$	$+3.935837$	$+4.597401$	$+4.820197$	$+5.044111$	$+5.608727$	$+6.180116$
	P_0	$+1.963083$	$+1.374376$	$+0.689187$	$+0.394005$	$+0.062170$	-0.940851	-2.216915
	W_0	-0.163587	-0.193421	-0.216495	-0.225081	-0.234123	-0.258758	-0.286357
64.1	p	$+0.835977$	$+0.830575$	$+0.827350$	$+0.826278$	$+0.825207$	$+0.822537$	$+0.819875$

注:这是双胶合透镜参数表中的一部分,全表见《光学仪器设计手册》,表中:$L=\dfrac{B-\varphi_2}{3}$,$P=\dfrac{4A}{(A+1)^2}$。

附录 E 单透镜参数表

玻璃	K6	K7	K8	K9	K10	K11	K12	PK1
n	1.5111	1.5147	1.5159	1.5163	1.5181	1.5263	1.5335	1.5190
ν	60.5	60.6	56.8	64.1	58.9	60.1	55.5	69.8
a	+2.323539	+2.320393	+2.319348	+2.319000	+2.317436	+2.310358	+2.304206	+2.316655
b	+5.869693	+5.828638	+5.815080	+5.810575	+5.790388	+5.700171	+5.623243	+5.780347
c	+5.784708	+5.717659	+5.695600	+5.688279	+5.656658	+5.510274	+5.387834	+5.639272
k	+1.661769	+1.660196	+1.659674	+1.659500	+1.658718	+1.655179	+1.652103	+1.658327
l	+1.956564	+1.942879	+1.938360	+1.936858	+1.930129	+1.900057	+1.874414	+1.926582
Q_0	−1.263093	−1.255959	−1.253602	−1.252819	−1.249309	−1.233611	−1.220212	−1.247562
P_0	+2.070023	+2.057394	+2.050701	+2.048479	+2.038536	+1.994374	+1.957067	+2.033599
W_0	−0.142405	−0.142259	−0.142211	−0.142194	−0.142122	−0.141791	−0.140502	−0.142085
P	+0.841411	+0.841865	+0.842005	+0.842066	+0.842291	+0.843314	+0.844203	+0.842404

玻璃	QF5	F1	F2	F3	F4	F5	F6	F7
n	1.5820	1.6031	1.6128	1.6164	1.6199	1.6242	1.6248	1.6362
ν	42.0	37.5	36.9	36.6	36.3	35.9	35.6	35.3
a	+2.264222	+2.247582	+2.240079	+2.237317	+2.234644	+2.231375	+2.230920	+2.222344
b	+5.154639	+4.974299	+4.895561	+4.866969	+4.839490	+4.806152	+4.801536	+4.715498
c	+4.670469	+4.407359	+4.294800	+4.254256	+4.215460	+4.168617	+4.162151	+4.042491
k	+1.632111	+1.623791	+1.620039	+1.618658	+1.617322	+1.615687	+1.615460	+1.611172
l	+1.718213	+1.658099	+1.631853	+1.622323	+1.613163	+1.602050	+1.600512	+1.571832
Q_0	−1.138280	−1.106588	−1.092720	−1.087679	−1.082832	−1.076948	−1.076133	−1.060928
P_0	+1.736757	+1.655143	+1.620060	+1.607403	+1.595281	+1.580628	+1.578004	+1.541087
W_0	−0.139586	−0.138769	−0.138396	−0.138259	−0.188125	−0.137961	−0.137938	−0.137506
P	+0.850001	+0.852423	+0.853516	+0.853919	+0.854309	+0.854786	+0.854853	+0.856105

注:这是单透镜参数表中的一部分,全表见《光学仪器设计手册》,表中:$P=\dfrac{4a}{(a+1)^2}$,$l=\dfrac{b}{3}$。

参 考 文 献

[1] 袁旭沧.光学设计[M].北京:北京理工大学出版社,1988.

[2] 黄一帆,李林.光学设计教程[M].北京:北京理工大学出版社,2009.

[3] 萧泽新.工程光学设计[M].北京:电子工业出版社,2003.

[4] 李士贤,李林.光学设计手册[M].北京:北京理工大学出版社,1996.

[5] 王文生.现代光学系统设计[M].北京:国防工业出版社,2016.

[6] 张以谟.应用光学[M].4 版.北京:电子工业出版社,2015.

[7] 刘钧,高明.光学设计[M].2 版.北京:国防工业出版社,2016.

[8] Milton Laikin.光学系统设计[M].4 版.北京:机械工业出版社,2009.

[9] 郁道银,谈恒英.工程光学[M].4 版.北京:机械工业出版社,2016.

[10] 李晓彤,岑兆丰.几何光学·像差·光学设计[M].3 版.浙江:浙江大学出版社,2014.

[11] 黄振永,卢春莲,俞建杰.基于 ZEMAX 的光学设计教程[M].哈尔滨:哈尔滨工程大学出版社,2013.

[12] 王之江等.光学技术手册[M].北京:机械工业出版社,1994.

[13] R. E. Fiscger,et al..Optical System Design[M]. New York:McGraw-Hill,2008.